U0156748

计算机

科学与技术丛书

巧学易用单片机

从零基础入门到项目实战

王良升◎编著

清华大学出版社

北京

内 容 简 介

　　单片机对综合性知识要求非常高。单片机的入门一直以来对初学者来讲是个老大难问题，而入门后如何将这些知识运用到实际项目中，进一步提升单片机开发及使用技能又是一个难题。一般来讲，实战项目带有很多技巧性，需要大量的知识和经验积累。针对这些情况，本书将从入门和实用的角度出发，全面系统地介绍单片机从入门到进阶及实战的技巧。全书包含两篇，入门篇以单片机入门为主，通过对比8051、PIC16、MSP430、STM32 多种单片机和 Arduino 开发平台下 I/O、中断、定时器、扩展芯片、I^2C 总线、SPI 总线及串口等外设模块的使用方式，总结介绍了一套适用于通用单片机外设的开发方法；提高篇结合实际单片机项目中的方法与技巧，从工程的角度出发，围绕读者将会面对的工程领域电路及软件开发方法、代码规范、模块化程序编写、项目基本开发流程、实用状态机编程、单片机操作系统思维方式编程、算法的本质及常用算法原理与应用场景、单片机中的数据结构、代码版本管理、基于模型开发方式实例分析与移植、Arduino 开发平台介绍与基本使用方法、VS Code 开发工具在单片机中的应用，让读者近距离感受工程项目中的开发方式。

　　本书适合作为电子信息类本、专科学生入门与进阶单片机知识的参考书，也可作为电子爱好者的实战参考书，对于单片机或嵌入式工程师来讲也是一本不错的参考读物。

图书在版编目（CIP）数据

巧学易用单片机：从零基础入门到项目实战/王良升编著.—北京：清华大学出版社，2023.2
（计算机科学与技术丛书）
ISBN 978-7-302-62689-3

Ⅰ.①巧…　Ⅱ.①王…　Ⅲ.①单片微型计算机　Ⅳ.①TP368.1

中国国家版本馆 CIP 数据核字（2023）第 023826 号

责任编辑：赵佳霓
封面设计：吴　刚
责任校对：焦丽丽
责任印制：曹婉颖

出版发行：清华大学出版社
　　　　　网　　　址：http://www.tup.com.cn，http://www.wqbook.com
　　　　　地　　　址：北京清华大学学研大厦 A 座　　　邮　　　编：100084
　　　　　社 总 机：010-83470000　　　　　　　　　　邮　　　购：010-62786544
　　　　　投稿与读者服务：010-62776969，c-service@tup.tsinghua.edu.cn
　　　　　质量反馈：010-62772015，zhiliang@tup.tsinghua.edu.cn
　　　　　课件下载：http://www.tup.com.cn,010-83470236
印 装 者：三河市君旺印务有限公司
经　　销：全国新华书店
开　　本：186mm×240mm　　印　　张：32.25　　　　　字　　数：726 千字
版　　次：2023 年 2 月第 1 版　　　　　　　　　　　印　　次：2023 年 2 月第 1 次印刷
印　　数：1～2000
定　　价：119.00 元

产品编号：094253-01

前 言
FOREWORD

为初学者打造一本全方位介绍单片机入门与进阶的图书,帮助初学者入门,并梳理单片机学习过程中的整个脉络是本书的主旨。可能有读者会问,市面上有这么多单片机入门书和视频,本书在内容上有什么优势?这里简单谈谈自己的看法,笔者曾经带过很多初学者,也经常与刚踏入单片机行业或放弃该行业的从业者进行交流,加上笔者本身是通过一步步自学过来的,对单片机学习过程中的"坑"深有体会,这里所讲的"坑"倒也不是学习单片机本身面临的知识点难度,而是适合初学者的一套学习方法。所以在本书中,读者也将看到介绍方法与思路贯穿全书。其实各行各业都一样,入门这一步非常困难,困难在刚开始读者对很多知识(以单片机为例:C 语言、单片机原理、模拟电路基础知识、数字电路基础知识、计算机原理、I^2C 总线、SPI 总线、寄存器)都不懂,不知道从何学起,但是一旦入门,很多读者经常会感慨"原来就这么回事",脉络清晰了,怎么去补充知识,怎么去学,自然而然也就清晰了。本书内容仅仅帮助初学者如何去学习,限于篇幅,许多知识点没有进一步展开介绍,俗话说得好:"师傅领进门,修行靠个人。"单片机和嵌入式开发也一样,入门之后,可每个人根据职业规划或爱好朝着自己的方向不断地补充新的知识和技能。

许多初学者以为单片机开发就是写代码,在笔者看来,写代码应该放到最后一步。首先读者需要将整个单片机项目分解、细化,看一下哪些知识点是自己熟悉的,哪些知识点是自己不熟悉的,不熟悉的知识点再进一步分解成哪些是需要花时间与精力解决的,整个项目要使用什么样的软件框架,把关键问题解决之后再去写代码,会起到事半功倍的效果。

掌握模块化设计思路,其实各行各业都有这种模块化思想,例如一辆机动车自上而下看包括发动机、变速箱、底盘、外观、内饰等,如果再进一步分解发动机,则包括排气系统、进气系统、冷却系统、燃油系统、配气机构、曲轴连杆等模块。单片机系统中这种模块化思想也体现得淋漓尽致,一个单片机包括 CPU、RAM、Flash、时钟系统、输入输出(I/O)、I^2C、SPI、串口、定时器、RTC 模块等;一个单片机项目包含的程序模块通常有数字输入模块、数字输出模块、通信模块、系统调度模块等,掌握这种模块化设计思想会让你在各行各业中获益良多。

笔者是个物理爱好者,大学期间学的也是物理学专业,出于对电子技术的热爱,从大二开始,不断参加各种科技、电子协会,帮助班上和在校同学解决各种电器问题,小到吹风机、音响,大到电视机、计算机、空调、洗衣机等,还多次积极协助组织参与"三下乡"活动,将科技知识带进农村,为老百姓切切实实答疑解惑并解决实际电器问题。此外,笔者也多次参加各层级举办的电子类竞赛,尽管有的比赛成绩不是很理想,但是在竞赛过程中都能学有所获,受益良多。正是这些实战经历,使笔者在很多方面对单片机和嵌入式的理解比较独特,也希望这些独特的理解能帮到各位读者。

本书内容安排从每个阶段实用的角度出发,秉持着通俗易懂的原则,第一部分主要介绍单片机入门知识,与众多介绍单片机入门的方式不同,笔者特地选择了市面上常用的 4 种单片机(STC89C52RC、PIC16、MSP430 和 STM32)与开源界非常流行的 Arduino 开发平台进行对比,一方面通过对比帮助读者了解不同单片机的开发方式;另一方面也可以总结这些单片机开发方式的共同点,以便读者以后碰到新单片机时可以将这种技巧快速应用其中。另外需要指出的是,关于上面 4 款单片机其实在业内有非常优秀的入门教程,8051 单片机有郭老师的《10 天学会单片机》视频、STM32 有野火的《零死角玩转 STM32》和正点原子的《手把手教你学 STM32》,所以在介绍该部分内容时笔者只挑重点,有些甚至是一笔带过,但是该部分资料都会统一放在本书提供的资源中。

一直以来,单片机进阶是很多初学者面临的老大难问题,一方面市面上系统性的书籍比较少;另一方面单片机进阶学习需要结合实际项目,单纯通过理论方式很难将这些经验描述到位。笔者花了很多心思梳理了单片机进阶的整个知识框架,从第 16 章在实际工程应用中的电路着手到第 17 章的软件痛点分析,其中参考了网上大量文章及初具规模公司中实用的一些规范;第 18 章介绍了基础版的代码规范,旨在帮助读者养成一个良好的代码编写习惯。实际项目中的程序往往是复杂但又有迹可循的;第 19 章特地介绍了如何编写模块化程序,以便读者更好地读懂和编写有一定代码量的单片机程序,而要做好一个单片机项目,特别是在多人协作开发时,一个好的研发流程显得尤为重要,很多技术公司发展到一定规模后都面临流程上的问题;第 20 章以一个实际的案例介绍了一个完整项目的基本开发流程,为了更进一步让读者对这种开发方式有所理解;第 21 章特地补充了一个实际做好的项目,帮助读者巩固研发流程;从第 22 章开始主要介绍一些实际项目中的技巧,例如第 22 章中的状态机原理及实际项目中哪些地方用到状态机,并进一步延伸出状态机更广泛的用途;第 23 章则使用通俗易懂的方式介绍操作系统方式编程和如何打造一个基础版的操作系统,通过与市面上主流的实时系统 μC/OS-Ⅱ 做对比,读者会发现其实开发操作系统也没有想象中那么难。在校期间,很多计算机与电子类专业学生经常会听到老师说算法才是程序的灵魂,但是算法到底是什么及单片机中算法该如何应用在第 24 章中进行了详细介绍。为了让读者进一步认识算法;第 25 章和第 26 章详细介绍了两个非常熟悉的游戏(贪吃蛇与俄罗斯方块)在 Windows 和单片机上的实现方式,让读者可以更进一步地理解算法的本质。单片机软件本身是抽象的,单片机能实现相应功能,其实主要是程序编写者的功劳,为了将这些单片机资源利用好,数据结构起到了重要作用,第 26 章还详细介绍了单片机中常用的几种数据结构。许多单片机入门者包括从业多年的工程师对于如何维护代码一直比较模糊,特别是多人协作开发同一个项目时,这种问题显得尤为突出;第 27 章针对当前流行的分布式代码版本管理作了基础和实用的介绍,这种管理方式无论是对于写代码还是文档管理都是一个非常不错的选择。笔者认为技术从业者要勇于探索和拥抱新的技术、新的开发方式,人类社会的进步就是机器不断取代人力的过程,单片机开发也一样,特别是长期从事单片机开发行业的工程师应该有感触,绝大部分时间是在做一些普通人都能做的事情,对于一款单片机来讲它的资源、开发方式基本上是固定的,所以第 28 章介绍了一种基于模型的开发方式,这种开发方式在未来一定会得到全面普及,只是以何种方式、何时出现的问题。一个好的工具、平台同样也能提高项目的开发效率,第 29 章介绍的 Arduino 开发平台,尽管许多读者非常熟悉,但是也希望通过本书的这种介绍方式使读者能对开源平台有一个全新的理解,而第 30 章的 VS Code 也算是微软近年来的大作,几乎横跨整个代码界,其便捷性和可扩展性给工程师带来了极大的便利性。

　　最后感谢周围关心与支持笔者的亲人与朋友。

　　本书写作过程比较仓促,书中难免存在疏漏之处,希望读者能够批评指正,也真心希望读者能通过本书学到或悟到一些对您有用的东西。

王良升

2022 年 10 月

配套资源

目 录
CONTENTS

入 门 篇

提　高　篇

入 门 篇

▶▶▶

第 1 章

经典的 LED 例子

本章暂不动手做实验,一起来先看一下如何使用最少的代码和元器件搭建不同单片机 (8051、PIC16、MSP430、STM32)下运行程序电路,以及在不同开发平台下实现 LED 闪烁实验代码对比。

小技巧: 由于绝大部分单片机开发工具是国外公司开发的,对中文路径识别有些开发工具会出现异常,为避免不必要的烦恼,建议读者养成将工程放置于英文路径下的习惯,例如 PIC 单片机开发软件 MPLAB 就存在中文路径识别出错问题。

1.1 8051 单片机点亮 LED

一款常见的 STC 系列 8051 单片机开板如图 1.1 所示,上面有按键、数码管、LED、A/D 转换模块、串口通信等元器件,这样看起来是不是感觉很复杂。

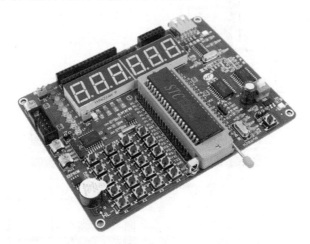

图 1.1 STC89C52RC 单片机开发板

STC89C52RC 单片机引脚实物对照如图 1.2 所示,本节只需实现 LED 点亮实验,与该实验无关的元器件都可以去掉,最终通过"减法"得到最少元器件实现 8051 单片机能工作的电路,如图 1.3 所示,该电路是型号为 STC89C52RC 的 8051 单片机 LED 点亮的最小系统

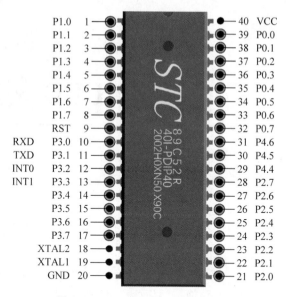

图 1.2 STC89C52RC 引脚分布图

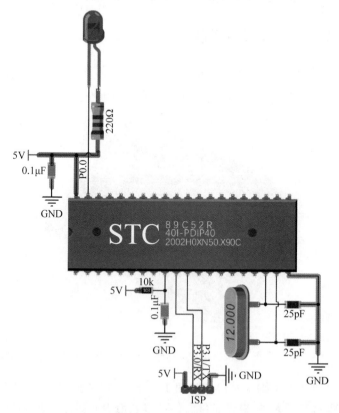

图 1.3 STC89C52RC 点亮一颗 LED 的最小系统电路

电路。LED 点亮完整版 Keil 工程代码可参考 Chapter01/51_LED_Blink。

绝大部分复杂系统电路由好几种单元电路组合而成,单片机最小系统也可以称为单元电路。要想满足单元电路能正常工作,那么它必须具备一些条件,而所有满足这些条件的元器件所组成的电路系统就可以称为该功能电路的最小系统。本节以 STC 系列 8051 单片机为例,为实现 8051 单片机正常工作,首先必须有供电,复位引脚要满足高电平要求,一个阻容滤波电路构成了 8051 单片机的简单复位电路,最后 STC89C52RC 单片机要想工作还要有跳动的"心脏",而这个跳动的"心脏"就是晶振,用于提供指令运行的脉冲基准时钟。有了上面几项条件,8051 单片机在硬件上才算满足基本的工作条件。当然,单片机需要烧录程序才能工作,那么下载电路也是必需的。供电+复位电路+时钟电路+下载电路就是 STC89C52RC 单片机最小系统的基本组成元素,这几项缺了谁单片机都不能正常工作。

1.2 PIC 单片机点亮 LED

一款常用的 PIC16 开发板如图 1.4 所示,PIC16F877A 单片机引脚实物对照如图 1.5 所示。同样,该开发板看起来有点复杂,特别是对于很多初学者来讲,电路也是刚开始接触,一下看到一大堆电路难免还是感觉无从下手。对于 PIC 单片机开发板可以采用与 1.1 节相同的元器件"减法",将 PIC 开发板中与 LED 点亮实验无关的元器件去掉,最终得到 PIC16F877A 点亮一颗 LED 的最小系统电路,如图 1.6 所示,MPLAB 开发环境下点亮 LED 完整工程代码参考 Chapter01/PIC_LED_Blink。

图 1.4 PIC16F877A 单片机开发板

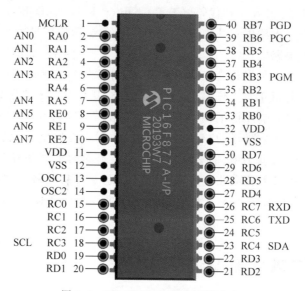

图 1.5　PIC16F877A 实物引脚分布

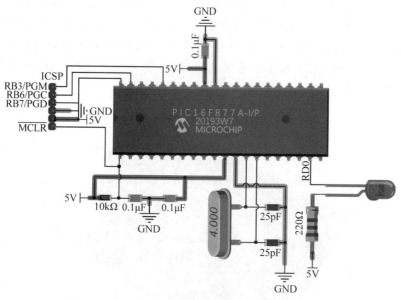

图 1.6　PIC16F877A 点亮一颗 LED 的最小系统电路

1.3　MSP430 单片机点亮 LED

型号为 MSP430G2553 LaunchPad 德州仪器官方开发板如图 1.7 所示,该单片机的实物引脚对照如图 1.8 所示,这里也给该开发板做做"减法",将与实现 LED 点亮功能无关的

器件都去掉,最终得到 MSP430G2553 点亮一颗 LED 的最小系统电路如图 1.9 所示,IAR
开发环境下完整工程代码参考 Chapter01/MSP430_LED_Blink。

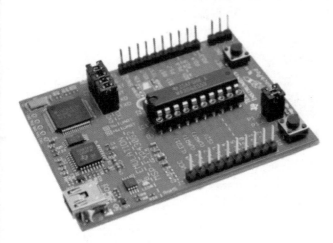

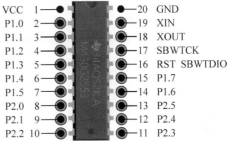

图 1.7 MSP430G2553 LaunchPad 开发板 　　　　图 1.8 MSP430G2553 实物引脚分布

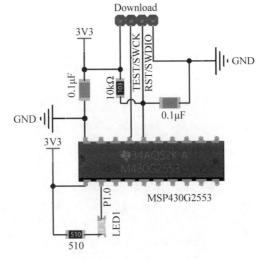

图 1.9 MSP430G2553 点亮一颗 LED 的最小系统电路

1.4 STM32 单片机点亮 LED

很多初学者常用的 STM32F103xx 系列开发板如图 1.10 所示,该单片机引脚实物对照
如图 1.11 所示。同样地,该开发板看起来比较复杂。

对图 1.10 所示的开发板做"减法",也是将与 LED 点亮无关的硬件去掉,最终得到
STM32 的最小系统电路,如图 1.12 所示,该电路为 STM32F103C8T6 单片机 LED 点亮的

图 1.10 STM32F103C8T6 开发板

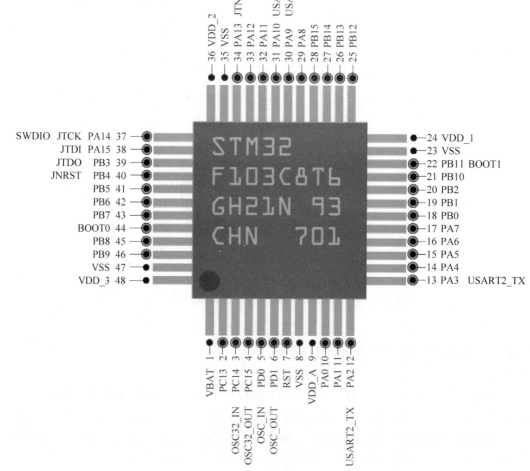

图 1.11 STM32F103C8T6 实物引脚分布

最小系统,STM32F103C8T6 点亮一颗 LED 的 Keil 工程的完整代码可参考 Chapter01/
STM32_LED_Blink。

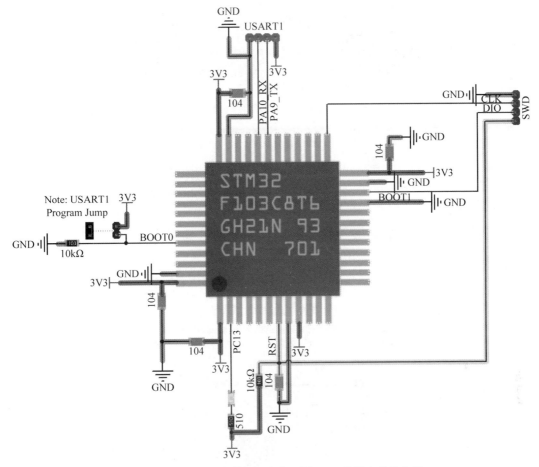

图 1.12 STM32F103C8T6 点亮一颗 LED 的最小系统电路

1.5 Arduino 点亮 LED

大部分初学者用得最多的 Arduino UNO R3 官方开发板如图 1.13 所示,同样看上去
也有点复杂,该开发板核心单片机使用的是 ATMEL(现已被 Microchip 收购)旗下的
ATMEGA328P-PU,该芯片的实物引脚对照如图 1.14 所示。将 Arduino UNO 开发板精简
一下便可最终得到点亮一颗 LED 的最小系统电路,如图 1.15 所示,看起来简单了很多。读
者可能会发现图 1.14 与图 1.15 引脚对应不上,这是因为图 1.14 为芯片手册上单片机真实
的引脚定义,而图 1.15 标注的引脚为 Arduino UNO 开发板定义的功能引脚。Arduino
IDE 开发环境下点亮一颗 LED 的完整代码可参考 Chapter01/arduino_Blink。

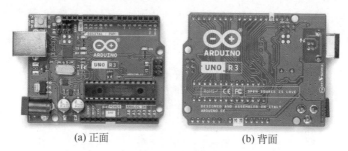

(a) 正面   (b) 背面

图 1.13　Arduino UNO R3 官方开发板

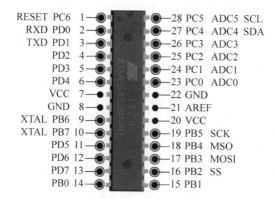

图 1.14　ATMEGA328P-PU 单片机引脚分布

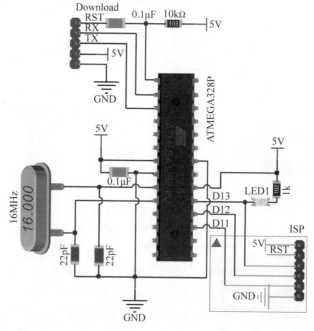

图 1.15　Arduino UNO 点亮一颗 LED 的最小系统电路

　　3 种不同类型单片机(ATMEGA328P、MSP430、STM32F103)点亮一颗 LED 的代码如图 1.16～图 1.18 所示,是不是感觉这些代码的相似度很高？没错,这 3 款单片机都可以使用 Arduino IDE 平台开发。点亮 LED 只是 Arduino 平台功能的冰山一角,到目前为止它支持市面上常用的几种单片机类型,并且支持单片机的种类随着公司和爱好者的贡献还在持续增长,这也意味着读者可以使用 Arduino 这种开发方式实现更多不同类型单片机项目。

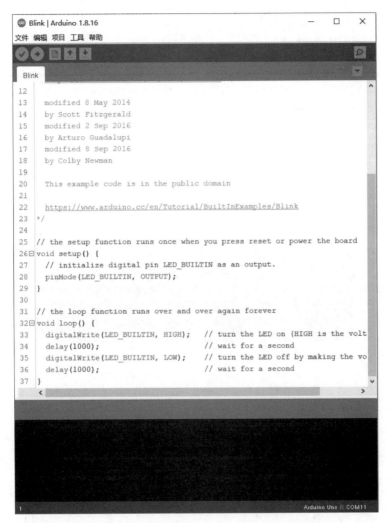

图 1.16　Arduino UNO 点亮一颗 LED 的代码

思考与拓展

　　(1) 对比上面几个 LED 点亮的例子,读者有没有发现哪些异同点？这里笔者暂时给读者留点悬念,希望读者接着往下学,找到其中的差异与联系,从而掌握单片机开发的奥妙。

　　(2) 注意看上面几种单片机的代码在实现同样频率 LED 闪烁时不同单片机的延时大小差距很大,8051、PIC16、MSP430 单片机的 LED 驱动程序直接使用底层寄存器的方式实

图 1.17　MSP430 Energia 点亮一颗 LED 的代码

现,而 STM32 单片机基本看不到与底层寄存器相关的内容,代码直接使用 ST 公司已经封装好的库函数。

(3) Arduino 开发方式只是众多快速开发方式中比较方便的一种,最近几年又出现了使用 MicroPython、Lua 语言等进行开发的新开发方式,使用简单而高效的开发方式实现读者的想法一直是众多科学家、发烧友和科技公司不断努力的方向,项目开发人员可以站在更"高级"的语言层面实现自己的想法。其实 PLC 也属于这种开发方式,某款 PLC 点亮 LED 的梯形逻辑图语言代码如图 1.19 所示,还有基于模型的开发方式(Simulink、QP)等,甚至还有基于图形用户界面的开发方式。如果把 MicroPython 这种解释型语言换成另外一种开发语言呢? 读者自己给单片机写一个简单的解释器,是不是又带来了一种全新的开发方式? 例如 PLC 梯形逻辑图语言,这是在单片机上运行了一个解释 PLC 指令系统的典型应用。Python 语言点亮一颗 LED 的代码如图 1.20 所示,MicroPython 是将基础功能的 Python 解释语法移植到单片机上,从而诞生了使用 MicroPython 语言开发单片机项目的新方式,这股"潮流"在接下来硬件性能(硬件性价比)越来越强悍的未来会变得尤为明显。

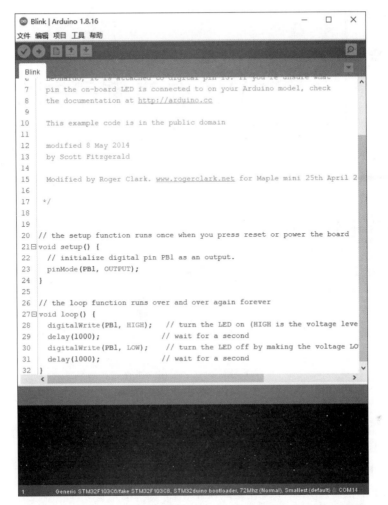

图 1.18　STM32F103C8T6 使用 Arduino 平台点亮一颗 LED 的代码

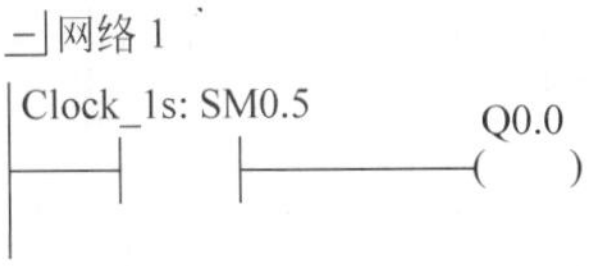

```
—|网络1
  Clock_1s: SM0.5              Q0.0
  |——| |——————| |——————————( )
```

图 1.19　PLC 点亮一颗 LED 的逻辑图语言代码

```python
import pyb
while true:
    pyb.LED(1).on()
    pyb.delay(500)
    pyb.LED(1).off()
    pyb.delay(500)
```

图 1.20　MicroPython 点亮一颗 LED 的代码

第 2 章

LED 点亮例子剖析

2.1　LED 电路解析

LED(Ligth Emitting Diode)的电路符号和实物如图 2.1 所示。

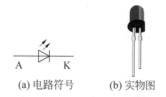

(a) 电路符号　　　(b) 实物图

图 2.1　LED 的电路符号和实物图

小技巧：直插 LED,引脚长的一端为阳极 A,引脚短的一端为阴极 K(通常阴极 K 端有一个缺口)。

绝大部分初学者习惯于在某宝上购买元器件,其一般提供的这种元器件没有严谨的参数标识,所以很多读者对元器件没有参数概念。这里以美华电子的一颗 5mm 红色 LED 为例,介绍如何从它的数据手册上找到相关的元器件信息,部分数据手册如图 2.2 所示。

厂家：美华电子。

LED 型号：MHL5013URDRT。

LED 的外形尺寸：5mm 指的是 LED 的直径。

LED 压降：2.2～2.4V。

LED 极限电流：30mA,在实际使用时不能超过这个电流,否则 LED 就会有损坏的风险。

LED 电流对应的发光强度值如图 2.3 所示。

不同颜色 LED 的具体工作电压范围不太一样,例如天成旗下型号为 TC5050RGBF08-3CJH-P35C 的三色灯对应的电压见表 2.1。

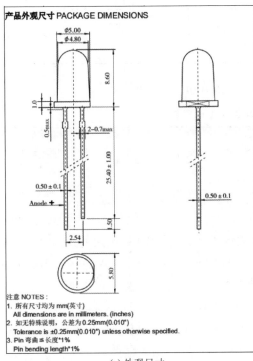

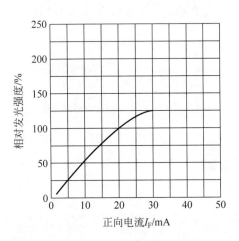

(a) 外观尺寸　　　　　　　　　　　　(b) 电气参数

图 2.2　美华电子的数据手册

产品外观尺寸 PACKAGE DIMENSIONS

注意 NOTES 为：
1. 所有尺寸均为 mm(英寸)
   All dimensions are in millimeters. (inches)
2. 如无特殊说明，公差为 0.25mm(0.010")
   Tolerance is ±0.25mm(0.010") unless otherwise specified.
3. Pin 弯曲*长度*1%
   Pin bending length*1%

极限参数 Absolute Maximum Ratings(Ta=25℃)

参数 Parameter	符号 Symbol	极限值 Rating	单位 Unit
单字节功耗 Power Dissipation Per Segment	PAD	80	mw
脉冲正向电流 Pulse Forward Current (Duty=0.1,1KHZ)	IPF	100	mA
直流正向电流 DC Forward Current	IF	30	mA
反向电压 Reverse Voltage	VR	5	V
温度系数 Temperature Cofficient	I/C	0.33	mA/℃
工作温度 Operating Temperature Range	TOPR	-25℃ to 85℃	
储藏温度 Storage Temperature Range	TSTG	-30℃ to 100℃	
焊接条件 Soldering Temperature	TSD	260℃/5sec	

光电特性 Optical-Electrical Characteristic(Ta=25℃)

符号 Symbol	参数 Parameter	测试条件 Test Condition	最小 Min	标准 Typ	最大 Max	单位 Unit
VF	正向压降 Forward Voltage	IF = 20mA	-	2.2	2.4	V
IR	反向漏电流 Reverse Current	VR=5V	-	-	50	uA
λP	峰值波长 Peak Wavelength	IF = 20mA	-	632	-	nm
λD	主波长 Dominant Wavelength	IF = 20mA	-	624	-	nm
Δλ	半波宽 Spectral Line Half—Width	IF = 20mA	-	20	-	nm
2θ1/2	半视角 Half Intensity Angle	IF=20mA	-	40	-	deg
Iv	发光强度 Luminous Intensity	IF = 20mA	390	550	-	mcd

图 2.3　发光强度

表 2.1　TC5050RGBF08-3CJH-P35C 电压参数

Item(项目)	Symbol（符号）		Min（最小）	Typ（平均）	Max（最大）	Unit（单位）	Conditons（测试条件）
Forward Voltage（正向电压）	VF	G	2.8		3.2	V	$I_F = 20 \times 3 \text{mA}$
		R	2.0		2.4		
		B	2.8		3.2		

美华电子型号为 MHLA5319URGBDWT 的三色 5mm LED 见表 2.2。

表 2.2　MHLA5319URGBDWT 电压参数

Item(项目)	Symbol（符号）		Min（最小）	Typ（平均）	Max（最大）	Unit（单位）	Conditons（测试条件）
Forward Voltage（正向电压）	VF	G	2.8		4.0	V	$I_F = 20 \times 3 \text{mA}$
		R	2.0		2.6		
		B	2.9		4.0		

如果实在找不到参数值,则可以按照经验值来处理:红色 LED 的正向电压为 2.3V 左右,绿色 LED 的正向电压为 3.0V 左右,蓝色 LED 的正向电压为 3.0V 左右,其他颜色 LED 的电压也不太一样,建议读者参考官方权威手册。

电流在 5～20mA 内 LED 都能正常工作。这里取红色 LED 中间值 $U_{LED} = 2.3\text{V}$,$I_{LED} = 10\text{mA}$,相对发光强度对应为 50%,再来计算电阻值 $R = (U - U_{LED})/I_{LED} = (5 - 2.3)/0.01 = 270\Omega$,电阻的功率 $P_R = I^2 R = 0.01 \times 0.01 \times 270 = 0.027\text{W}$。

小技巧:此处计算出的限流电阻值凑巧为市面上常用的 270Ω 电阻,如果计算出的电阻值没有对应的实物电阻,一般采取"就近"原则,例如 268Ω 取 270Ω,315Ω 取 330Ω。

这里为了做实验方便,选用直插电阻,功率为 0.25W,远大于实际工作时消耗的功率,电阻符号和实物如图 2.4 所示。

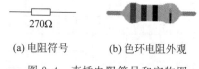

270Ω

(a) 电阻符号　　　(b) 色环电阻外观

图 2.4　直插电阻符号和实物图

电阻 R(Resistor)的参数如下。

阻值:270Ω。

功率:0.25W。

精度:±5%。

要实现 LED 点亮,只需将 LED 的阴极接电源负极,将 LED 的阳极接电源正极。那么单片机是如何实现 LED 接电源负极的呢?可以添加一个开关实现这个功能,那么如何用单片机的开关实现该功能呢?接下来笔者一一展开介绍,电路图如图 2.5 所示。

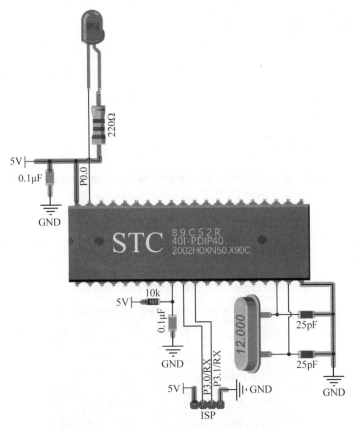

图 2.5 点亮 LED 的电路图

单片机 P1.0 引脚的内部电路图如图 2.6 所示(P0 端口内部无上拉电阻)。

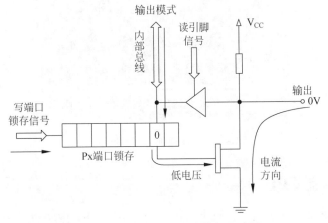

图 2.6 单片机 P1.0 引脚内部电路图

2.2　单片机科普

单片机(Micro Control Unit)的全称为微型控制单元,简称单片机(MCU),从字面意思可以了解到,它就是一个微型的计算机系统。接下来通过对比来讲解它为什么是一个微型计算机系统。

2.2.1　计算机主板

首先来看一下读者熟悉的计算机主板,可能有人会问,我是来学单片机的,为什么给我介绍计算机主板呢? 这里用主板来做一个类比,估计很多读者用了很长时间的单片机却不知道单片机和代码是怎么回事。

一块计算机主板实物如图 2.7 所示,这个是比较老的一个主板,采用的是 DDR2 内存,大的板块包括 CPU、北桥、南桥,其中南桥主要掌管着 USB、PCI、SATA、BIOS 等低速外设,如图 2.8 所示。

图 2.7　计算机主板实物图

2.2.2　手机 CPU

通常 CPU 特指中央处理单元,而手机的处理器不仅只有中央处理器功能。2021 年 5 月最新版的联发科天玑 900 处理器有 CPU、GPU、5G 和 WiFi 模组,还有人工智能 APU,如图 2.9 所示。手机处理器将这些外设全部集成到一个芯片里,现在最新桌面版 CPU 也朝着

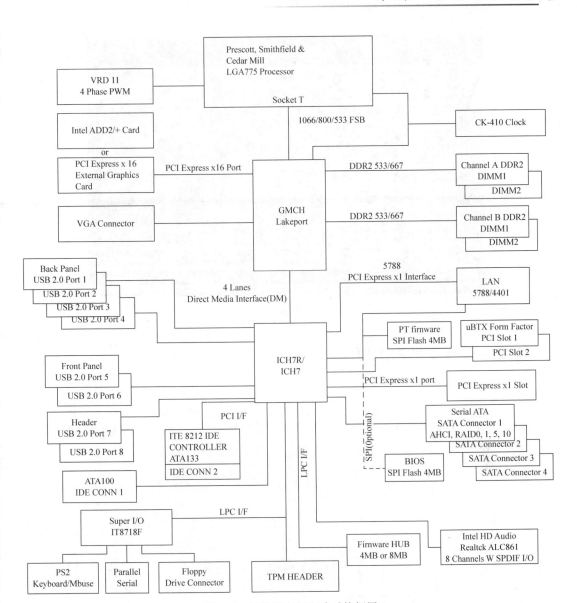

图 2.8 计算机主板电路系统框图

这个方向发展,目前已经有很多 CPU 将显卡集成到芯片里。

读者可以思考一下,很多时候其实并不需要计算机 CPU 和手机处理器这么强悍的性能和诸多功能,只需控制 I/O、串口通信等。把不需要的东西裁剪掉,加上简单的 CPU 计算单元,然后把它的可靠性提高就可以了,这也代表着读者思考的这些问题与计算机科学家思考的问题是一致的。

图 2.9 联发科手机单片机

2.2.3 单片机内部组成

早期工控领域用得最多的是 8051 单片机,包含 CPU(8051 内核)、SRAM(内存),内存通常只有 1KB 左右,ROM 闪存(硬盘)也只有区区的几十 KB,如图 2.10 所示。外围的模块基本就是下载代码用的 ISP、EEPROM、看门狗、复位模块、串口模块、中断模块和 I/O 模块。PIC16 单片机和 MSP430 单片机的内部资源对比框图如图 2.11、图 2.12 所示。

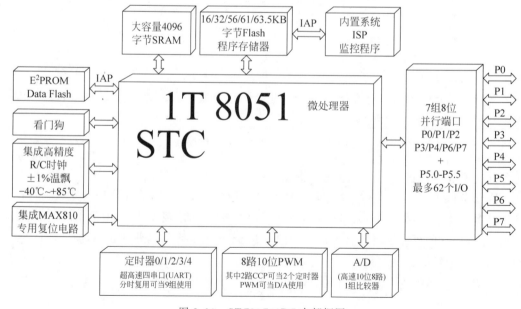

图 2.10 STC89C52RC 内部框图

FIGURE 1-2: PIC 16F874A/877A BLOCK DIAGRAM

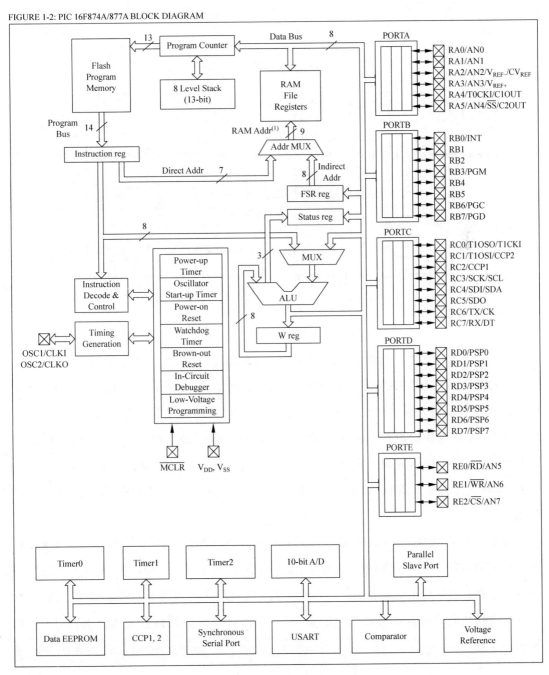

图 2.11　PIC16 单片机内部框图

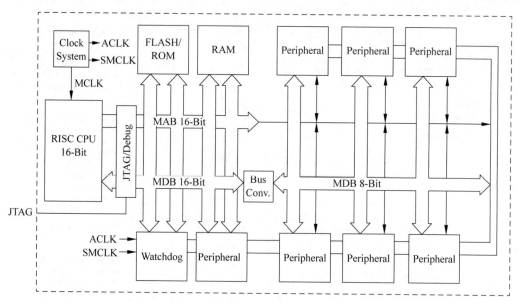

图 2.12　MSP430 单片机内部框图

　　单片机主要应用在一些对价格比较敏感的领域,所以根据单片机内部资源的不同诞生了很多种类,8051 是常用的单片机,主要应用于数码家电(洗衣机、电饭锅、电磁炉、微波炉),以及工业现场数据采集与传输等,但是随着它的性价比及易上手程度不再占优势,慢慢地被 32 位单片机取代。STM32 的内部结构比 8051 单片机的功能复杂很多,8051 单片机所拥有的外设它都有,并且每个模块的功能更强大;8051 单片机所拥有的模块它也有,如调试功能模块、RTC 模块、USB 模块、CAN 总线模块、ADC、SPI、I^2C 等,如图 2.13 所示。

　　再来看一下 MCU 与人对比,CPU+RAM+FLASH 相当于是人的大脑,用来处理来自各个模块的信息,I/O 输出相当于人的手,输入和 A/D 则相当于人的皮肤(触觉)和眼睛,用来接收外界的温度和图像信息输入,串口、SPI、I^2C 等总线则相当于人耳朵和嘴巴的配合,一方面接收其他控制器发送过来的信息,另一方面将要传递的信息发送出去,如图 2.14 所示。

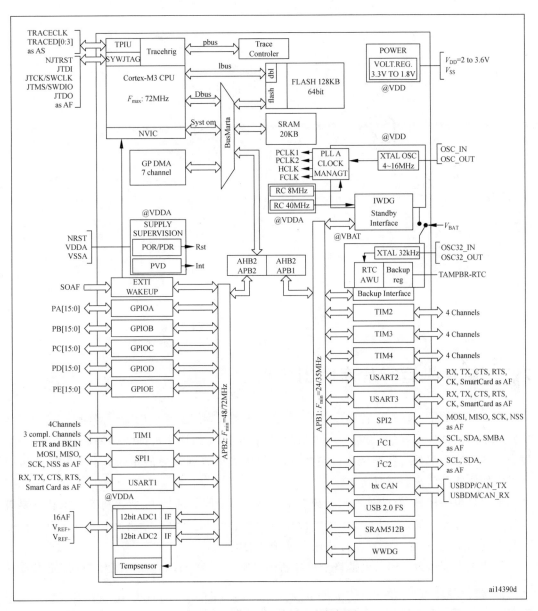

图 2.13　典型的 STM32 内部框图

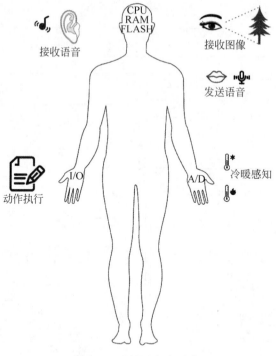

图 2.14　MCU 与人对比

2.3　单片机运行程序解剖

先举一个例子：假如读者要住酒店,会通过什么来找到要居住的那个房间？是房间号,房间号是酒店预先编好的,通过唯一的房间号,就可以找到那个房间。如果这是一家公司,每个大的房间里都是一些职能小组在办公,项目管理员收到领导的指令后会不断地去房间找相应的职能部门来完成任务。

单片机也一样,所有的外设都挂载在单片机可以访问的地址上,计算机科学家首先要对单片机进行地址定义,否则就找不到外设所对应的地址,也就没有办法操作。其实单片机地址是虚构出来的,只是为了在实际应用中使用方便而已。

单片机内部包含CPU,也是整个单片机的核心。了解单片机如何工作之前,先来看一下CPU运行程序的本质。

2.3.1　CPU 运行程序的本质

先来看一下两位全加器,Proteus 仿真电路如图 2.15 所示。

十进制运算：A＋B＝1＋3＝4。

二进制运算：01＋11＝100。

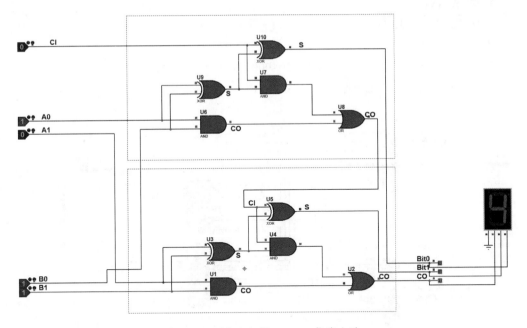

图 2.15　两位全加器 Proteus 仿真电路

为了方便更多比特位的运算，使用内部集成 8 个全加器芯片 74283 来运算，Proteus 仿真电路如图 2.16 所示。

十进制运算：DATA1＋DATA2＝5＋10＝15。

二进制运算：0000 0101＋0000 1010＝0000 1111。

那么数字电路是如何进行加减乘除运算的？

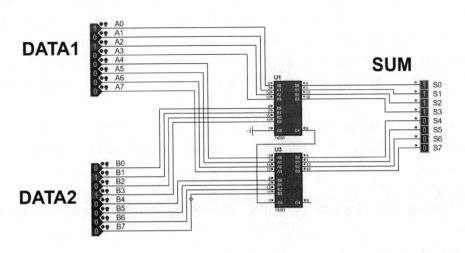

图 2.16　使用 8 个全加器芯片

1. 加法运算

例如要进行 8+13 的运算。

十进制运算：8+13=21。

二进制运算：0000 1000+0000 1101=00010101。

使用 8 位全加器来验证加法运算的结果，Proteus 仿真电路图如图 2.17 所示。

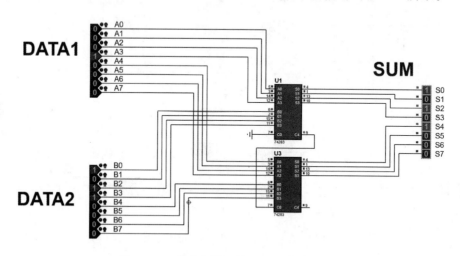

图 2.17　8 位全加器运算 Proteus 仿真电路

注意：这里不考虑一些特殊的情况，8 位二进制最大能表示的数为 255，所以只考虑数值小于 255 的加法情况，更深入的探讨读者可以进一步查找更专业的资源深入学习。

2. 减法运算

加法需要考虑进位，减法则需要考虑借位，按小学时的经验加减法就是这样处理的，但是计算机不是这么处理的。计算机只有加法，而没有减法。那么 int a=b−c 是怎么得出来结果的呢？在进行减法运算之前首先要了解一个概念——补码。

计算机中对于有符号数，用最高位作为符号位，0 代表正号，1 代表负号，其余数位用作数值位，代表数值。例如 Byte 类型的取值范围为−128～127，其中，表示数值的只有 7 位，首位表示正负。

补码规定，正数和 0 的补码就是其原码（原码、反码的定义这里不赘述），负数的补码是其正数的原码取反再加 1。举个例子，求−10 的补码：十进制 10 的原码（按 8 位举例）为 0000 1010，其反码为 1111 0101，取反后再加 1 即为其补码 1111 0110，因此，−10 的补码 1111 0110。

不知道写到这里，读者有没有发现什么端倪？接下来再回到减法计算来，a=b−c 实际上等同于 a=b+(−c)。

【例 2.1】　减数<被减数

12−5=0000 1100+1111 1011=(1)0000 0111=7 括号中为进位，因为只有 8 位，所以

高于 8 位的进位要去掉。

5 用二进制表示为 0000 0101,反码为 1111 1010,可得 -5 的补码=反码$+1=$ 1111 1011。

最后通过加入反相电路和加 1 电路得到的最终结果,去掉进位后为 0000 0111,换算成十进制就是 7,Proteus 仿真电路图如图 2.18 所示。

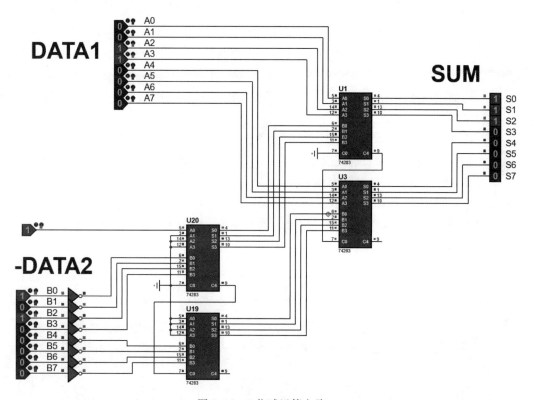

图 2.18 8 位减运算电路

【例 2.2】 减数＞被减数

计算 $7-9=$ 0000 0111$+$1111 0111$=$1111 1110 $=-2$。

9 用二进制表示为 0000 1001,反码为 1111 0110,可得 -9 的补码为 1111 0111。$7-9$ 得到的是负数 1111 1110,把它返回来:反码=补码$-1=$1111 1110$-1=$1111 1101,反码取反后为 0000 0010。

3. 乘法运算

乘法的本质就是循环加法。例如 5×3 实际上就是 $5+5+5$,貌似就可以计算了,实际上不仅如此。有一个电子器件叫作乘法器,可以实现二进制的乘法、除法等运算。同样以 5×3 为例,讲解一下乘法器计算乘法的流程。

$5\times 3=$ 0000 0101$\times$0000 0011 执行步骤如下:

第 1 步:$5+5=10$,用二进制表示为 00000 0101$+$0000 0101$=$0000 1010。

第 2 步：10＋5＝15，用二进制表示为 0000 0101＋0000 1010＝0000 1111。

小技巧：有些乘法运算也可以通过移位电路来运算，例如 2^n 的整数倍乘法运算。

虽然有乘法器，但是实际上最终操作流程还是加法和位移操作计算的乘法运算。代码中的乘法到底是用乘法器计算还是转化成加法运算，并不太确定，有些编译器编译时会对代码进行优化，根据实际的 CPU 硬件资源选取最优的一种方法来计算结果。

4. 除法运算

除法运算可以通过减法实现，Proteus 仿真电路图如图 2.18 所示。例如 10/3 等价于10 一直减 3 直到被减数小于 3，此例共可减 3 次，那么 10/3 的整数部分就为 3 了，余数为减完剩下的值 1。

除法的原理同乘法的原理类似(仅对于整数的除法)，但是稍微复杂一点。同样举个例子来说明一下。

10/3＝ 000 1010/0000 0011 执行步骤如下。

第 1 步：10－3＝7，用二进制表示为 000 1010－0000 0011＝0000 0111。

第 2 步：7－3＝4，用二进制表示为 0000 0111－0000 0011＝0000 0100。

第 3 步：4－3＝1，用二进制表示为 0000 0100－0000 0011＝0000 0001。

通过比较电路判断还需不需要继续进行减法运算，于是商的整数部分为 0000 0011(3)，余数为 0000 0001(1)。

小技巧：实例中只展示了其中一种除法运算，读者可以思考其他方式的除法运算，例如使用移位方式。

一个完整的 CPU 计算电路如图 2.19 所示。

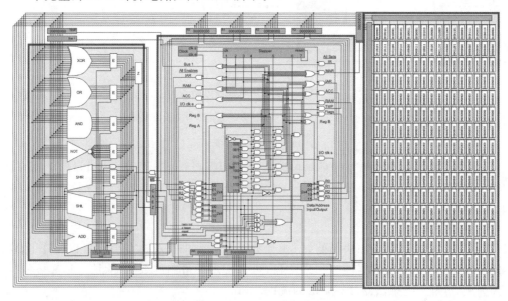

图 2.19 CPU 计算电路

　　该系统包含完整的 8 位与运算电路、或运算电路、右移运算电路、左移运算电路,还有加法运算电路等。实际运算时将取到的指令通过内部解码来决定当前操作是加法运算,还是移位运算,又或是对外部 I/O 进行锁存运算,基本逻辑运算单元如图 2.20 所示。

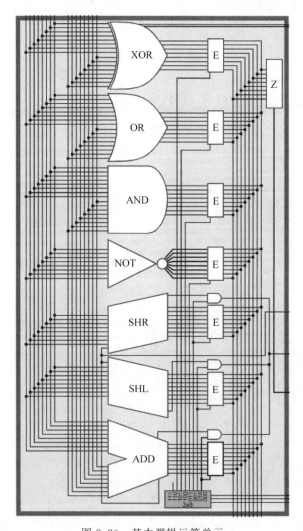

图 2.20　基本逻辑运算单元

　　复杂的运算还会产生中间数据,例如乘法和除法,需要计算多次才可以得到最终结果,所以就需要寄存器来临时存储这些中间数据,如图 2.21 所示。

　　将这些步骤全部放在程序中并按照一定的顺序来执行,就可以构成一个完整的计算过程。

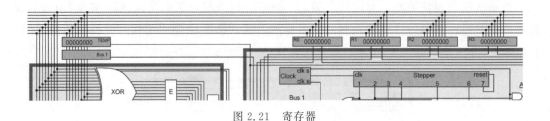

图 2.21　寄存器

2.3.2　点亮一颗 LED 汇编代码剖析

Blink.c 的程序代码可参考 Chapter01/MCU_51_LED_Blink。

通过调试方法得到汇编程序 Blink.asm,程序从 main()函数开始执行,代码如下:

```
C:0x0000      02002D      LJMP        C:002D
5: void delay( unsigned int nTime)
6: {
7:      unsigned char i;
8:      while(nTime -- )
C:0x0003      EF          MOV         A, R7
C:0x0004      1F          DEC         R7
C:0x0005      AA06        MOV         R2, 0x06
C:0x0007      7001        JNZ         C:000A
C:0x0009      1E          DEC         R6
C:0x000A      4A          ORL         A, R2
C:0x000B      600B        JZ          C:0018
9:          for( i = 10;  i > 0;  i -- );
C:0x000D      7D0A        MOV         R5, # 0x0A
C:0x000F      ED          MOV         A, R5
C:0x0010      D3          SETB        C
C:0x0011      9400        SUBB        A, # 0x00
C:0x0013      40EE        JC          delay(C:0003)
C:0x0015      1D          DEC         R5
C:0x0016      80F7        SJMP        C:000F
10: }
11:
C:0x0018      22          RET
12: void main()
13: {
14:      while(1)
15:      {
16:         LED = 0;
C:0x0019      C280        CLR         LED(0x80.0)
17:         delay(10);
C:0x001B      7F0A        MOV         R7, # 0x0A
```

```
C:0x001D    7E00      MOV      R6, #0x00
C:0x001F    120003    LCALL    delay(C:0003)
18:         LED = 1;
C:0x0022    D280      SETB     LED(0x80.0)
19:         delay(10);
C:0x0024    7F0A      MOV      R7, #0x0A
C:0x0026    7E00      MOV      R6, #0x00
C:0x0028    120003    LCALL    delay(C:0003)
20:         }
C:0x002B    80EC      SJMP     main(C:0019)
C:0x002D    787F      MOV      R0, #0x7F
C:0x002F    E4        CLR      A
C:0x0030    F6        MOV      @R0,A
C:0x0031    D8FD      DJNZ     R0,C:0030
C:0x0033    758107    MOV      SP(0x81), #0x07
C:0x0036    020019    LJMP     main(C:0019)
```

小提示：单片机默认都是跳转到 main() 函数处执行程序的，这与读者学习 C 语言时程序也是从 main() 函数开始执行基本一致。

LED 点亮单片机内部参考程序执行步骤如下。

第 1 步：取指令，PC 计数器指向读取指令的地址，然后存储到指令寄存器 0x0019 C280。

单片机程序一般直接跳转到 main() 函数，这时 PC=0x0019 地址里面的数据是 C280，如图 2.22 所示。

第 2 步：解码，指令寄存器中的指令通过解码电路进行解码，CLR LED(0x80.0)。通过译码器电路可以得知 C280 代表的意思是 C2，表示清除位指令，如图 2.23 所示。

第 3 步：执行，根据解码电路的结果，运算器进行相应的与或非、移位、访问外设等操作。

例子中的指令是清除 0x80 所在地址数据的第 0 位，也就是将 P0.0 置低，然后更新 PC 的值。如果没有对 PC 值进行特殊操作，则自动累加后的 PC 地址为 0x001B，然后继续第 1 步循环操作从而实现整个程序功能，如图 2.24 所示。

这里只是给出大致的程序执行方式，省略了很多细节部分，至于更详细的程序执行过程，读者可以参考专业的文章。通用的 8051 内部资源框图如图 2.25 所示。

上面的运算都是通过手动方式进行的，数字电路自身是不能工作的，必须借助于其他电路产生的高低电平驱动运算电路才能工作，这种有规律的高低电平称为脉冲信号。单片机也是由基本数字门电路组成的，必须有一个能源源不断地产生脉冲的电路，才能让其持续不断地工作下去，这个电路在单片机中就是时钟电路。但是对于 8051 单片机而言，其自身并没有时钟产生电路，一般晶振配合内部波形整型电路一同构成时钟电路，这也是为什么晶振在很多单片机电路中被称作为"心脏"的原因。如果把该"心脏"去掉，相应的整个单片机系

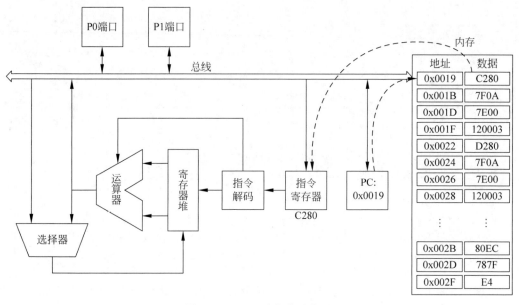

图 2.22　CPU 取指令示意图

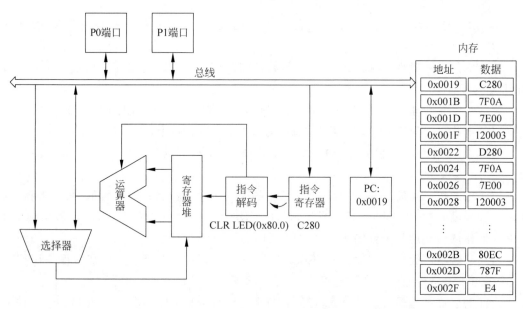

图 2.23　CPU 指令解码示意图

统也会罢工,常用的 HC-49S 型直插晶振实物如图 2.26 所示。

为什么有些单片机没有晶振? 单片机工作只要有持续不断的脉冲输入就行,有些工作场合对单片机没有精确的时钟要求,使用内部自带的 RC 振荡器为单片机提供时钟脉冲也能确保单片机正常工作,所以在有些地方就看不到晶振,因为单片机内部自带了 RC 振荡电

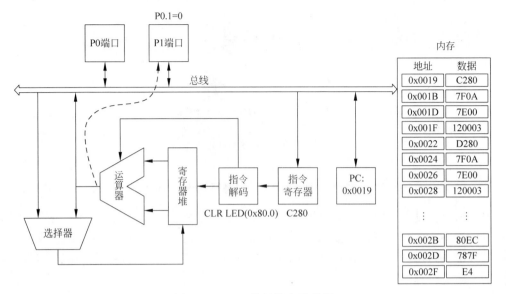

图 2.24　CPU 执行指令示意图

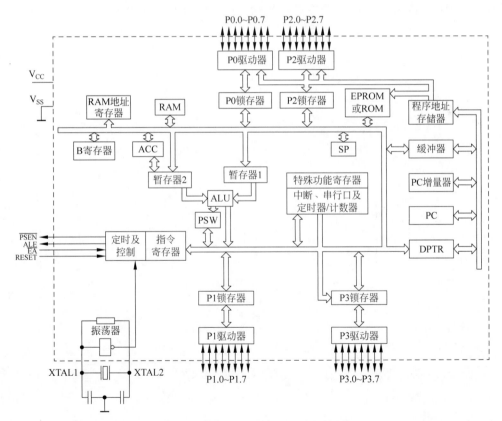

图 2.25　通用 8051 单片机内部资源框图

图 2.26　HC-49S 直插晶振

路。单片机复位是怎么回事？单片机是个比较死板的电路,它只会根据程序员编写的代码
来执行,但是 CPU 执行程序需要有一个初始状态,如果没有初始状态,执行的结果也就无
法准确预测,通过复位可以返回一个初始状态。只有单片机知道自己的起始位置,才能按照
既定的方式运行程序。

　　本章只对单片机执行程序的原理进行了简单介绍,读者如果想了解更多 CPU 工作原
理的信息,则可以参考《编码：隐匿在计算机软硬件背后的语言》这本书。

第3章

初学者搭建电路神器
——面包板

一款常用的面包板如图 3.1 所示,面包板对学习单片机有什么帮助? 为什么要用面包板? 什么情况下使用面包板? 带着这 3 个问题一起对本章内容进行学习。

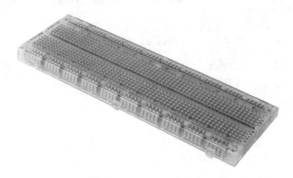

图 3.1　MB-102 面包板

3.1　初学者使用面包板的好处

入门单片机常用的元器件及模块如图 3.2 所示,而将这些元器件搭建成单片机入门学习中的每个实验电路,则需要一个能搭建这些电路的"载体"。当然有读者会立刻想到实验室中常用的万能板,也叫"洞洞板",如图 3.3 所示,使用万能板搭建实验电路也是可以的,但是使用万能板需要具备一定的电路焊接能力,笔者刚开始学习单片机时偶尔也使用万能板,但是经常为了能用上一个电路而需要焊接大半天,如果电路有问题,则还需要改动,这样来来回回焊接,耗费了大量的时间。

当然,如果焊接能力比较强,则使用硬线"裸奔"方式搭建电路也是可以的,如图 3.4 所示。一般建议使用这种方式搭建成熟的模块化电路,供后期重复使用或具有观赏性效果。

对于刚开始学习电路和单片机的读者来讲,使用面包板搭建电路非常方便,可以灵活地增加和移除元器件,使用面包板搭建的 Arduino 流水灯实验电路如图 3.5 所示。面包板是免焊接的,是制作临时电路和测试原型的最好载体。面包板是绝对不需要焊接的,如果使用面包板再去焊接,那就没有起到面包板实际的作用。对于电子电路入门者而言,学会使用面

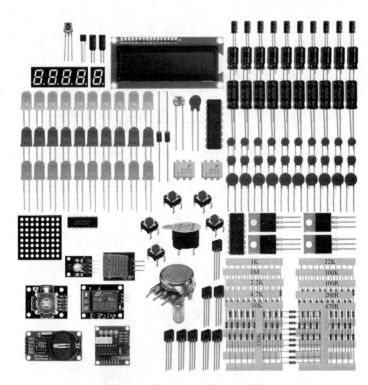

图 3.2　单片机入门常用元器件

图 3.3　实验室中常用的万能板

包板是一个很好的开始。面包板的优美之处在于,它能同时容纳最简单和最复杂的电路。正如读者会在后面看到的那样,如果电路不能被当前的面包板所容纳,则可以通过拼接其他模块的方式来适应所有大小和复杂度不同的电路。

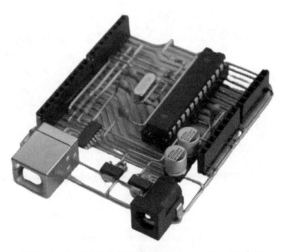

图 3.4　使用硬导线焊接的 Arduino Uno 电路板

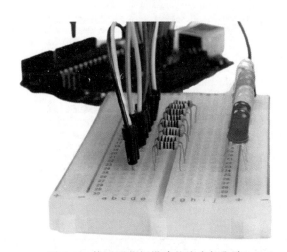

图 3.5　使用面包板搭建的流水灯电路

3.2　面包板使用简介

电子爱好者常用的两款面包板如图 3.6 所示,可以看到上面分布着密密麻麻的小孔,这些孔是有规则的,并且按照标准的 2.54mm 间距排列。这些面包板又可以通过组合的方式构成更大型的面包板,方便更多元器件和模块电路承载。

一般面包板两侧标有＋、－的孔是互相连通的,主要用于供电,中间的孔则用于元器件插接和导线连接,其中 A～E 孔互相连通,F～J 孔也互相连通,如图 3.7 和图 3.8 所示。为了方便实验电路的搭建,一般需要配合面包板电源一起使用,某款面包板电源如图 3.9 所示。

38

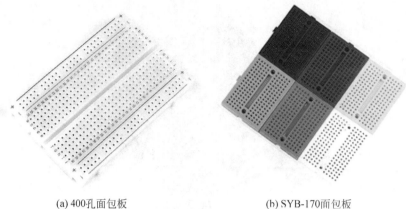

(a) 400孔面包板   (b) SYB-170面包板

图 3.6　两种常用面包板

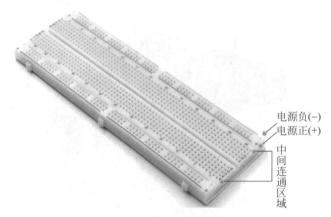

电源负(−)
电源正(+)
中间连通区域

图 3.7　面包板两侧电源

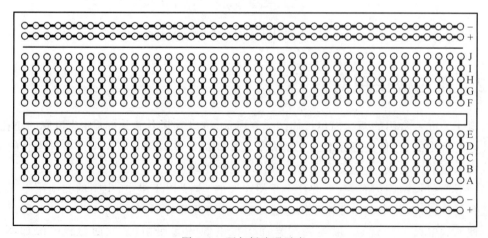

图 3.8　面包板连通示意

(a)电源   (b)电源与面包板连接

图 3.9 面包板电源与使用方式

使用面包板搭建电路,当然离不开杜邦线这个"黄金搭档",常用的杜邦线的间距是
2.54mm,如图 3.10 所示,3 种常用类型的杜邦线如图 3.11 所示。购买杜邦线时建议公对
公、公对母及母对母型号都买一些,因为实际的模块或元器件有些需要使用公端连接,而有
些则需要使用母端连接。

图 3.10 杜邦线在面包板上的使用

(a) 公对公   (b) 公对母   (c) 母对母

图 3.11 常用的 3 种杜邦线

小技巧: 建议购买品质合格的杜邦线,劣质杜邦线在实际使用中经常会出现电路虚断,排查起来费时费力。有条件的读者可以考虑使用软硅胶杜邦线,相对来讲线材柔软,可靠性高,价格当然也会稍微贵一些。

3.3 面包板在实际项目中的妙用

在学习单片机的过程中,不可避免地要搭建实验电路,一方面很多初学者对于使用烙铁不熟练,另一方面使用万能板直接焊接元器件需要消耗大量时间,电路有错误又要来回更改,非常不方便。而面包板的使用就非常方便,上面相邻孔的间距是 2.54mm,常用的排针间距也是 2.54mm,通过杜邦线将模块或电路与单片机最小系统电路连接起来,如果连接不正确,则还可以改动。这种做法对于初期的电路验证和初学阶段电路搭建是非常方便的,使用面包板搭建的 Arduino UNO 最小系统板如图 3.12 所示。

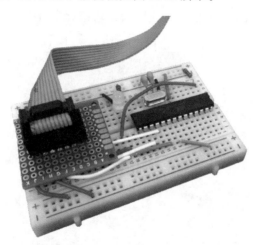

图 3.12 使用面包板搭建的 Arduino UNO 最小系统板

3.3.1 原型电路验证

使用直插元器件直接搭建电路,在无单片机的情况下对电路模型进行验证,例如 NE555 定时器电路、74xx 系列逻辑验证电路、模拟电路验证等,使用按键开关配合三极管搭建控制 LED 开关电路如图 3.13 所示,以 NE555 定时器为核心搭建的功能验证电路如图 3.14 所示。

测试原型是一种通过创建初始模型来测试想法的过程,而这个模型由其他形式开发或复制,这是面包板搭建电路最广泛的用途。如果读者不确定一个电路在给定参数的设置下是否可正常工作,则建立一个测试原型去检测它是最好的一种验证方式。

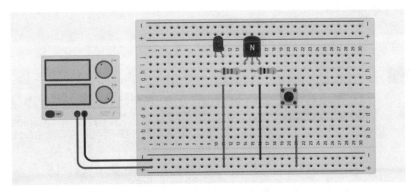

图 3.13 面包板分立元器件使用

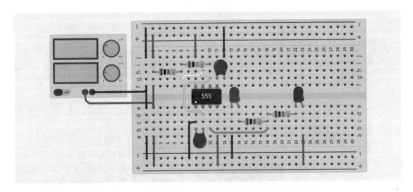

图 3.14 面包板集成电路搭配分立元器件

3.3.2 单片机连接分立元器件或模块

例如,如果读者想使用单片机点亮一颗 LED、使用按键控制 LED 或者对单个模块(温度传感器、光强度传感器等模块)电路进行验证,则可使用 Arduino UNO 驱动 74HC595 搭建面包板实验电路,如图 3.15 所示,使用 Arduino UNO 读取超声波模块的测距数据并显示到 1602 液晶模块上的实验电路如图 3.16 所示。

3.3.3 多平台、多模块系统验证

多模块复杂系统早期原型验证里面既有单片机,又有多个不同模块,将这些模块组合起来实现相应功能。一般这种系统的组成方式主要包括单片机最小系统板、功能模块(电机驱动模块、温度传感器模块等)、按键和 LED 等,同一模块首先在 Arduino 平台上验证,然后用STM32 驱动该模块,如图 3.17 所示。Arduino 入门阶段推荐的元器件、电路模块和面包板全家福如图 3.18 所示。

思考与拓展

(1) 面包板在初学者学习单片机的过程中非常有帮助,特别是有助于动手能力的提高

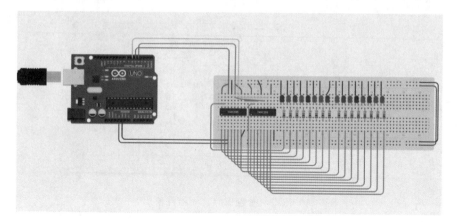

图 3.15　Arduino 驱动 74HC595

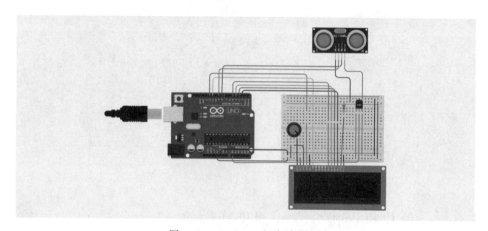

图 3.16　Arduino 超声波测距

图 3.17　不同单片机驱动新 IC 面包板电路搭建

图 3.18　Arduino 基础版元器件全家福

和对硬件本身性能的理解。

（2）由于当前市面上集成电路普遍采用贴片方式封装（SMT），为了方便在面包板上使用，建议选购贴片转接板，如图 3.19 所示。当然如果读者具备 PCB 设计能力，也可以设计一些用于面包板使用的标准模块。

图 3.19　SMT 贴片转接板

（3）实际面包板在使用过程中可以通过不断拼接组成大型的电路，曾有人使用分立元器件结合面包板制作 8 位单片机，如图 3.20 所示，后面章节中的例子也都可以使用面包板搭建电路的方式进行验证。

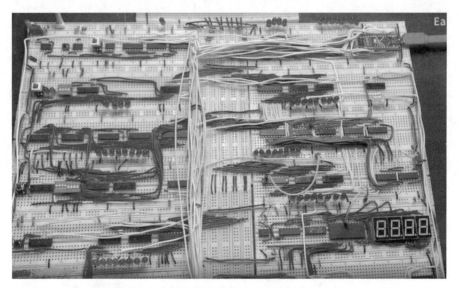

图 3.20　使用面包板自制的 8 位单片机

第4章

开发环境搭建

通过前面三章的介绍,相信读者基本理解了单片机是如何驱动 LED 工作及不同类型单片机驱动 LED 亮灭有何区别,并且了解了搭建基本实验电路的不同方法,但是单片机是用什么软件来编写它自身所能识别的"代码"呢? 不同单片机所使用的开发环境又是怎样的? 写好的代码又是通过什么软件工具和硬件工具将代码烧录到单片机中的? 带着这些疑问, 本章讲解它们的开发环境是如何搭建的。

温馨提示:以下开发环境的搭建基于 Windows 10 家庭版系统,系统版本号:2004,操作系统内部版本号:19041.1052。如果在其他系统环境下安装可能不能正常运行,还需读者仔细参考软件运行所需的系统环境。

4.1 8051 单片机 Keil 开发环境搭建

4.1.1 8051 单片机软件安装与编译

视频讲解

本书使用的 Keil for 51 软件的版本为 v5.14.2,软件安装包为 C51V954a. exe。

Keil5 for 51 软件图标为 ,安装好软件后的主界面如图 4.1 所示。软件的完整安装方式可扫描二维码观看视频。

双击 MCU_51_LED_Blink 文件夹下的 LED_Blink. uvproj 文件,如图 4.2 所示,打开第1 章中 8051 单片机 LED 点亮工程 51_LED_Blink,然后单击██或██按钮,如果代码编译成功,则可以看到 Build Output 窗口正常生成 Hex 文件,如图 4.3 所示,证明软件安装没有问题。在 MCU_51_LED_Blink\Objects 目录下生成 LED_Blink. hex 文件,该文件为最终下载到 8051 单片机中的固件,如图 4.4 所示。

4.1.2 STC 系列 8051 单片机固件下载

代码编译成功后,固件能不能正常运行呢? 可以通过将其下载到单片机中来验证。下载代码需要用到 USB 转串口模块(如图 4.5 所示)和 STC-ISP 下载软件(如图 4.6 所示), STC 系列 8051 单片机下载软件可以登录宏晶公司官网(https://www. stcmcudata. com/)下载,本书配套资源也提供了 STC-ISP 软件,软件版本为 v6. 88F。如果读者使用其他版

图 4.1　Keil for 51 软件主界面

图 4.2　LED_Blink 的 Keil 工程

本,则可能会在界面上有细微差异,但是使用方法基本一致。

　　小技巧:关于 USB 转串口模块的选择,简单提一下,早期很多开发板和某宝上的 USB 转串口模块使用一款型号为 PL23xxx 的国产芯片,笔者也"有幸"使用过,会经常莫名其妙地出现程序下载不了及驱动安装不上从而不能使用的情况,可能是该芯片物美价廉的原因,导致很多不法分子翻新、仿造。笔者没有对该芯片有偏见,国产也有做得比较好的 USB 转串口芯片,例如沁恒旗下的 CH34XX 系列是很多开发板和 USB 转串口模块的优先选择,性价比高,质量和可靠性也有保障。当然如果读者不喜欢国产的 USB 转串口模块,则 CP210x 和 FT232 系列也是不错的选择,它们之间在使用上没有太大差异,只是型号不同而已,但是一定要通过正规渠道购买,因为对初学者来讲学习单片机本身面对的"坑"已经够多了,而 USB 转串口模块在单片机学习过程中是非常重要的一个调试工具,读者一定要谨慎选购。另外,如果你的计算机是初次使用某款型号的 USB 转串口芯片模块,则一定要记得先安装

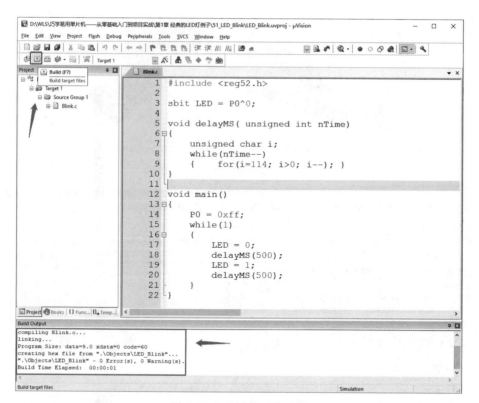

图 4.3　Keil 编译成功示例

图 4.4　LED_Blink. hex 文件

驱动并在设备管理器中查看是否安装成功。

　　本节实验中使用的 USB 转串口模块芯片型号为 CP2102，登录 Silicon Labs 官网（www. silabs.com）下载该芯片的驱动程序，如图 4.7 所示。驱动安装好后右击"我的计算机"，选择"管理"→"设备管理器"→"端口（COM 和 LPT）"，找到该串口为 COM7，如图 4.8 所示。这里无须纠结计算机中的 COM 端口号，每个人计算机上的端口号都不完全一样，选择自己计算机对应的端口即可，如果有多个 COM 端口无法确认，则可以通过插拔 USB 转串口模块的方式查看哪个端口消失又出现来判断。

　　USB 转串口模块与 STC89C52RC 单片机的连接方式如图 4.9 所示。为了方便程序下载，在 USB 的 5V 端与 STC89C52RC 单片机的电源端连接了一个跳线冒，实际搭建电路可以使用开关代替。

(a) CH340G USB转串口　　　　(b) CP2102 USB转串口

图 4.5　常用的两种 USB 转串口模块

图 4.6　STC 系列单片机下载软件

x64	2018/6/15 23:13	文件夹	
x86	2018/6/15 23:13	文件夹	
CP210xVCPInstaller_x64.exe	2017/9/28 1:58	应用程序	1,026 KB
CP210xVCPInstaller_x86.exe	2017/9/28 1:58	应用程序	903 KB
dpinst.xml	2017/9/28 1:45	XML 文档	12 KB
SLAB_License_Agreement_VCP_Windo...	2017/9/28 1:46	文本文档	9 KB
slabvcp.cat	2018/6/2 4:35	安全目录	11 KB
slabvcp.inf	2018/6/2 4:35	安装信息	8 KB
v6-7-6-driver-release-notes.txt	2018/6/16 2:51	文本文档	16 KB

图 4.7　CP210X 驱动文件

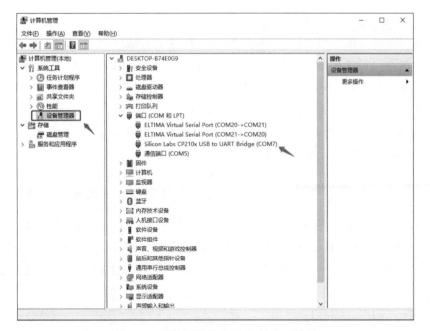

图 4.8 安装好驱动的 USB 转串口效果

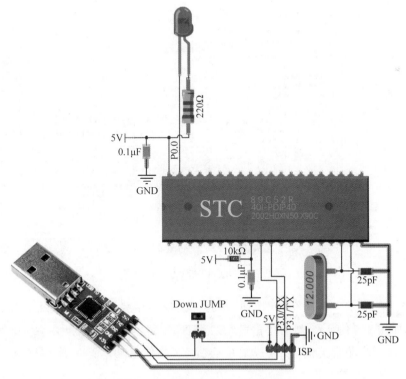

图 4.9 STC 单片机串口下载连接

STC89C52RC 单片机代码的下载步骤如下。

第 1 步：正确连接 USB 转串口模块与单片机的下载端口，STC 系列单片机的 P3.0/RX 与 USB 转串口模块的 TX 连接，P3.1/TX 与 USB 模块的 RX 连接，如图 4.9 所示。

温馨提示：关于 TX 和 RX 信号不同工程师的标注名称不完全一样，如果在后面的步骤中出现了下载不了程序的情况，则可以通过调换 TX、RX 的方式尝试。如果还不行，则可以使用杜邦线、跳线冒或镊子短接 TX、RX，然后打开任意串口助手，发送数据。如果收发内容一样，则说明 USB 转串口模块正常，否则说明模块损坏。

第 2 步：打开 STC-ISP 下载软件，在"芯片型号"选项栏处选择当前要下载程序的单片机型号，本实验中使用的单片机型号为 STC89C52RC；在"串口"栏处选择串口下载端口COM7（结合实际计算机上的端口进行选择），单击"检测 MCU 选项"，然后断开单片机电源再接通，如果在右下角窗口显示单片机型号和固件版本号，并且显示"操作成功！"文字，如图 4.10 所示，则证明串口下载电路连接没有问题，否则需要排查下载电路连接方式是否正确。

图 4.10　STC-ISP 软件下载设置

第 3 步：单击"打开程序文件"按钮，在弹出的窗口中找到并选中要下载的固件 LED_Blink.hex，如图 4.11 所示，然后单击"下载/编程"按钮，如图 4.12 所示，断开单片机的电源再接通。这一步非常关键，下载成功后会提示"操作成功"，然后单片机就会正常执行程序。

完成第 3 步操作，STC 系列 8051 单片机 Keil 开发环境才算搭建成功。

图 4.11 选择要下载的固件

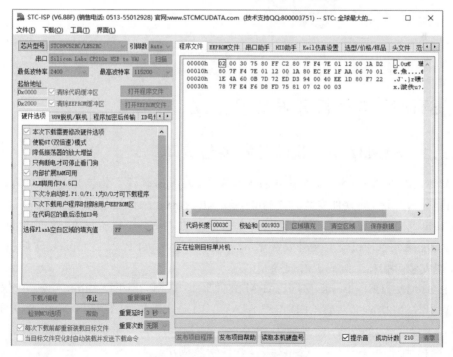

图 4.12 单击"下载/编程"按钮

小技巧：很多初学者最苦恼的问题往往出现在程序下载环节,既要安装驱动,又要遵循正确的下载步骤才能成功,任何一条导线连接错误或接触不良都会导致程序下载失败。特别是下载程序时需要断电再上电这个步骤,显得比较麻烦。如果读者不想动手连接 USB 转串口模块,则可以考虑买一块带串口自动下载功能的最小系统板,如图 4.13 所示,这样就解决了频繁连接下载线的问题。

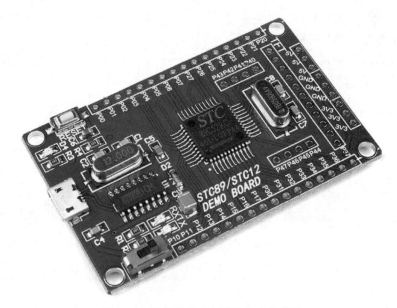

图 4.13　带串口下载电路的最小系统板

视频讲解

4.2　STM32 单片机开发环境搭建

4.2.1　STM32 单片机软件安装与编译

本节使用的 Keil for STM32 软件的版本为 5.27.0.0,软件安装包为 MDK527pre.exe。Keil for STM32 的软件安装方式与 51 单片机的 Keil 软件安装方式一样,软件图标为 ▣,与 51 也是一样的,软件安装好后的主界面也与图 4.1 所示的界面相同,只是 STM32F10x 系列单片机需要额外安装 Keil.STM32F1xx_DFP.2.1.0.pack 软件包。软件及 pack 包安装可扫描二维码观看视频。

双击 STM32_LED_Blink\MDK-ARM 文件夹下 STM32_LED_Blink.uvprojx 文件,打开第 1 章中 STM32 点亮一颗 LED 工程 STM32_LED_Blink,如图 4.14 所示,然后单击 ▣ 或 ▣ 按钮编译代码,如图 4.15 所示。如果 Build Output 窗口无错误提示,并且能正常生成.hex 文件,则证明 Keil for STM32 编译软件安装成功。

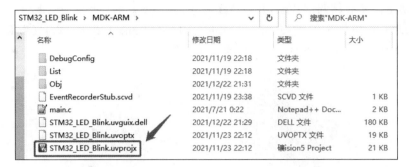

图 4.14　STM32_LED_Blink 工程

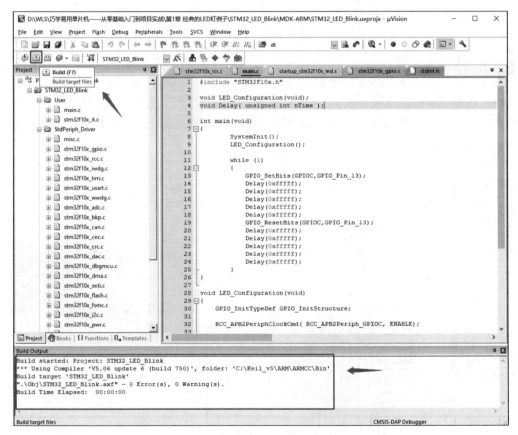

图 4.15　STM32 工程编译成功

4.2.2　STM32 单片机固件下载

接下来向读者介绍工程师在实际项目中给 STM32 下载代码常用的两种方式,即 SWD 和串口 1 下载。SWD 使用 CMSIS DAP 下载器,两种常用的 CMSIS DAP 下载器如图 4.16

所示,因其实惠而又兼具调试功能,并且还没有使用 JTAG 需要版权的问题,深受广大单片机开发者的欢迎。当然 SWD 下载方式也可以使用 ST-Link 下载器,关于 ST-Link 下载器本节就不详细介绍了,感兴趣的读者可以自行去了解。

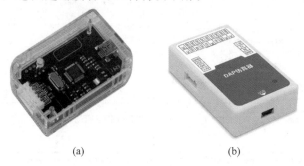

(a)   (b)

图 4.16　两种常用的 CMSIS DAP 下载器

1. SWD 方式下载

使用 SWD 方式下载程序的电路如图 4.17 所示,将 CMSIS DAP 下载器的 USB 端插入计算机,此时计算机会自动搜索安装驱动,驱动安装成功后可以在"我的电脑"→"设备管理器"→"磁盘驱动器"里面看到 Fire DAP USB Device,如图 4.18 所示,笔者使用的是野火电子旗下的下载器,如果读者购买的是其他的 CMSIS DAP 下载器,则计算机上出现的就是相应下载器产品的名字。

注意：CMSIS DAP 下载器通常情况下不需要手动安装驱动,计算机会自动搜索并安装。SWD 下载器接口信号包含 GND、CLK、DIO 和 RST,而其中 CLK 和 DIO 有多种命名

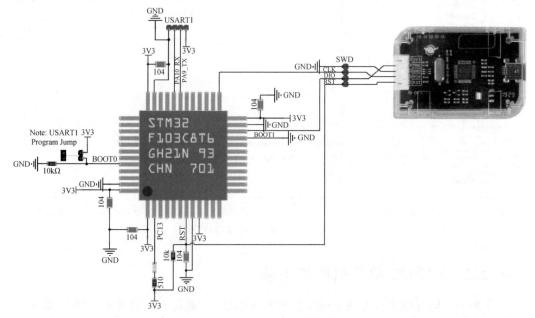

图 4.17　SWD 下载方式下硬件连接

方式,例如 CLK 有 JTCK、SWCLK 命名方式,DIO 则有 JTMS 和 SWDI 命名方式,其名字的多样性主要是由 STM32 单片机官方手册给出的端口名字决定的。无论 CLK 和 DIO 采用哪种方式命名,在 SWD 模式下它的使用方式都一样,千万不要因为名字差异而不知道从何下手。

图 4.18　SWD 下载器驱动安装成功效果

STM32 SWD 程序的下载步骤如下。

第 1 步:单击 Option for Target 按钮,如图 4.19 所示,在弹出的窗口中单击 Debug 选项栏,选择 CMSIS-DAP Debugger 下载模式,然后单击右侧的 Settings 按钮,如图 4.20 所

图 4.19　Option for Target 按钮位置

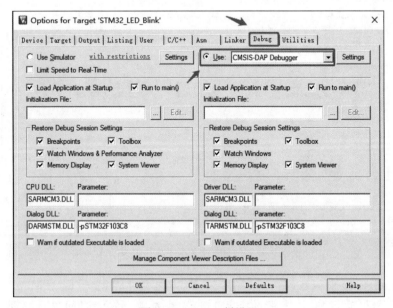

图 4.20　Debug 栏设置

示,在弹出的窗口中选中 Debug,设置方式如图 4.21 所示;设置好后再单击选中 Flash Download 栏,设置方式如图 4.22 所示,最好勾选 Reset and Run 项,否则程序下载完成后需要手动复位或断电再重新上电程序才能运行。

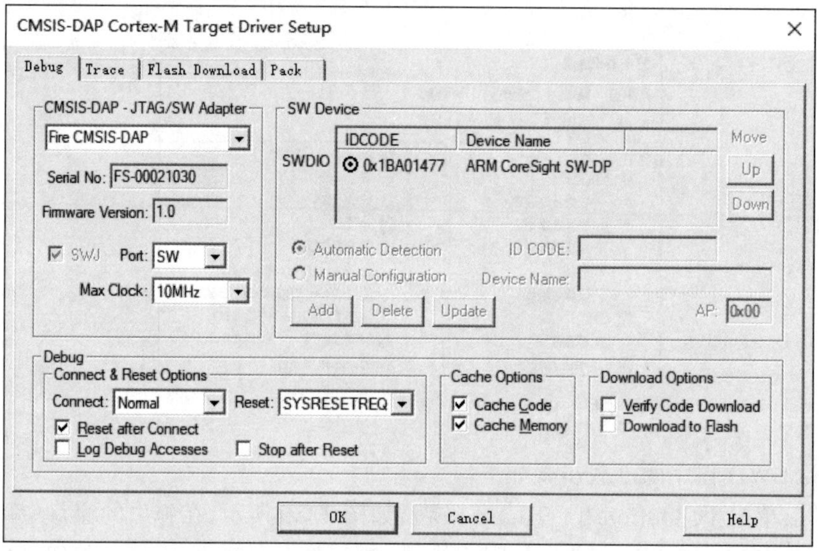

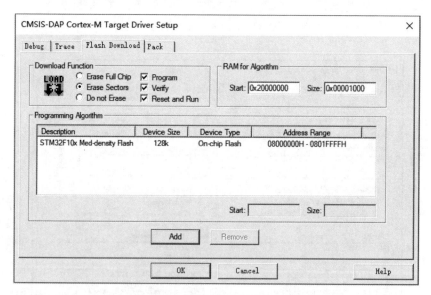

图 4.21　下载器设置

图 4.22　选择 STM32 芯片大类

小技巧:图 4.22 中如何添加 STM32 类型,首先简单了解一下 STM32 命名规则,如图 4.23 所示。本节示例中使用的 STM32 单片机型号为 STM32F103C8T6,对应为

Table 3. STM32F103xx family

Pinout	Low-density devices		Medium-density devices		High-density devices		
	16 KB Flash	32 KB Flash[(1)]	64 KB Flash	128 KB Flash	256 KB Flash	384 KB Flash	512 KB Flash
	6 KB RAM	10 KB RAM	20 KB RAM	20 KB RAM	48 KB RAM	64 KB RAM	64 KB RAM
144					5 × USARTs 4 × 16-bit timers, 2 × basic timers 3 × SPIs, 2 × I²Ss, 2 × I2Cs USB, CAN, 2 × PWM timers 3 × ADCs, 2 × DACs, 1 × SDIO FSMC (100 and 144 pins)		
100							
64	2 × USARTs 2 × 16-bit timers 1 × SPI, 1 × I²C, USB, CAN, 1 × PWM timer 2 × ADCs		3 × USARTs 3 × 16-bit timers 2 × SPIs, 2 × I²Cs, USB, CAN, 1 × PWM timer 2 × ADCs				
48							
36							

STM32系列产品命名规则

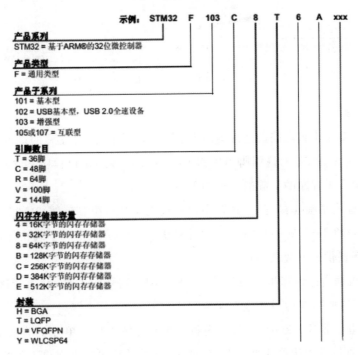

图 4.23 STM32 命名方式(摘自 STM32 官方手册)

Medium-density devices 类型。

第 2 步:单击 🔧 Download 按钮下载程序,在 Keil 软件下面的 Build Output 窗口中会显示 Programming Done 信息,表示程序下载成功,如图 4.24 所示,如果前面的设置没有问题,则此时程序会正常运行,LED 会有规律地闪烁。

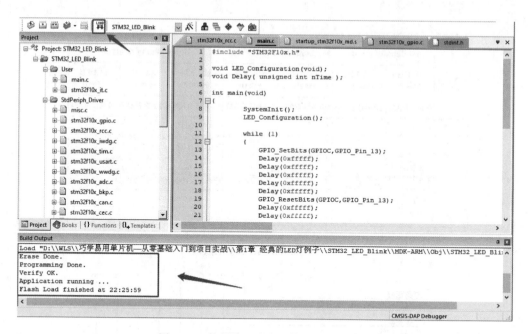

图 4.24 使用 Keil 软件下载 STM32 程序

2. 串口下载

STM32 串口 1 下载电路的连接方式如图 4.25 所示,需要注意的是 STM32F103xx 系列单片机只有 USART1(对应引脚名字为 PA9、PA10)支持串口程序下载。

STM32 串口 1 程序的下载的步骤如下。

第 1 步:首先正确连接好 USB 转串口模块与单片机引脚连线(PA9(TX)→RX,PA10 (RX)→TX),再将 USB 转串口模块插到计算机,打开 uISP 串口下载软件,如图 4.26 所示(本书配套资源提供该下载软件)。

第 2 步:根据自己计算机上的 USB 转串口端口选择好 COM 口,笔者这里选择 COM7,波特率保持默认即可,其他设置也都保持默认。

第 3 步:也是非常关键的一步,首先将 Boot0 引脚连接到单片机的供电正极 3.3V,然后使用断电或复位方式让单片机重启,此时 STM32 单片机进入串口下载模式(可以测试导线连接是否正确,单击"读取芯片信息"按钮可以读取芯片相关的信息)。

第 4 步:单击"打开文件"按钮,选择要下载的文件,这里选择 STM32_LED_Blink.hex 文件,如图 4.27 所示,然后单击"下载文件"按钮,下载成功后的提示信息如图 4.28 所示,此时程序会运行,LED 会有规律地闪烁。

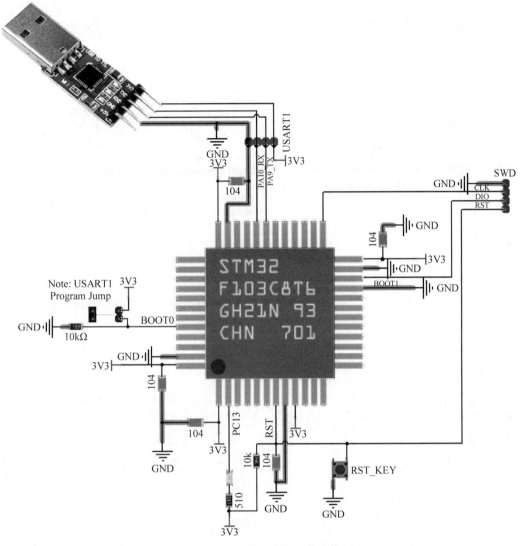

图 4.25 STM32 串口下载连接

注意：如果第 3 步已经单击"读取芯片信息"按钮，则需要重新上电或复位再次进入串口下载模式。当下载完程序后出现不能正常运行的情况时，需要将 Boot0 引脚重新接单片机供电的负极 GND，按下复位键观察程序是否能正常运行。因为 Boot0 接单片机电源端时，很大可能是下载完程序后不小心断电或误触发复位导致 STM32 单片机一直处于串口下载模式而不能正常运行，实际 STM32 单片机正常运行需要将 Boot0 引脚一直接电源负极。

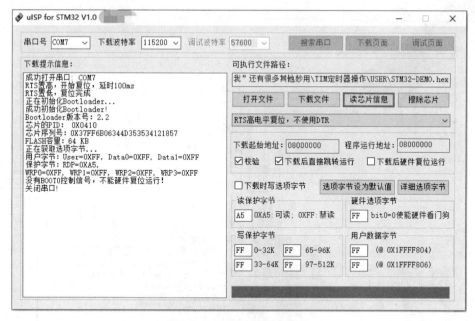

图 4.26 uISP 串口下载软件

图 4.27 选择要下载的 .hex 文件

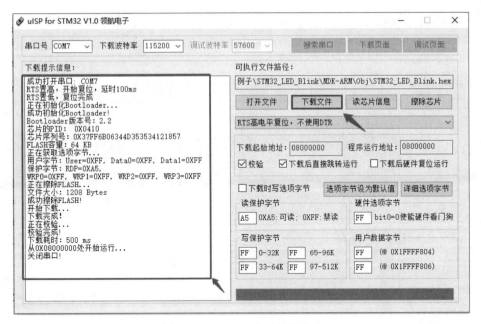

图 4.28　STM32 串口下载成功

4.3　MSP430 开发环境搭建

4.3.1　软件安装与编译

本节使用的 IAR Embedded Workbench IDE 软件的版本为 6.50.1,软件安装包为 视频讲解
EW430-6501-Autorun.exe。IAR 软件的图标为 ,软件安装好后打开的主界面如图 4.29
所示。IAR for MSP430 软件的完整安装方式可扫描二维码观看视频。

双击 MSP430_Blink 文件下的 Blinky.eww 文件打开第 1 章中的 MSP430_Blink 工程,
如图 4.30 所示。单击 Make 按钮,如果代码编译成功,则显示的信息如图 4.31 所示,同
时也代表 IAR for MSP430 编译软件安装成功。

4.3.2　代码下载

IAR 开发软件 MSP430 代码的下载步骤如下。

第 1 步:下载器设置,设置方式如图 4.32～图 4.34 所示。

第 2 步:单击 Make & Restart Debugger 按钮,如图 4.35 所示,然后单击 Go 按
钮,如图 4.36 所示,如果此时 LED 正常闪烁,则代表代码被成功烧录到 MSP430 单片机
中了。

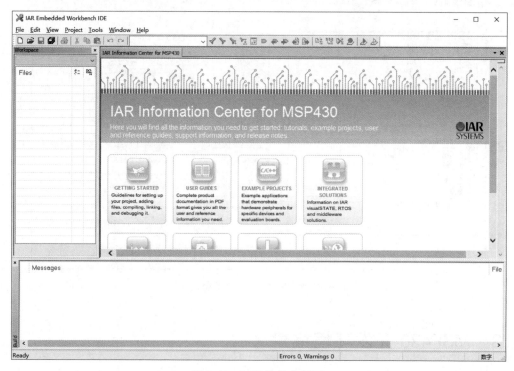

图 4.29　IAR 软件主界面

图 4.30　打开 MSP430_Blink 工程

图 4.31 MSP430 工程编译

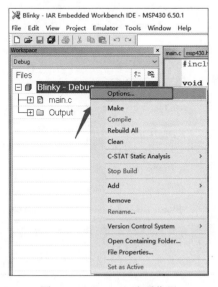

图 4.32 Options 选项位置

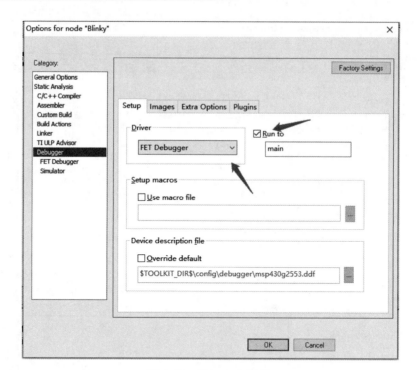

图 4.33 Debugger 设置

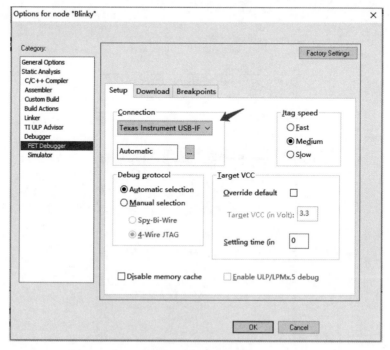

图 4.34 下载器选择

图 4.35 编译并下载

#include "msp430g2553.h"

```c
#include "msp430g2553.h"

void delayMS( unsigned int nTime )
{
    for(; nTime!=0; nTime--);
}

int main( void )
{
    WDTCTL = WDTPW + WDTHOLD;

    P1DIR |= 0x01;
    while(1)
    {
        P1OUT ^= 0x01;
        delayMS(50000);
    }
}
```

图 4.36 运行按钮位置

4.4 PIC 开发环境搭建

4.4.1 软件安装与编译

视频讲解

本节中使用的 MPLAB 软件的版本为 8.91.00.00,软件安装压缩包为 MPLAB_IDE_8_91.zip,PICC 编译软件 HI-TECH C Compiler for PIC10/12/16 MCUs(PRO Mode)v9.83 软件版本为 9.83.0.10920,软件的安装包为 picc-9.83-win.exe。

PIC16 单片机开发需要安装两个软件,一个是 MPLAB 代码编辑软件,图标![],另外一个是 PICC 编译软件,图标为![]。开发环境搭建好后双击![]图标可打开 MPLAB 主界面,如图 4.37 所示。MPLAB 开发环境的完整搭建方式可扫描二维码观看视频。

找到 PIC_LED_Blink 文件夹下的 Experiment1_LED. mcw 文件双击打开 PIC 点亮一颗 LED,如图 4.38 所示,然后单击菜单栏 Project→Build 对代码进行编译,编译成功后 Output 窗口的提示信息如图 4.39 所示,代表开发环境搭建成功。

注意: PIC 工程需要放在英文路径下打开,中文路径打开不能正常使用。

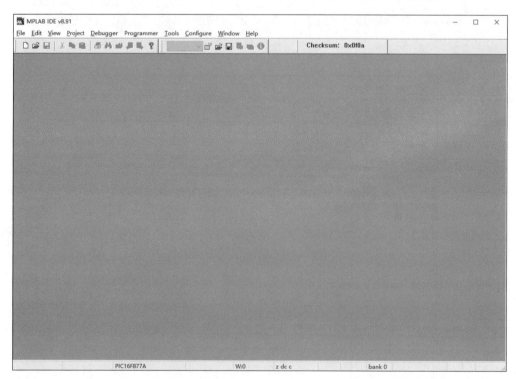

图 4.37　MPLAB 软件主界面

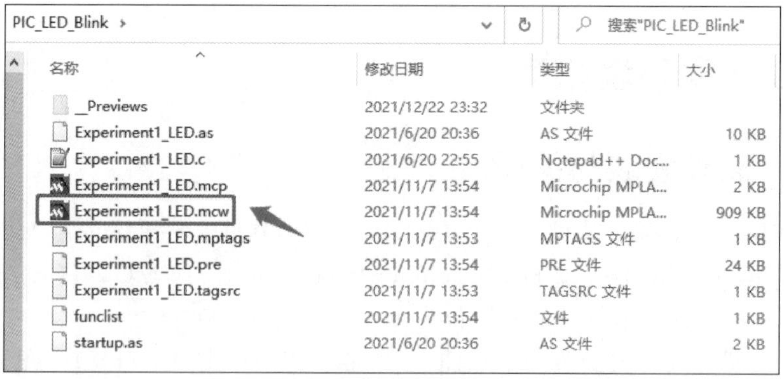

图 4.38　打开 PIC_LED_Blink 工程

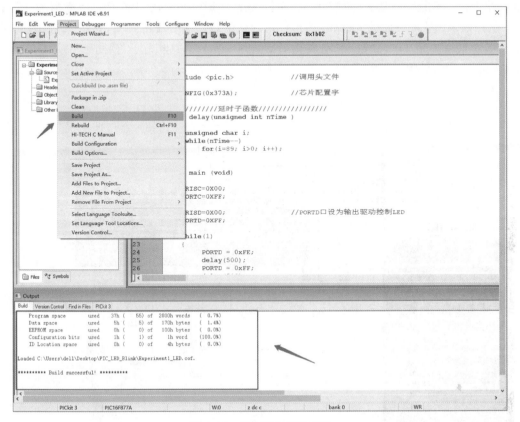

图 4.39 PIC 工程编译成功

4.4.2 PIC 单片机代码下载

PIC16F877A 单片机 PICkit 3 下载器如图 4.40 所示,下载器与单片机连接方式如图 4.41 所示。

图 4.40 PICkit 3 下载器

代码的下载步骤如下。

第 1 步：双击打开要下载的工程 Experiment1_LED. mcw，将 PICkit 3 下载器插上计算机，在 MPLAB 软件下面的 Output 输出栏识别到下载器名称 PICkit 3，如图 4.42 所示，在弹出的对话框单击 OK 按钮，识别成功后会在 Output 信息栏输出 Device ID Revision＝00000008 信息，如图 4.43 所示。

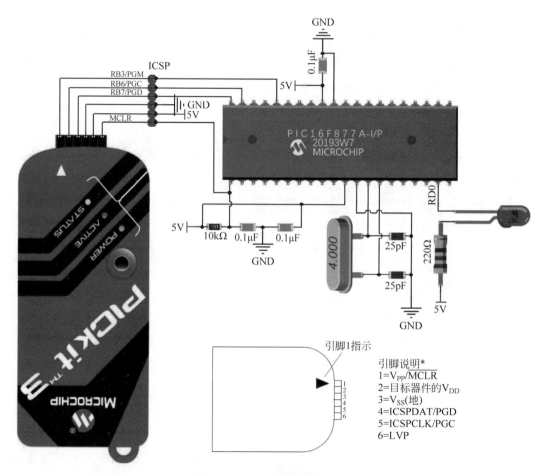

图 4.41　PIC 下载器连接方式

第 2 步：单击 Program 按钮，代码下载成功后会在 Output 窗口显示 Programming/Verify Complete 等信息，如图 4.44 所示，程序此时会正常运行，LED 会闪烁。

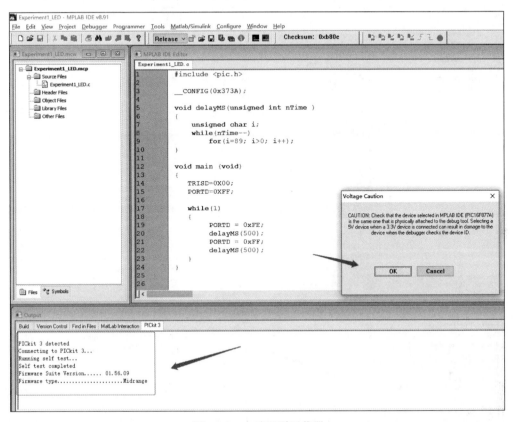

图 4.42 自动识别下载器

图 4.43 PICkit 3 下载器识别成功

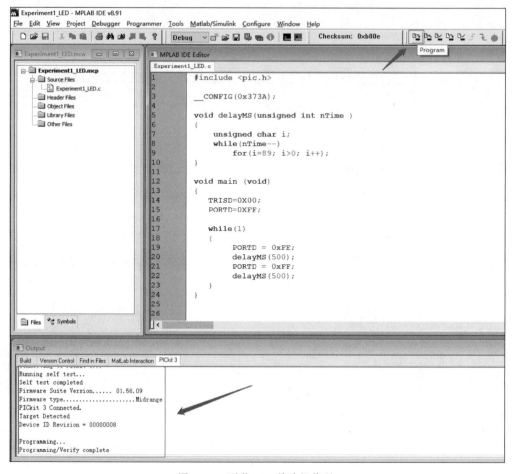

图 4.44　下载 PIC 单片机代码

4.5　Arduino 开发环境搭建

4.5.1　Arduino IDE 开发环境搭建

Arduino IDE 软件的图标为 ⬤ ,软件安装好双击 ⬤ 图标打开的主界面如图 4.45 所示。 视频
Arduino IDE 软件的完整安装方式可扫描二维码观看视频。

4.5.2　Arduino IDE 代码下载

Arduino UNO 开发板程序的下载步骤如下。

第 1 步:将 Arduino UNO 开发板插到计算机,选择开发板型号,这里使用的是 Arduino UNO 开发板,如图 4.46 所示。

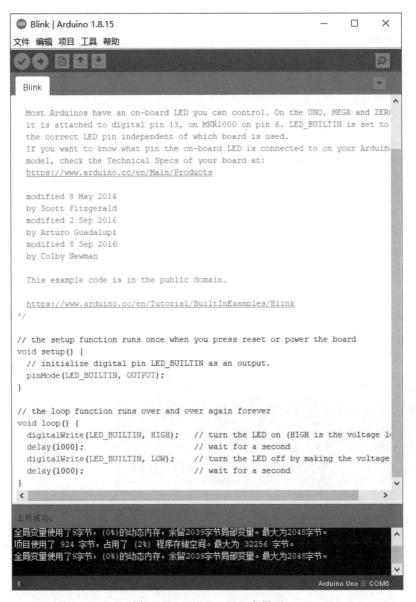

图 4.45 Arduino IDE 主界面

第 2 步：选择开发板所在的串口端口号，笔者这里选择 COM11 端口（根据自己计算机的实际情况选择端口号），如图 4.47 所示。

注意：笔者这里使用的是 Arduino UNO 官方开发板，上面的 USB 转串口芯片的型号为 ATMEGA16U2，也是 Arduino 官方使用的串口芯片，所以识别出来的为 Arduino UNO 开发板；如果读者使用的串口芯片型号为 CP2102x 或 CH34x 系列，则识别出来的只有端

图 4.46　Arduino UNO 开发板选择

口号,不会带 Arduino UNO 字样,但是没有关系,Arduino IDE 一样可以正常下载程序。

　　第 3 步:单击 上传按钮后会显示"上传成功"字样,如图 4.48 所示,表示代码上传到 Arduino UNO 开发板中并成功运行,LED 也会以 1Hz 的频率闪烁(Arduino IDE 每次下载程序过程中都会先对代码进行编译,因计算机性能有差异,所以可能需要很长时间,需要读者耐心等待)。

4.5.3　MSP430 Arduino 开发环境搭建

　　MSP430 Arduino 开发软件的名字为 Energia IDE,软件图标为一个红色小火箭 🚀 ,该 IDE 不需要安装,直接登录 Energia 官网(https://energia.nu/)下载 Windows 系统下的压

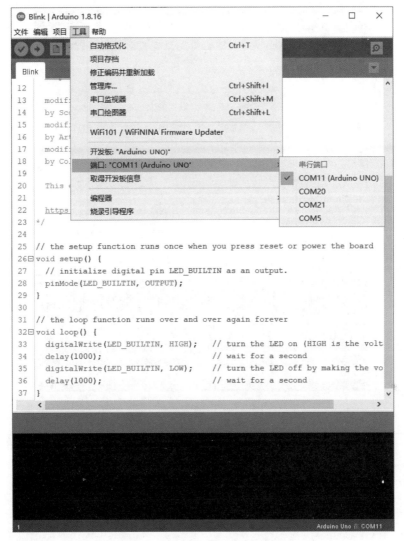

图 4.47　Arduino 下载端口选择

缩包文件 energia-1.8.7E21-Windows.zip,解压后如图 4.49 所示,然后双击 energia.exe 安装文件便可打开软件,主界面如图 4.50 所示,除了颜色不一样外,其他使用方式与 Arduino IDE 一致。代码下载也与 Arduino 的使用方式一致,如图 4.51 所示,这里就不再赘述。

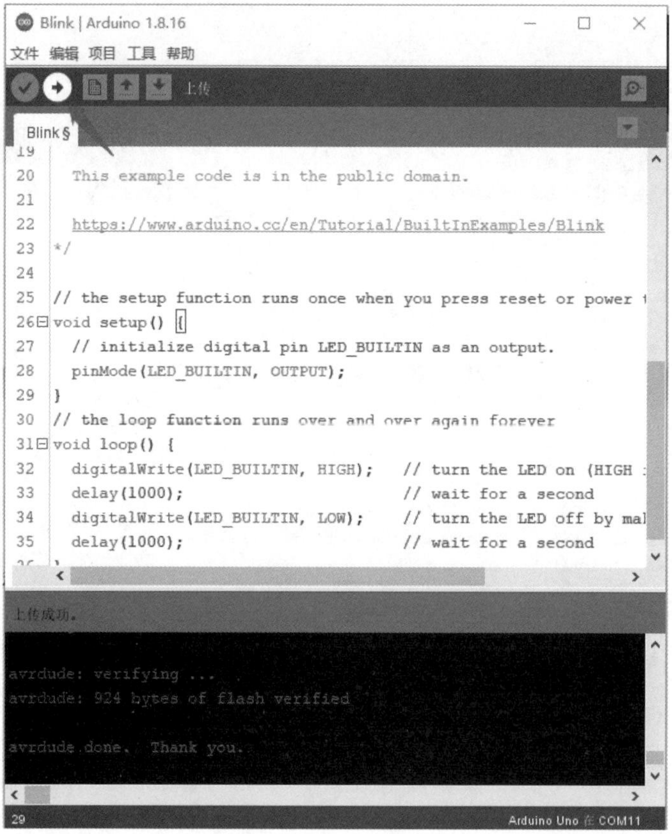

图 4.48　Arduino 代码下载

图 4.49　解压后的 Energia IDE

图 4.50 Energia IDE 主界面

图 4.51 Energia IDE 代码下载

4.6 Proteus 仿真环境搭建

视频讲解

本节使用的 Proteus 软件的版本为 8.9 SP0,本书配套资源提供了该安装包,安装好后的软件图标为 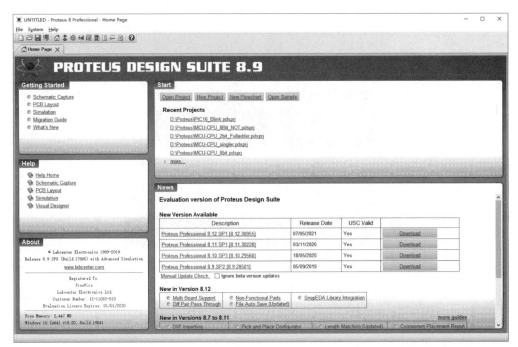,打开后的主页面如图 4.52 所示,Proteus 软件的安装方式可扫描本书二维码观看视频。关于 Proteus 软件如何使用,网上有丰富的资源,读者可自行参考学习,遇到问题时也可以联系笔者解答。

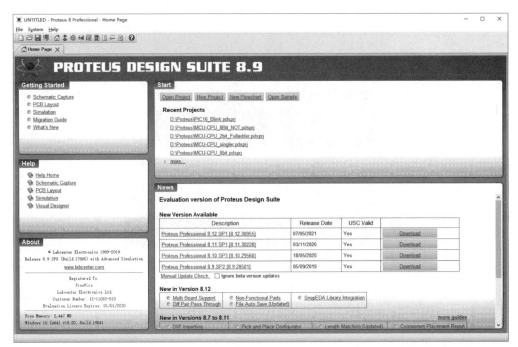

图 4.52　Proteus 8.9 打开后的主页面

思考与拓展

(1) 开发环境搭建过程中出现的问题大多是因为系统版本问题造成的,很多新买的计算机预装的都是最新版 Windows 系统,而单片机开发软件更新的速度一般比较慢,所以无法兼容。另外,代码下载过程中接线错误和导线质量不过关也是下载过程中常出现的问题。正确连接好导线,如果没有严格遵从下载步骤,也不能正常下载。总之,整个过程的操作步骤读者一定要有耐心,碰到问题要冷静下来分析,然后多动手、多练习方能熟练掌握。

(2) 如果读者只是一个单片机的基本爱好者,并且在入门难阶段不想被这些硬件问题所"绊倒",则建议购买带下载器的最小系统开发板。

第 5 章

I/O 端口的基本输出——
多变的输出控制

为了更全面地了解通用 I/O 端口作为输出功能使用,本章跳出以往基于 LED 例子 I/O 端口输出的使用方式。例如电磁阀、气缸、直流电机、步进电机等驱动方式都可以归纳为类 LED 控制。

5.1 I/O 基本知识

在没有额外增加功率驱动器件的情况下,普通单片机的 I/O 端口的输出驱动电流一般在 10mA 左右,MSP430 单片机的 I/O 端口的驱动电流如图 5.1 所示,PIC16 单片机的 I/O 端口的驱动电流如图 5.2 所示,这些数据可以从官方给出的数据手册上找到。考虑到一个项目中会使用多个 I/O 作为输出,一般不建议用到每个 I/O 的最大电流,而为了拓展 I/O 输出的使用范围,一般需要搭配三极管、MOS 管或功率模块来增加单片机 I/O 的输出驱动能力。通过搭配这些外部器件可以实现对绝大部分设备的驱动控制;如果再配合光耦一起使用,则可满足工业控制中常用的功能。

输出,端口 Px
在推荐的电源电压范围及自然通风条件下的工作温度范围内(除非另有说明)

	参数	测试条件	V_{CC}	最小值	典型值	最大值	单位
V_{OH}	高电平输出电压	$I_{(OHmax)}=-6mA^{(1)}$	3V		V_{CC}-0.3		V
V_{OL}	低电平输出电压	$I_{(OLmax)}=6mA^{(1)}$	3V		V_{SS}+0.3		V

(1) 所有输出加在一起的最大总电流 $I_{(OHmax)}$ 和 $I_{(OLmax)}$ 不应超过 ±48mA,以保持额定的最大压降。

图 5.1 MSP430G2553I/O 电流驱动能力(图片来自 MSP430 官方数据手册)

注意:在使用单片机搭建实验电路的过程中,如果搭建的电路超过人体安全电压(>36V),则应在专业人员陪同下进行,以免发生不必要的安全事故。

使用 I/O 端口之前先来了解一些基础电路知识。

5.1.1 万物皆有电阻

电路中所有设备和元器件都是有电阻的,这一点很重要。没有绝对的绝缘体,同样也没有阻值为 0 的绝对导体。橡胶和空气在特定条件下也可以组成分压电路,如图 5.3 所示,所

17.0 ELECTRICAL CHARACTERISTICS

Absolute Maximum Ratings †

Ambient temperature under bias...-55 to +125°C

Storage temperature ....-65°C to +150°C

Voltage on any pin with respect to Vss (except VDD, $\overline{\text{MCLR}}$. and RA4) ....-0.3V to (VDD + 0.3V)

Voltage on VDD with respect to Vss ....-0.3 to +7.5V

Voltage on $\overline{\text{MCLR}}$ with respect to Vss **(Note 2)** ....0 to +14V

Voltage on RA4 with respect to Vss ....0 to +8.5V

Total power dissipation **(Note 1)** 1.0W

Maximum current out of Vss pin...300 mA

Maximum current into VDD pin ....250 mA

Input clamp current, IIK (VI < 0 or VI > VDD)..± 20 mA

Output clamp current, IOK (Vo < 0 or Vo > VDD) ....± 20 mA

Maximum output current sunk by any I/O pin..25 mA

Maximum output current sourced by any I/O pin ....25 mA

Maximum current sunk by PORTA, PORTB and PORTE (combined) **(Note 3)** ....200 mA

Maximum current sourced by PORTA, PORTB and PORTE (combined) **(Note 3)**.............200 mA

Maximum current sunk by PORTC and PORTD (combined) **(Note 3)** ....200 mA

Maximum current sourced by PORTC and PORTD (combined) **(Note 3)** ....200 mA

> **Note 1:** Power dissipation is calculated as follows: Pdis = VDD x {IDD - ∑ IOH} + ∑ {(VDD - VOH) x IOH} + ∑(VOl x IOl)
>
> **2:** Voltage spikes below Vss at the $\overline{\text{MCLR}}$ pin, inducing currents greater than 80 mA, may cause latch-up. Thus, a series resistor of 50-100Ω should be used when applying a 'low' level to the MCLR pin rather than pulling this pin directly to Vss.
>
> **3:** PORTD and PORTE are not implemented on PIC16F873A/876A devices.

> **† NOTICE:** Stresses above those listed under "Absolute Maximum Ratings" may cause permanent damage to the device. This is a stress rating only and functional operation of the device at those or any other conditions above those indicated in the operation listings of this specification is not implied. Exposure to maximum rating conditions for extended periods may affect device reliability.

图 5.2 PIC16F877A I/O 电流驱动能力(图片来自官方数据手册)

图 5.3 橡胶和空气组成的分压电路

以在搭建电路过程中,遵循这个基本原则,然后对照着数据手册上的元器件参数设计电路,才能确保功能和在实际使用中不会出现太大问题。

5.1.2 欧姆定律

$$I = \frac{U}{R} \tag{5.1}$$

$$P = UI = I^2 R \tag{5.2}$$

所有电路的电气参数都可以计算出,并从原理上得到解释。例如,为什么要加三极管或MOS管。从电气参数的角度计算,加不加三极管、继电器取决于电路本身的驱动能力,也就是说驱动电路和负载电路本身的阻值应匹配,如果驱动电路导通时的电阻为 10Ω,而负载正常工作时的电流为 1A,通过式(5.1)欧姆定律和式(5.2)功率计算可以得出驱动电路上的功率消耗为 10W,如果驱动电路的散热能力只有 2W,最终电路会因为过热而损坏。当然有些读者会说可以加散热器,这是个办法,但是如果元器件自身的散热能力有限,它凭什么能将热量通过散热器导出去,诸如此类问题读者都可以通过欧姆定律及欧姆定律的变形公式进行计算,然后在所要用到的元器件手册上对比官方参数就能确定元器件能不能适用。使用同样的三极管驱动小功率电阻和驱动大功率电机,如图 5.4 所示,三极管型号没变,但负载发生了变化,相应地,三极管产生的热量也会变化。

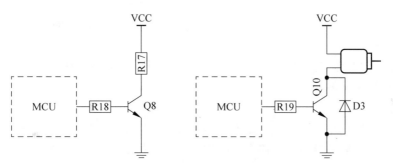

图 5.4 三极管驱动不同负载

5.1.3 I/O 专业术语

1. 开漏输出

了解开漏电路前,读者先回忆下 MOS 管的三个极,分别是 D 极 Drain(漏极),S 极 Source(源极),G 极 Gate(栅极)。D 极上如果不接任何元器件,此时它是处于开放状态的,如图 5.5 所示,这样就不难理解什么是开漏。所谓开漏输出最明显的一处是本身只能输出低电平。如果没有接外设,MCU 端输出高电平,则 D-S 导通,而如果 MCU 端输出的是低电平,D-S 两端相当于一个阻值非常大的电阻,这时来自空气中的任何干扰都会在 D-S 端引起杂乱电压。

2. 上拉输出

在开漏晶体管 D 极和电源 VDD 之间串联一个电阻组成分压电路,这样在晶体管不导通的状态下对外输出就呈现高电平,如图 5.6 所示。该电阻在有些单片机上可以通过寄存

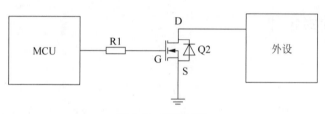

图 5.5 开漏示意

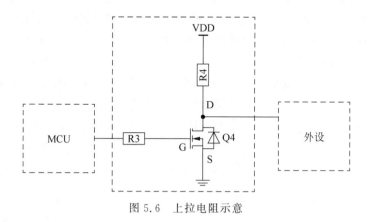

图 5.6 上拉电阻示意

器来配置,早期的 8051 单片机 P0 端口是开漏输出,需要外接上拉电阻,否则在驱动某些外设时电平会表现不正常。

3. 推挽输出

何谓推挽? 推挽输出可以由 I/O 控制输出相应的高电平 VDD 和低电平 VSS,如图 5.7 所示。推挽结构一般是指两个晶体管(早期集成电路中使用三极管,现在用 MOS 管替代)分别受两个互补信号控制,总是在一个晶体管导通时另一个截止。高低电平由 IC 的电源决定。推挽电路是两个参数相同的三极管或 MOSFET,以推挽方式存在于电路中,各负责正负半周的波形放大任务,电路工作时,两只对称的功率开关管每次只有一个导通,所以导通损耗小、效率高。输出既可以向负载灌电流,也可以从负载抽取电流。推挽式输出既可以提高电路的负载能力,又可以提高开关速度。

4. 高边开关

继电器或晶体管一端接在电源正极 VDD,另外一端引出后用于驱动外部负载,MOS 管高边开关的连接方式如图 5.8 所示,继电器高边开关的连接方式如图 5.9 所示。

5. 低边开关

继电器或晶体管一端接在电源负极 GND,此时如果要驱动外部设备,则需要额外给负载供电才能使用,MOS 管低边开关的连接方式如图 5.10 所示,继电器低边开关的连接方式如图 5.11 所示。

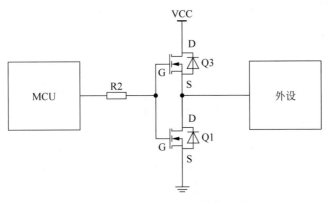

图 5.7 Q1 和 Q3 组成推挽电路

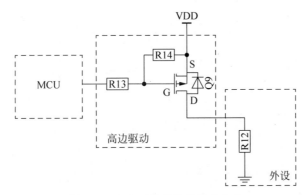

图 5.8 高边开关晶体管驱动方式

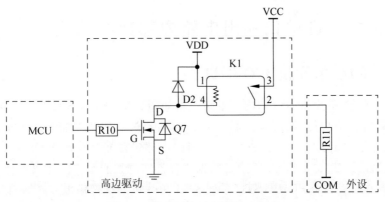

图 5.9 高边开关继电器驱动方式

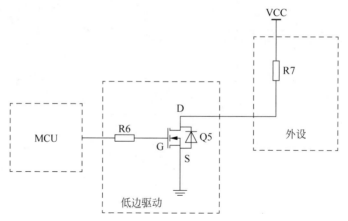

图 5.10 低边开关晶体管驱动电路示意

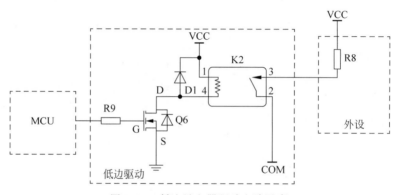

图 5.11 低边继电器驱动电路示意

5.2 单片机 I/O 端口输出电路内部剖析

5.2.1 STC 单片机 I/O 端口

STC 系列 8051 单片机 I/O 的内部电路逻辑如图 5.12 所示,看起来比较复杂。STC 单片机的 I/O 包含多项功能,既可作为输出,又可作为输入,输入功能放在后面章节详细介绍,本章重点介绍输出功能。该款 8051 单片机的内部包含多个高边 MOS 管,相应地,其驱动能力也比较强,8051 单片机 CPU 通过数据锁存器实现控制端口的输出功能,而控制端口的地址位于特殊寄存器(SFR)中,STC 系列 8051 单片机的推挽输出方式如图 5.13 所示,开漏输出方式如图 5.14 所示。

8051 单片机常用端口的地址及刚复位时端口的数据状态见表 5.1,这些端口的定义可以从单片机的头文件中找到,例如在< reg52. h>头文件中使用特殊方式定义了 I/O 端口,

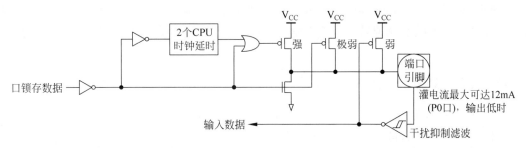

图 5.12　STC89C52RC 单片机准双向 I/O 端口内部（摘自 STC89C52RC 官方数据手册）

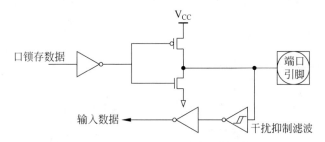

图 5.13　STC89C52RC 单片机推挽输出

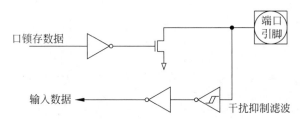

图 5.14　STC89C52RC 单片机开漏输出

如 sfr P0＝0x80；sfr P1＝0x90；sfr P2＝0xA0；sfr P3＝0xB0；等。在实际使用 I/O 端口时，可以直接调用 P0～P3 对端口进行操作。当然也可以将这些端口定义成读者想要的名字，例如 sfr D0＝0x80 将端口定义成 D0。

表 5.1　8051 单片机常用端口寄存器内容

符　号	描　述	地　址	位地址及符号								复　位　值
			MSB							LSB	
P0	Port0	80H	P0.7	P0.6	P0.5	P0.4	P0.3	P0.2	P0.1	P0.0	1111 1111B
P1	Port1	90H	P0.7	P1.6	P1.5	P1.4	P1.3	P1.2	P1.1	P1.0	1111 1111B
P2	Port2	A0H	P0.7	P2.6	P2.5	P2.4	P2.3	P2.2	P2.1	P2.0	1111 1111B
P3	Port3	B0H	P0.7	P3.6	P3.5	P3.4	P3.3	P3.2	P3.1	P3.0	1111 1111B

使用 8051 单片机 I/O 端口作为输出功能使用相对比较简单，只需对相应端口进行赋值，例如 P1＝0xFE，将赋值转换成二进制为 P0＝1111 1110B，表示 P1.0 端口为低电平，其余端口都为高电平。

5.2.2　PIC16 单片机 I/O 端口

PIC16 单片机 I/O 内部逻辑电路如图 5.15 所示，相较于 STC 系列 8051 单片机，PIC16 单片机的 I/O 端口显得稍微复杂一点，但同时也意味着它的配置方式及功能更丰富。

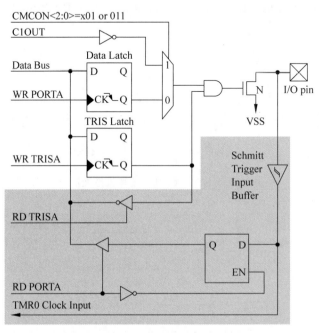

图 5.15　PIC16F877A 单片机输出 I/O 内部逻辑电路（图片来自 PIC16F877A 官方数据手册）

PIC16 单片机 I/O 端口配置寄存器及复位状态值见表 5.2，同样的在 pic16f877a.h 头文件中定义了 volatile unsigned char PORTD @ 0x008；以便将 PORTD 与 80H 地址关联，而控制端口方向的寄存器定义了 volatile unsigned char TRISD @ 0x088；以便将 TRISD 与 88H 地址关联。

表 5.2　PIC 单片机端口寄存器

描　述	地　址	位地址及符号								上电复位，掉电复位	其他复位寄存器配置
		MSB							LSB		
PORTD	80H	RD7	RD6	RD5	RD4	RD3	RD2	RD1	RD0	11111111B	11111111B
TRISD	88H	PORTD 数据方向寄存器									

5.2.3 MSP430 单片机 I/O 端口

MSP430 单片机部分 I/O 端口的内部逻辑电路原理如图 5.16 所示,相比 STC 系列 8051 单片机 MSP430 单片机的 I/O 端口复杂了一些,感觉有点看不懂。但是作为输出,只需关注 PxDIR 和 PxOUT,PxDIR 是方向控制寄存器,PxOUT 是数据输出寄存器,与 PIC16 单片机输出端口的使用方式相似。

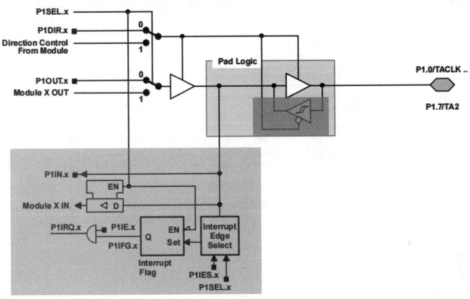

图 5.16 MSP430G2553 单片机输入 I/O 内部逻辑电路(图片来自 MSP430G2553 官方手册)

整理好的 MSP430 单片机 P1 端口输出控制寄存器见表 5.3,同样在 msp430g2553.h 文件中进行定义。

P1OUT 定义如下:

```
#define P1OUT_(0x0021u)   /* Port 1 Output */
DEFC(P1OUT, P1OUT_)
```

P1DIR 定义如下:

```
#define P1DIR_(0x0022u)   /* Port 1 Direction */
DEFC(P1DIR, P1DIR_)
```

表 5.3　MSP430 单片机 P1 端口寄存器

描　述	地　址	位地址及符号							
		MSB							LSB
P1OUT	021H	P1.7	P1.6	P1.5	P1.4	P1.3	P1.2	P1.1	P1.0
P1DIR	022H	P1 数据方向寄存器							

5.2.4　STM32 单片机 I/O 端口

STM32 单片机 I/O 端口的内部电路逻辑原理如图 5.17 所示,阴影部分作为输入使用,放到后面章节介绍,去掉阴影部分功能,其他功能作为输出功能使用其实与 STC 系列 8051 单片机的 I/O 使用方式基本差不多。

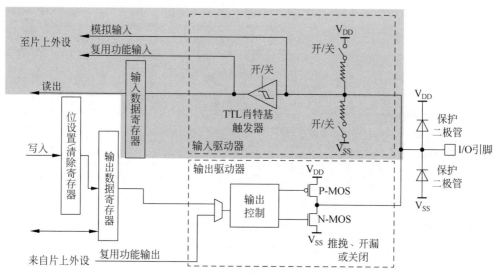

图 5.17　STM32F103C8T6 的 I/O 内部逻辑电路(摘自 STM32F10x 官方数据手册)

STM32 的 I/O 端口寄存器的地址分布如图 5.18 所示,这里的地址需要加上 I/O 端口基地址,也就是说 I/O 外设的起始地址。STM32F103 GPIO 端口 C 的地址范围为 0x40011000~0x400113FF。相比于前面 3 款单片机,STM32 的 I/O 端口无疑是最复杂的,一方面它是 32 位的单片机,另一方面它的每个引脚都可以设置成多种输出模式、配置频率、配置上下拉电阻等,所以对于 STM32 这种单片机而言所有的寄存器地址都是以每组端口的基地址进行配置的。例如,GPIOC 端口的基地址是 0x4001 1000,在 STM32F10x.h 文件中该端口的基地址宏定义为 #define GPIOC_BASE(APB2PERIPH_BASE+0x1000)。那 APB2PERIPH_BASE 又是什么呢? 继续找到 #define APB2PERIPH_BASE(PERIPH_BASE+0x10000)的定义,然而里面还有一个 PERIPH_BASE,继续找下去得到这个定义为

#define PERIPH_BASE((uint32_t)0x4000 0000)。将这几项宏定义的值全部加起来 #define GPIOC_BASE((0x4000 0000+0x4000 0000)+0x1000)得到 0x4001 1000，也就是 STM32 的 GPIOC 基地址。图 5.18 中的寄存器地址都是端口的基地址＋偏移地址，例如 GPIOx_CRH 的地址就是 GPIOC_BASE ＋ 0x04，但是这么复杂的使用方式，如果通过查找数据手册的方式去学习配置寄存器，无疑是非常耗费精力的，所以 ST 公司专门准备了库函数开发方式，这样开发者几乎不用太多地关心寄存器的地址。

偏移	寄存器	31	30	29	28	27	26	25	24	23	22	21	20	19	18	17	16	15	14	13	12	11	10	9	8	7	6	5	4	3	2	1	0
000h	GPIOx_CRL	CNF7[1:0]		MODE7[1:0]		CNF6[1:0]		MODE6[1:0]		CNF5[1:0]		MODE5[1:0]		CNF4[1:0]		MODE4[1:0]		CNF3[1:0]		MODE3[1:0]		CNF2[1:0]		MODE2[1:0]		CNF1[1:0]		MODE1[1:0]		CNF0[1:0]		MODE0[1:0]	
	复位值	0	1	0	1	0	1	0	1	0	1	0	1	0	1	0	1	0	1	0	1	0	1	0	1	0	1	0	1	0	1	0	1
004h	GPIOx_CRH	CNF15[1:0]		MODE15[1:0]		CNF14[1:0]		MODE14[1:0]		CNF13[1:0]		MODE13[1:0]		CNF12[1:0]		MODE12[1:0]		CNF11[1:0]		MODE11[1:0]		CNF10[1:0]		MODE10[1:0]		CNF9[1:0]		MODE9[1:0]		CNF8[1:0]		MODE8[1:0]	
	复位值	0	1	0	1	0	1	0	1	0	1	0	1	0	1	0	1	0	1	0	1	0	1	0	1	0	1	0	1	0	1	0	1
008h	GPIOx_IDR	保留																IDR[15:0]															
	复位值																	0	0	0	0	0	0	0	0	0	0	0	0	0	0	0	0
00Ch	GPIOx_ODR	保留																ODR[15:0]															
	复位值																	0	0	0	0	0	0	0	0	0	0	0	0	0	0	0	0
010h	GPIOx_BSRR	BR[15:0]																BSR[15:0]															
	复位值	0	0	0	0	0	0	0	0	0	0	0	0	0	0	0	0	0	0	0	0	0	0	0	0	0	0	0	0	0	0	0	0
014h	GPIOx_BRR	保留																BR[15:0]															
	复位值																	0	0	0	0	0	0	0	0	0	0	0	0	0	0	0	0
018h	GPIOx_LCKR	保留															LCKK	LCK[15:0]															
	复位值																0	0	0	0	0	0	0	0	0	0	0	0	0	0	0	0	0

图 5.18　STM32 单片机端口寄存器分布

STM32 除了需要配置基本 I/O 端口寄存器外，还需要配置端口时钟，STM32 整个系统架构如图 5.19 所示，GPIOC 挂在 APB2 总线上，这也是为什么头文件中使用这样的方式 #define APB2PERIPH_BASE(PERIPH_BASE＋0x10000)定义，STM32 的时钟系统如图 5.20 所示。从官方的数据手册上可以得知 STM32 除了基本 I/O 端口功能外，还有 USB、串口、CAN 总线、SPI 总线、I^2C 总线、TIM 定时器等功能。这些外设的工作频率都不太一样，如果这些外设全部工作在同一个频率下，显然会造成单片机的工作效率大幅降低。

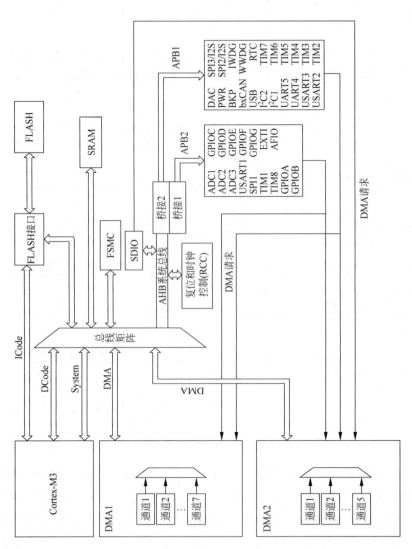

图 5.19 STM32 系统架构

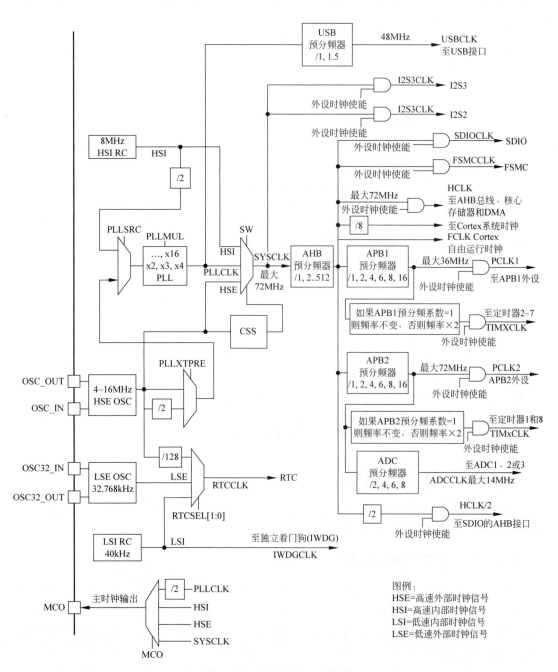

图 5.20　STM32F103 时钟树

对比上面几种单片机的 I/O 输出方式,一方面读者会发现随着单片机越来越高级,I/O 可配置的功能也越多,当然这也就意味着它能适应更多样的外部接口;另一方面还可以得出结论,单片机的输出无非就是这么几种功能(推挽、开漏、上拉),而读者要做的是先配置,再控制就可以了,如图 5.21 所示。下面结合具体的示例,一起来了解 I/O 输出功能的具体应用及什么情况下使用何种电路。

图 5.21 不同单片机配置对比

5.3 I/O 作为输出使用的几种方式

5.3.1 小电流输出驱动

负载电流应远小于单片机端口所能承受的电流,一般≤3mA 为宜,常用作 LED 指示灯驱动和逻辑芯片驱动,如图 5.22 所示。

5.3.2 电平匹配或小功率驱动

当外设电平与单片机本身的电平不匹配时,需要进行电平转换,例如将 3.3V 逻辑电平转换成 5V 逻辑并使用 PWM 方式驱动步进电机,如图 5.23 所示。电路中使用的三极管在实际电路中也可以换成集成电路模块,例如使用 74HC245、ULN2003 等芯片,可根据实际项目电路选用。

正常工作电压在 3V 左右的直流电机,空载(不带机械负载)时的工作电流在 600mA 左右。这里有一点需要注意,电机启动瞬间,由于转子的惯性电路接近短路状态,启动时的瞬间电流会比较大,设计电路时需要将其考虑进去,根据欧姆定律的计算结果选择合适的晶体

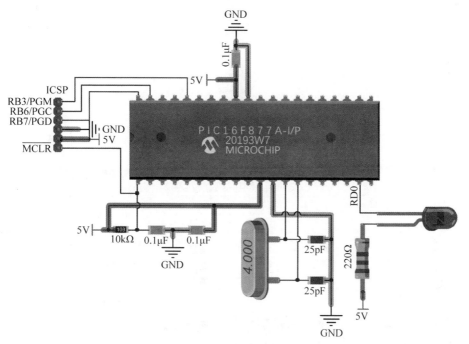

图 5.22　小功率直驱

管,单片机驱动直流电机的电路如图 5.24 所示。

5.3.3　大功率大电压驱动

外部电平相差大,同时负载功率也大,单片机直接驱动承受不了,需要进行电平和功率放大匹配才能驱动。例如驱动 12V 电机、风扇、晶闸管驱动交流负载(遥控风扇、洗衣机等消费电子小功率负载用)或使用继电器驱动的场合(一般用于消费电子小功率交流电机或直流电机)。例如豆浆机中用的直流电机,由于电机为感性负载,断开瞬间会有反电动势,需要加装续流二极管 D1,所以在启动暂停工作不太频繁的场合一般会选择使用继电器控制;而在频繁启停的场合则更多地使用大功率晶体管驱动,而发热管为阻性负载,直接使用继电器驱动即可。

型号为 SRD-12VDC-SL-A 的松乐继电器如图 5.25 所示,电气参数如下。

线圈端额定工作电压:12V。

线圈工作电流:30mA。

线圈电阻:400Ω。

触点参数:10A/250VAC,10A/125VAC,10A/30VDC,10A/28VDC。

可以看到如果要使用该款继电器,一方面单片机的 I/O 电压不匹配,另一方面线圈额定工作电流也不匹配,凡是不匹配的地方都要进行电路转换。这里使用一级晶体管电路转换来控制继电器,二级转换电路控制大功率电机或发热管,最终的驱动电路如图 5.26 所示,

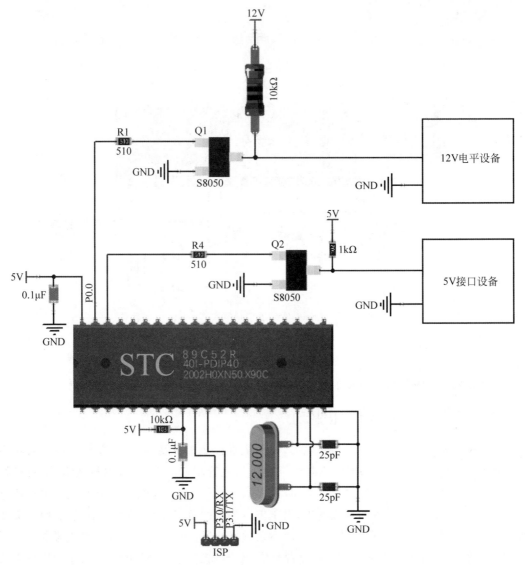

图 5.23　电平转换驱动电路

其中继电器的接法为高边驱动模式。

单片机控制输出中有些场合需要驱动交流负载,在遥控风扇或全自动洗衣机中用得比较多,在这种情况下使用单片机 I/O 端口时先通过一级晶体管转换,然后由晶体管驱动晶闸管,电路连接方式如图 5.27 所示。

Q2 是型号为 BTA08-600C 的晶闸管,其基本电气参数如下。

断态重复峰值电压(VDRM):600V。

通态方均根电流(IT(RMS)):8A。

门极触发电流(IGT):25mA。

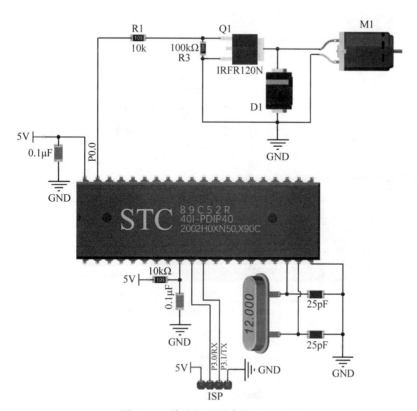

图 5.24　单片机驱动直流电机电路

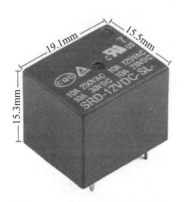

图 5.25　12V 工作电压继电器

维持电流（IH）：50mA。

通过上面参数可以得出，门极触发电流不能低于 25mA，显然单片机直接驱动达不到要求，并且该晶闸管还有个维持电流，该电流是晶闸管导通后需要一直保持的电流，因此添加一级晶体管功率放大电路，而最终驱动的负载是大功率交流电机，再添加二级晶闸管（也叫晶闸管）驱动电路来驱动最终电机，实物电路如图 5.28 所示。

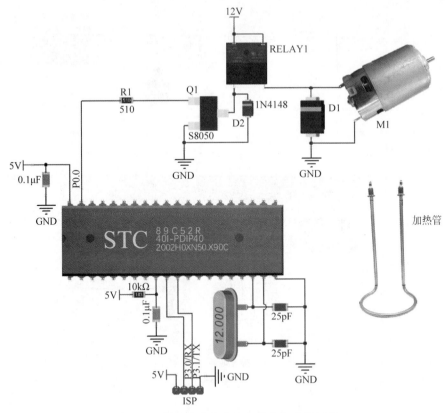

图 5.26 驱动大功率直流电机和加热管示意

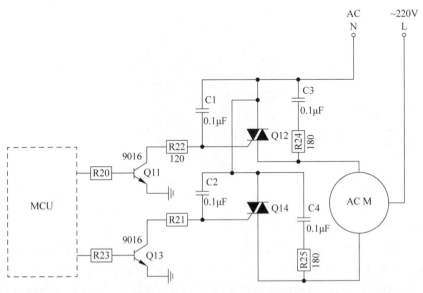

图 5.27 洗衣机正反转驱动电路

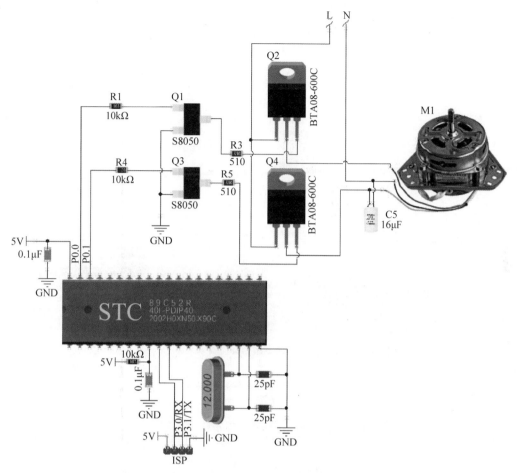

图 5.28　单片机驱动晶闸管控制洗衣机电机正反转实物

5.3.4　设备工作电压远高于安全电压

在这种情况下需要采用隔离方式驱动,使用光耦或继电器隔离驱动,如图 5.29 所示。普通单相交流电机的工作电压为 220V,功率一般＞100W,需要使用 K1 接触器控制电机启停(接触器内部带感性负载灭弧功能),这种隔离电路在 PLC 或工业控制电路中应用得比较广泛。

小技巧:当单片机 I/O 端口作为频率输出进行功能控制时,一方面要考虑单片机 I/O 端口允许工作的最大频率,另外还需要考虑被驱动设备本身的工作频率,例如普通继电器开关的工作频率不应超过 50Hz,因为继电器内部为机械部件,正常工作时吸合需要时间,换句话说机械部件都有惯性,这种惯性效应在尺寸越大的机械部件上表现得越明显,就像一辆小汽车提速和刹车响应很快,而对于卡车、矿用车来讲它们的反应就比较迟钝。要熟知这个技巧,不然很有可能实际驱动起来时达不到想要的效果。例如想实现呼吸灯效果,如果使用机械

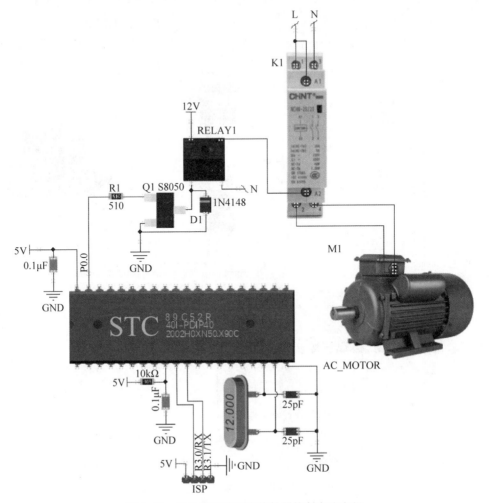

图 5.29　单片机驱动交流接触器控制交流电机

继电器就很难实现,而使用晶体管则可以轻松地达到效果。如果实际项目中需要使用高频率继电器(例如高频电磁气阀),则要注意查看器件手册上的参数,这样才能找到匹配的继电器。

　　思考与拓展　通过上面几个例子可以得出 I/O 端口作为输出功能使用时有两种状态,要么高电平,要么低电平,如果在该端口上连接上 LED 它就能按照预想的情况工作,这里读者可以进一步思考一下生活中使用这种方式控制的例子? 给读者简单提供几点思路。

　　(1) 选择合适的固定频率,改变并控制 LED 或直流电机高低电平导通时间的长短,会得到什么结果?

　　(2) 如果将预先编码好的高低电平信号通过 I/O 输出,则会是一种什么结果? 可以参考变频空调室内外机通信。

　　(3) 如果使用 I/O 端口驱动红外发光二极管发送红外调制信号,是不是可以控制空调、电视机、风扇工作?

第 6 章

I/O 端口的基本输入——不限于按键输入

6.1 开关基础知识普及

在第 5 章中介绍了 I/O 的基本输出功能,这里同样打破常规,以在实际应用中的输入"开关"信号为例来介绍单片机 I/O 端口的输入功能。"开关"二字为什么加有引号,那是因为接下来的开关介绍将不局限于普通开关,所有能产生类似这种"开关"的动作都可以归纳为开关信号。例如,压力传感器、家用电器门开关检测、工业控制中的光电信号模块、热释电红外传感器、编码器信号、微动开关等都可以归纳为开关信号。

6.1.1 微动开关

几种常用的微动开关的实物如图 6.1 所示,主要应用于家用电器开关门检测、3D 打印机中初始位置校准和运动部件到达指定位置检测等。使用这种开关一方面是出于方便性考虑,例如电冰箱门的微动开关开启关闭时照明灯会自动控制亮灭。另一方面有些地方出于安全考虑,例如微波炉、洗衣机门开启时,机器不能处于正常工作状态,主要用于预防安全事故发生。

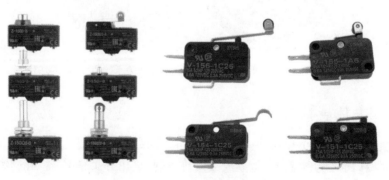

图 6.1　几种常用的微动开关

6.1.2 感应开关

工业控制中两种常用的感应开关如图 6.2 所示,光电开关主要应用于工业流水线上计数、物品到达指定位置检测,为了提高可靠性,使用红外对射开关,其输出为开关信号,即有物品遮挡时输出一种电平状态,没有物品遮挡时输出相反的电平状态。

气缸上常用的感应开关如图 6.3 所示,由于其体积小巧,常用于检测气缸运行的位置,其输出为开关信号。

(a) 铁、磁、塑料感应开关　　　　　　(b) 光电开关

图 6.2　两种常用的感应触发开关　　　　图 6.3　气缸位置检测开关

6.1.3 电容触摸开关

一种电容触摸开关模块如图 6.4 所示,电容触摸开关需要搭配电容触摸芯片驱动才能使用,输出也是开关信号,也有些单片机直接支持电容按键。

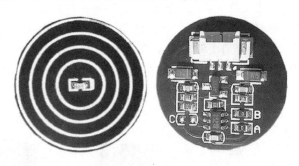

图 6.4　电容触摸按键开关

6.1.4 人体感应模块

常用的热释电红外开关模块如图 6.5(a)所示,微波感应开关模块如图 6.5(b)所示。这两种开关需要专门的驱动电路,一般以成品模块出现,输出开关信号,常用于楼宇通过人体感应控制灯的亮灭。

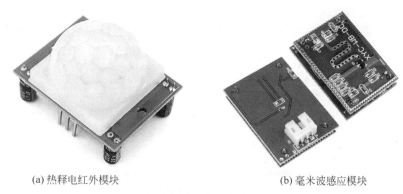

(a) 热释电红外模块   (b) 毫米波感应模块

图 6.5　人体感应模块

6.1.5　普通 6×6 按键

普通 6×6 按键开关的外观如图 6.6 所示,这种开关在早期电子产品中用得最多,相对来讲性价比高;在开发板、微波炉、电磁炉、豆浆机、洗衣机等中都有广泛的应用,一般直接布置在电路板上,现阶段慢慢地被部分触摸开关取代,但是在未来相当长的一段时间内还将继续它们的"职业生涯",不会完全被淘汰。

图 6.6　普通轻触按键开关

上面介绍的这些开关输出的信号有些直接输入单片机肯定是不行的,需要借助于转换电路,下面介绍几种常用的转换电路,以便在实际项目中使用。

6.2　单片机 I/O 输入模式

6.2.1　上拉输入

I/O 上拉输入模式如图 6.7 所示,单片机 I/O 端口与电源正极间跨接电阻,在实际单片机中通过寄存器配置上拉电阻,这种连接方式可以让单片机端口有一个确定的电压,而不至于受到外界杂波干扰时电平不确定。这种模式下单片机要想检测到电平变化,只需将开关对地连接。

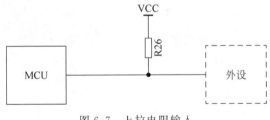

图 6.7   上拉电阻输入

6.2.2   下拉输入

I/O 下拉输入模式电路如图 6.8 所示,单片机 I/O 端口与电源负极跨接电阻,这样在单片机的初始状态就有确定的低电平。要想检测到单片机电平发生变化,只需要将开关另一端与单片机电源 VCC 端连接。

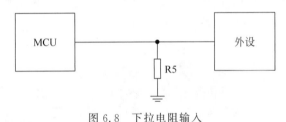

图 6.8   下拉电阻输入

6.2.3   浮空输入

这种模式下单片机引脚内部上下拉电阻都不接,I/O 端口处于浮空状态。该模式下 I/O 端口呈现高阻态,也就是说 I/O 端口容易受到外界电平的干扰,外部信号输入什么,I/O 端口就表现出信号电平状态。

为什么会有多种输入模式?一方面为了适应不同的外部模块,有些输入信号所需的初始状态为高电平,而有些输入信号所需的初始状态为低电平,另外还有些外部信号自身驱动能力不足,根据欧姆定律分压原理,浮空输入模式下可以更好地吸收外界信号。当然还有些原因是每个工程师的习惯不一样,有些习惯于使用高电平方式作为输入,而有些则习惯于使用低电平作为输入方式。

6.3   单片机 I/O 端口输入电路内部剖析

单片机 I/O 端口作为普通输入端口时的内部电路逻辑如图 6.9 所示。

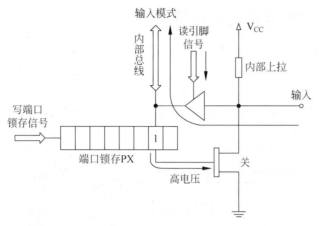

图 6.9　单片机端口输入框图

6.3.1　8051 单片机 I/O 输入

STC 系列 8051 单片机 I/O 端口输入部分的逻辑电路如图 6.10 所示,将它简化后得到的逻辑电路如图 6.11 所示,从逻辑电路上看不需要对 I/O 端口配置就可以直接作为输入使用。实际上也是这样使用的。作为输入使用,直接读取 I/O 端口的值即可,端口读取地址与第 5 章作为输出使用是同一个地址。

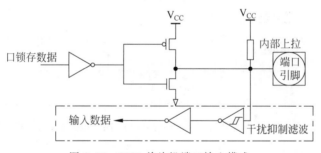

图 6.10　8051 单片机端口输入模式

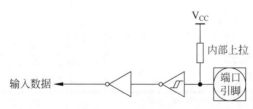

图 6.11　8051 单片机简化端口输入模式

6.3.2 PIC16 单片机 I/O 输入

PIC16 单片机作为输入 I/O 端口使用,其内部逻辑的使用方法与输出方式相差不大,如图 6.12 所示,只是作为输入使用而已,PIC16F877A 单片机只有 PORTB 带有内部上拉电阻,配置上拉电阻的寄存器为 OPTION_REG。寄存器的定义同样可以在 pic16f877.h 头文件中找到定义了 volatile unsigned char OPTION_REG @ 0x081,该端口与输入相关的寄存器的具体定义见表 6.1。

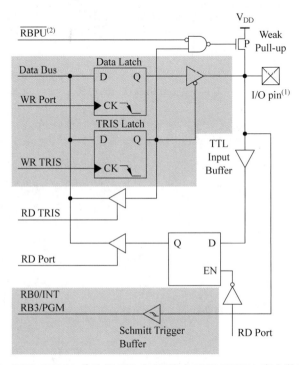

图 6.12　PIC16F877A 单片机 I/O 内部(摘自 PIC16F877A 官方数据手册)

表 6.1　PIC16F877A 端口 B 寄存器

描　述	地　址	位地址及符号							
		MSB							LSB
PORTB	06H	RB7	RB6	RB5	RB4	RB3	RB2	RB1	RB0
TRISB	86H	PORTB 数据方向寄存器							
OPTION_REG	81H	RBPU	INTEDG	T0CS	T0SE	PSA	PS2	PS1	PS0

6.3.3 MSP430 单片机 I/O 输入

MSP430 端口作为输入使用时的内部逻辑电路如图 6.13 所示,只需关注 3 个寄存器,分别为输入数据读取寄存器 P1IN、数据方向控制寄存器 P1DIR 及上拉电阻使能寄存器

P1REN,寄存器的具体定义见表6.2。

P1IN 和 P1REN 在头文件 msp430g2553.h 中的定义如下:

```
#define P1IN_              (0x0020u)  /* Port 1 Input */
READ_ONLY DEFC( P1IN          , P1IN_)
#define P1REN_             (0x0027u)  /* Port 1 Resistor Enable */
DEFC(   P1REN              , P1REN_)
```

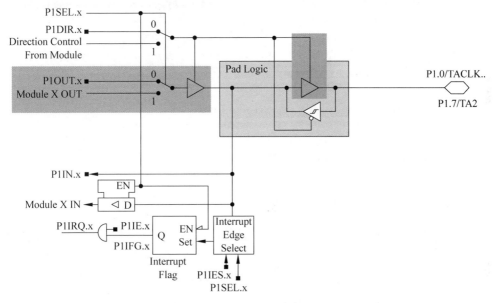

input/output schematic
port P1, P1.0 to P1.7, input/output with Schmitt-trigger

图 6.13　MSP430G2553 单片机 I/O 输入(图片来自 MSP430G2553 官方)

表 6.2　MSP430 单片机 P1 输入端口寄存器

描　述	地　址	位地址及符号							
		MSB							LSB
P1IN	020H	P1.7	P1.6	P1.5	P1.4	P1.3	P1.2	P1.1	P1.0
P1DIR	022H	P1 数据方向控制寄存器							
P1REN	027H	P1 上拉电阻使能							

6.3.4　STM32 单片机 I/O 输入

STM32 单片机 I/O 端口输入模式下的内部逻辑电路如图 6.14 所示,I/O 端口输入控制寄存器可参考第 5 章图 5.18。

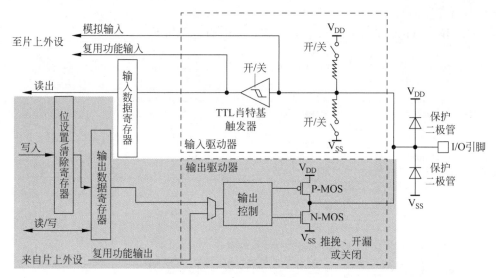

图 6.14　STM32 I/O 输入模式

6.4　几种常用的输入方式

6.4.1　直连单片机 I/O 端口

理想状态下的按键波形和实际按键波形如图 6.15 所示,实际得到的抖动波形近似方波。

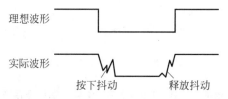

图 6.15　理想状态下按键波形和实际波形

按键直连单片机的引脚电路如图 6.16 所示,例如开发板和消费电子产品按键放置在电路板上常使用这种方式连接。

6.4.2　匹配电平后连接单片机 I/O 端口

如果外部开关信号电压与单片机 I/O 端口工作电压不匹配,并且输入的电压≤24V,则需要先进行电平转换处理,参考电路如图 6.17 所示。电路中晶体管可以使用集成 IC、三极管或 MOS 管,根据实际电路选用。

6.4.3　超过安全电压或跨距离信号输入

当开关安装位置较远且周围存在强电或外部电压大于安全电压时,需要对输入信号进

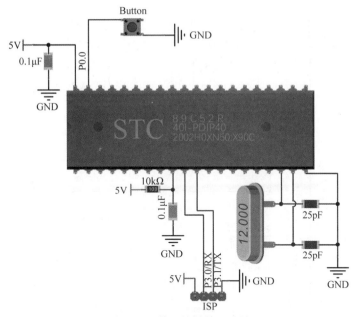

图 6.16　普通按键输入连接

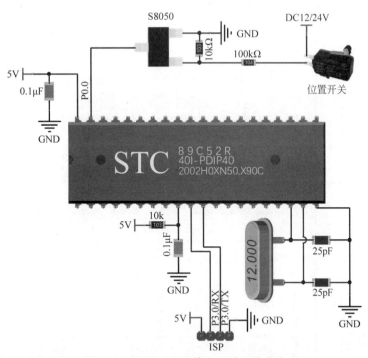

图 6.17　电平不匹配输入开关连接方式

行隔离,通过加装光耦方式处理。某种型号的光电开关的内部驱动电路如图 6.18 所示,根据三极管的类型(NPN 和 PNP),然后结合第 5 章介绍的几种输出形式(开漏、推挽、上拉),

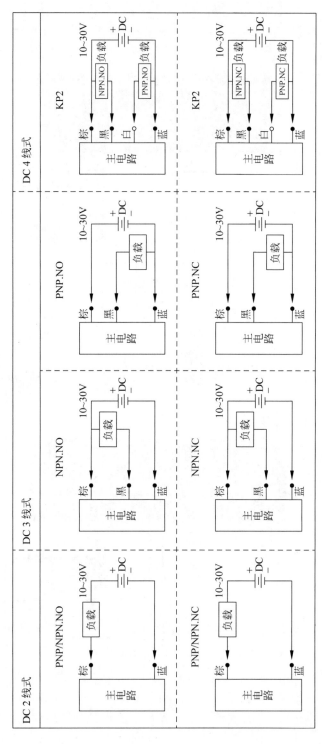

图 6.18 光电开关的几种入接线

最终输入电路呈现出多种组合。这里也说明了一个问题,I/O 端口的几种输出方式并非单片机专属,外设同样也可以使用。该类传感器 PNP. NO 输入(NO 全称为 Normal Open,常开的意思,而 NC 全称为 Normal Close,常闭的意思)连接方式电路如图 6.19 所示。

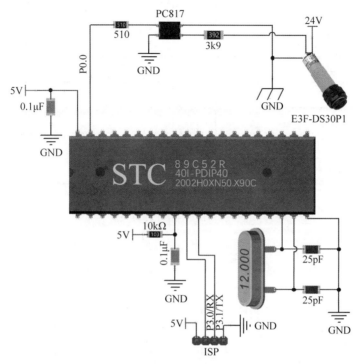

图 6.19　E3F-DS30P1(PNP. NO 常开)红外传感器输入连接实物

8051 单片机按键输入代码可参考 Chapter06/51_INPUT;

MSP430 按键代码可参考 Chapter06/MSP430_INPUT;

PIC16 按键代码可参考 Chapter06/PIC16_INPUT;

STM32 按键代码可参考 Chapter06/STM32_INPUT;

Arduino 按键代码可参考 Chapter06/Arduino_INPUT。

思考与拓展　按键输入信号实际上为检测高低电平变化,如果输入电平为一组有规律的高低电平变化信号呢?凡是能用这种方式输入的信号,都可以归纳为"按键"信号。这里给读者提几个问题,带着这几个问题慢慢深究内部原理,有些问题的解决需要结合后面进一步知识的学习才能找到答案,但是总体思路没有问题。这里之所以提出这些问题,也是为了让读者思考单片机上为什么会出现如此多的外设模块,它们出现的本质也是为了解决实际项目中的普遍性问题。早期单片机内部就没什么外设,想要使用外设只能通过外挂的方式,就像计算机主板上外挂网卡、声卡、显卡一样,但是随着科学技术的发展与集成电路工艺的进步,以前常用的模块都慢慢集成到单片机内部去了。

(1) 接收的高低电平为 PPM(无人机上飞控接收模块)信号,其波形如图 6.20 所示。

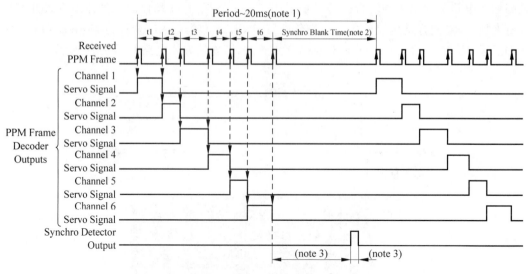

图 6.20　PPM 信号波形分解

（2）接收的高低电平为一组有规律编码的高低电平数据信号，该怎么处理？例如串口波形信号（如图 6.21 所示）换成红外遥控波形信号（如图 6.22 所示）。

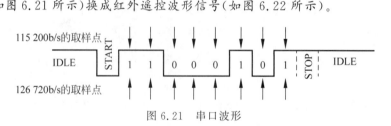

图 6.21　串口波形

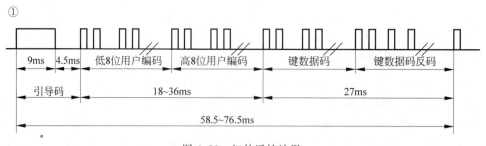

图 6.22　红外遥控波形

第 7 章

单片机引脚不够用
——外挂扩展芯片

7.1　使用扩展芯片情形及步骤

　　单片机项目在开发过程中,工程师经常会碰到这样一种情况,例如 8051 单片机只有 20 个引脚,除去供电的两个引脚、复位一个引脚和晶振两个引脚就只剩 15 个引脚了。但是在实际项目中,经常会碰到动辄十几个按键,输出控制和 LED 指示灯也动辄十几个的情况,其他还有数码管、串口通信等都需要 I/O 端口,这样就会经常出现单片机引脚不够用的情况。但是通常情况下,又不想更换单片机型号,一方面更换多引脚的单片机成本会高一些,另外就是单片机的整体电流驱动能力还需要重新计算。

　　当然,有读者会立马想到使用矩阵按键输入方式,例如使用 3 个 I/O 端口实现 6 个按键输入功能,这确实也是一种解决思路,但是绝大部分情况下使用扩展芯片是一种比较好的选择,一方面成本好控制,另一方面将驱动电流分摊给扩展芯片不至于让单片机承受过大的电流。

　　常用扩展芯片 74 系列有 74HC138、74HC164、74HC245 等,这些芯片普遍都有一个特点,即直来直去,不需要了解复杂的总线协议,给它输入高低电平信号,它就输出固定组合的高低电平信号。在使用这些芯片时掌握基本使用方法可以起到事半功倍的效果,具体步骤如下。

　　第 1 步:查看数据手册并在仿真软件上验证芯片逻辑与自己的理解是否一致。

　　第 2 步:使用面包板搭建实验电路进一步确认实物扩展芯片的功能是否正常。

　　第 3 步:将该芯片添加到实际项目中验证并使用。

　　本章将通过实际单片机控制的方式驱动这类芯片,由于驱动程序比较简单,所以只使用 8051 单片机举例,如果想要了解更多单片机驱动的例子,则可以参考本章附件中的代码,这里就不一一列出来了。

7.2　8051 单片机驱动——8 线译码器

　　初学者刚接触任意一种扩展芯片,最快最有效的途径就是通过官方的数据手册快速获取想要的信息,读者只要快速找到实物引脚定义(如图 7.1(a)所示)、芯片内部数字逻辑(如

图 7.1(b)所示)、引脚功能(见表 7.1)和真值表(见表 7.2)相关信息,就可以了解它的基本使用条件,然后使用 Proteus 或 Multisim 仿真软件快速验证它的逻辑功能与自己的理解是否一致,如图 7.2 所示,这样可以大致确定一款扩展芯片如何使用。

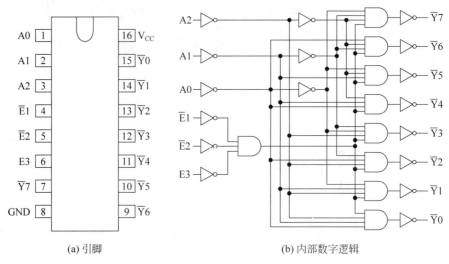

(a) 引脚   (b) 内部数字逻辑

图 7.1   74HC138 引脚定义与逻辑框图

引脚定义用于确定每个引脚的功能在实际芯片上的针脚位置,主要告诉读者实际使用芯片时对应的实物引脚位置,例如 74HC138 这款 IC 的 VCC 引脚位于第 16 号脚,如图 7.1(a)所示。逻辑框图则用于了解该芯片的内部是通过什么数字逻辑电路实现的,如图 7.1(b)所示,要想理解数字逻辑框图需要读者具备一定的数字电路基础,初学者建议选择性地学习,本章不展开介绍。

74HC138 引脚功能见表 7.1,该表主要介绍芯片上每个引脚是用来干什么的,也是比较重要的一项内容。一般对这个表的理解需要结合表 7.2 才能比较清楚地知道芯片每个具体引脚代表的具体含义。

表 7.1   74HC138 引脚功能表

标 识	引 脚	描 述	标 识	引 脚	描 述
A0	1	地址输入 0	$\overline{Y6}$	9	输出 6(低电平有效)
A1	2	地址输入 1	$\overline{Y5}$	10	输出 5(低电平有效)
A2	3	地址输入 2	$\overline{Y4}$	11	输出 4(低电平有效)
$\overline{E1}$	4	使能输入 1(低电平有效)	$\overline{Y3}$	12	输出 3(低电平有效)
$\overline{E2}$	5	使能输入 2(低电平有效)	$\overline{Y2}$	13	输出 2(低电平有效)
E3	6	使能输入 3(高电平有效)	$\overline{Y1}$	14	输出 1(低电平有效)
$\overline{Y7}$	7	输出 7(低电平有效)	$\overline{Y0}$	15	输出 0(低电平有效)
GND	8	地(0V)	V_{CC}	16	电源正极

74HC138 真值表见表 7.2,在实际使用芯片时,参照该表格可以实现逻辑功能控制。例如在表 7.2 中 74HC138 要实现正常的功能,那么 $\overline{E1}$、$\overline{E2}$、E3 控制引脚必须设置为对应的 L、L、H 电平,然后在 3 个输入引脚 A2、A1、A0 上输入不同的数据组合,这样便可以在 $\overline{Y0}\sim\overline{Y7}$ 上输出对应的高低电平组合。

表 7.2　74HC138 真值表

控制			输入			描述							
$\overline{E1}$	$\overline{E2}$	E3	A2	A1	A0	$\overline{Y7}$	$\overline{Y6}$	$\overline{Y5}$	$\overline{Y4}$	$\overline{Y3}$	$\overline{Y2}$	$\overline{Y1}$	$\overline{Y0}$
H	X	X	X	X	X	H	H	H	H	H	H	H	H
X	H	X	X	X	X	H	H	H	H	H	H	H	H
X	X	L	X	X	X	H	H	H	H	H	H	H	H
L	L	H	L	L	L	H	H	H	H	H	H	H	L
L	L	H	L	L	H	H	H	H	H	H	H	L	H
L	L	H	L	H	L	H	H	H	H	H	L	H	H
L	L	H	L	H	H	H	H	H	H	L	H	H	H
L	L	H	H	L	L	H	H	H	L	H	H	H	H
L	L	H	H	L	H	H	H	L	H	H	H	H	H
L	L	H	H	H	L	H	L	H	H	H	H	H	H
L	L	H	H	H	H	L	H	H	H	H	H	H	H

备注:H=高电平,L=低电平,X=无关紧要

通过以上介绍收集的信息,在 Proteus 仿真软件中设计的测试电路如图 7.2 所示,其中 A、B、C 通过上拉电阻接在 3 位拨码开关上对应表 7.2 中的 A0、A1、A2,引脚功能一样,只是不同厂家或软件命名上有一点差异,然后对照表 7.2 进行测试,例如在图 7.2 中设置 E1=H,E2=E3=L,然后设置 A1=A2=A3=H,通过查找表格 7.2 可以得到 Y0～Y6=

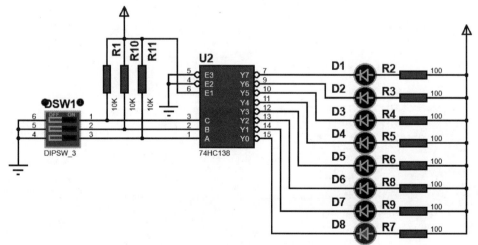

图 7.2　74CH138 拨码开关验证电路

H,Y7=L,此时 D8 上的 LED 被点亮。

通过如图 7.2 所示的验证电路对 74HC138 进行测试后,读者基本知道该芯片如何使用,然后将其接入单片机中,再对照表 7.2 进行编程就可以实现对 74HC138 进行控制了,8051 单片机驱动 74HC138 的参考电路如图 7.3 所示。8051 单片机驱动 74HC138 实现流水灯效果的完整代码可参考附件 Chapter07/MCU_51_74HC138。

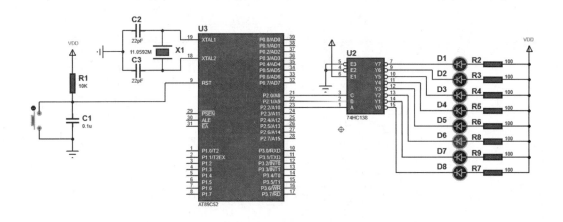

图 7.3 8051 单片机驱动 74HC138 的流水灯电路

7.3 8051 单片机实现 74HC245 收发器驱动

74HC245 为一款 8 路总线收发器,这也就意味着它的 I/O 端口既可以作为输入使用,也可以作为输出使用。该芯片的实物引脚的定义如图 7.4(a)所示,其中一个通道的数字逻辑功能如图 7.4(b)所示,DIR 用于控制 Ax 或 Bx 引脚作为输入输出功能使用。

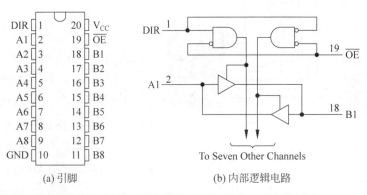

(a) 引脚   (b) 内部逻辑电路

图 7.4 74HC245 实物引脚定义和其中一路逻辑框图

74HC245引脚功能定义见表7.3,真值见表7.4,其中$\overline{OE}$为该芯片使能引脚,而DIR为方向控制引脚,A1~A8和B1~B8为输入输出复用功能引脚,例如当$\overline{OE}$=L,DIR=H,此时A端引脚作为输入用,B端引脚作为输出用,也就是说B端的值等于A端的值,即当$\overline{OE}$=L(Proteus中为CE),DIR=H(Proteus中为AB/$\overline{BA}$),A1=H时,B1=A1=H,如图7.5所示;当$\overline{OE}$=L,DIR=L,B1=L时,A1=B1=L,如图7.6所示。

表7.3 74HC245引脚功能

标 识	引 脚	描 述	标 识	引 脚	描 述
DIR	1	方向控制	B8	11	B1输入/输出
A1	2	A1输入/输出	B7	12	B2输入/输出
A2	3	A2输入/输出	B6	13	B3输入/输出
A3	4	A3输入/输出	B5	14	B4输入/输出
A4	5	A4输入/输出	B4	15	B5输入/输出
A5	6	A5输入/输出	B3	16	B6输入/输出
A6	7	A6输入/输出	B2	17	B7输入/输出
A7	8	A7输入/输出	B1	18	B8输入/输出
A8	9	A8输入/输出	$\overline{OE}$	19	输出使能(低电平有效)
GND	10	GND(0V)	VCC	20	电源正极

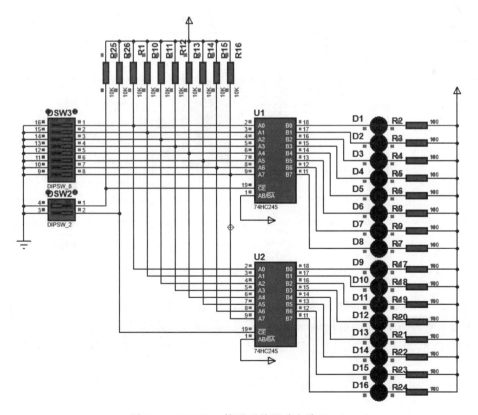

图7.5 74HC245拨码开关驱动电路 B=A

表 7.4　74HC245 真值表

输　　入		数据传输方向
$\overline{OE}$	DIR	
L	L	B 数据传输给 A
L	H	A 数据传输给 B
H	X	隔离状态

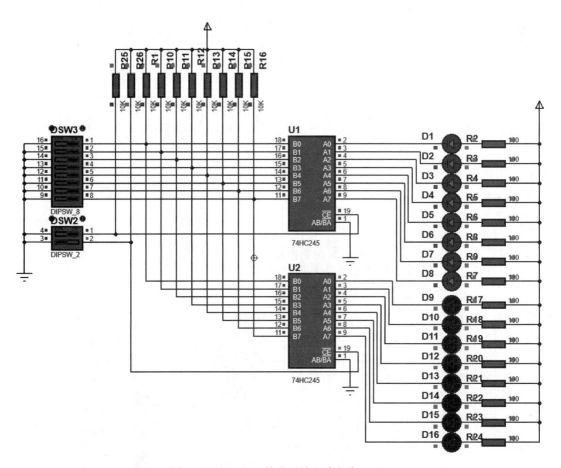

图 7.6　74HC245 拨码开关驱动电路 A＝B

　　熟悉了 74HC245 的基本使用方式,接下来将该芯片接入单片机电路中进一步测试,验证是否与预想一致。8051 单片机驱动 74HC245 的参考电路如图 7.7 所示。8051 单片机驱动 74HC245 实现流水灯效果的完整代码可参考附件 Chapter07/MCU_51_74HC245。

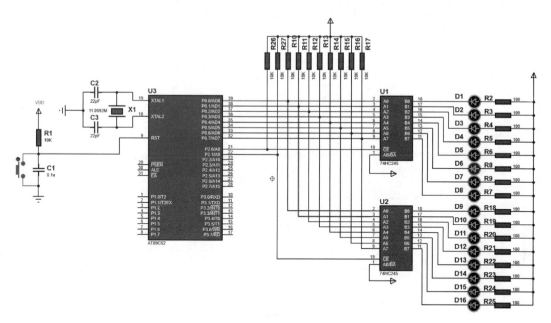

图 7.7　8051 单片机实现 74HC245 控制驱动电路

7.4　8051 单片机驱动 74HC573 锁存器

74HC573 为一款 8 路锁存器 IC,共用同一个锁存引脚,其实物引脚如图 7.8(a)所示,其中一个通道的数字逻辑功能如图 7.8(b)所示。其引脚对应的功能见表 7.5,相应的引脚使用方式见表 7.6。

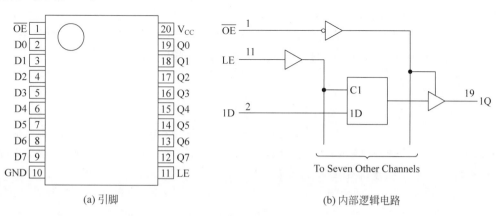

(a) 引脚　　　　　　　　　　　　　　(b) 内部逻辑电路

图 7.8　74HC573 实物引脚定义其中一路逻辑框图

表 7.5　74HC573 引脚功能

标　　识	引　　脚	描　　述	标　　识	引　　脚	描　　述
$\overline{OE}$	1	输出使能引脚	LE	11	锁存使能输入(高电平锁存有效)
1D	2	1D 输入	1Q	12	1Q 输出
2D	3	2D 输入	2Q	13	2Q 输出
3D	4	3D 输入	3Q	14	3Q 输出
4D	5	4D 输入	4Q	15	4Q 输出
5D	6	5D 输入	5Q	16	5Q 输出
6D	7	6D 输入	6Q	17	6Q 输出
7D	8	7D 输入	7Q	18	7Q 输出
8D	9	8D 输入	8Q	19	8Q 输出
GND	10	GND(0V)	VCC	20	电源正极

表 7.6　74HC573 真值表

输　　入			输　　出	输　　入			输　　出
$\overline{OE}$	LE	D	Q	$\overline{OE}$	LE	D	Q
L	H	H	H	L	L	X	Q0
L	H	L	L	H	X	X	Hi-Z

通过阅读数据手册并结合图 7.8、表 7.5、表 7.6 的信息,最终搭建的测试电路如图 7.9 所示,这里首次出现锁存功能引脚 LE,简单介绍它的用法,锁存引脚的功能顾名思义就是对数据进行锁存,74HC573 的数据输入端为 D0～D7,Q0～Q7 为输出引脚。图 7.9 中 $\overline{OE}=$ L,LE=L,代表锁存数据有效,也就是说 Qx=Dx。细心的读者可能会注意到,图 7.9 中如果按照笔者所述,则应该 D2、D4、D10、D12 都会被点亮,但是实际上并没有被点亮,为什么? 这是因为采用的方法是通过控制两个 IC 的 LE 锁存引脚,首先将 U2 的 LE 设置为 H,然后将 DSW3 从上往下数第 2 个拨码开关拨至 ON 位置,然后将 U2 的 LE 设置为 L,最后将 U2 的 LE 设置为 H,完成 U2 的数据锁存,而 U1 采用与 U2 相同的方式,DSW3 从上往下数第 2 个和第 4 个拨码开关要始终保持在 ON 位置。

熟悉并测试了 74HC573 的功能,接下来进一步搭建该芯片的 8051 单片机测试电路,如图 7.10 所示,验证其功能与之前的测试是否一致。8051 单片机驱动 74HC573 实现流水灯效果的代码可参考附件 Chapter07/MCU_51_74HC573。

思考与拓展

(1)早期的单片机内部没有什么外设资源,只有简单的 CPU 功能,就连基本的 RAM 和 ROM 都没有,为了扩充单片机功能经常需要外挂扩展芯片。得益于科学技术的飞速发展和集成电路制造工艺的进步,芯片成本越来越低,很多单片机的外设功能被直接集成到内部,这个时期的单片机才是真正意义上的单片机。

(2)本章仅介绍了 3 种常用的 74 系列芯片,其实 74 系列包含多种类型芯片,笔者认为无论在什么时候,这类芯片都不会被淘汰,熟练掌握该系列芯片的使用方法,对于单片机项目的开发有很大帮助。虽说这些芯片数量很多,但是也不用太过焦虑,无非就是查看手册,然后搭建测试电路,再结合单片机进一步验证就可以快速掌握其功能和使用方法。

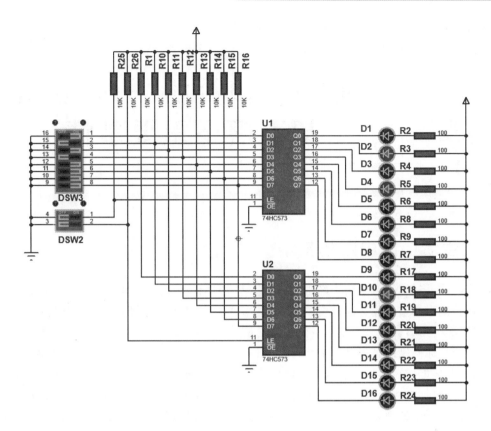

图 7.9 74HC573 拨码开关驱动电路

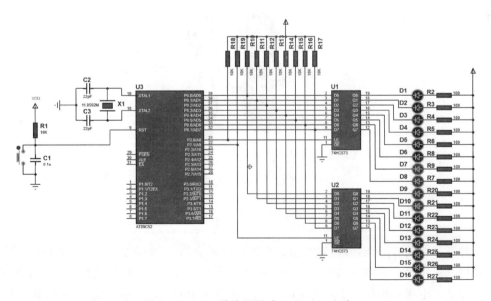

图 7.10 8051 单片机驱动 74HC573 电路

第 8 章　中断——单片机"一心多用" 却不落下重要事情

8.1　生活中的中断场景

凡事都有轻重缓急,生活中经常会碰到一些突发事件,这类事件有一个特点就是不可预测,也就是说不知道它什么时候会到来,但是当这类事件到来时却又必须对其先进行处理,暂且将这类突发事件称为中断。了解中断之前,首先来回顾常见的一种场景,读者正在与一位朋友聊天,你们俩的聊天基本上是可预测、有节奏的,什么意思呢? 例如,你刚说完一句,然后你朋友根据你说话的内容选择继续说或者等待你继续说完,整个交流过程都有条不紊地进行。凡事都有例外,此时你的另外一位朋友突然有重要的事情找你,他就会打断你们俩之间的谈话,当你处理完这位突然"闯入"朋友的重要事情后,然后接着与之前的朋友聊天,这是日常生活中中断的原型,如图 8.1 所示。

图 8.1　正常交流的两个人

这种事件普遍有一个特点,你不知道它什么时候会发生,但是当它发生时又很重要,你必须处理。单片机也不例外,它也有这种突发事件需要处理,所以计算机科学家也给单片机设计了与生活中场景相似的中断逻辑电路。单片机的中断包含多种类型,有定时器中断、串口中断、外部 I/O 端口中断等,并且随着中断功能越来越多,相应地还需要通过优先级来管理这些中断,否则就会出现中断"打架"的现象。本章只挑选外部 I/O 端口中断进行介绍,关于其他类型的中断大同小异,后面章节也涉及,但不会进行详细分析,读者可以结合本章案例分析。

8.2　8051 单片机外部中断

8051 单片机内部中断逻辑电路如图 8.2 所示,与外部中断 0 相关的配置寄存器见

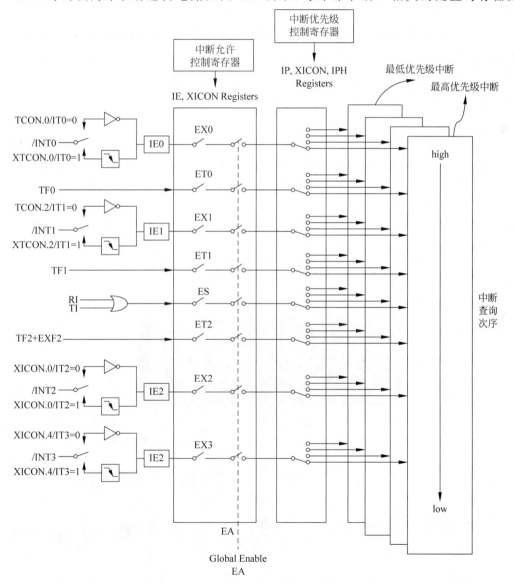

图 8.2　8051 单片机中断逻辑框图

表 8.1,其中包含定时器中断和外部中断两大类型。因为本节只使用了外部中断,所以配置也相对比较简单,具体配置步骤如下。

表 8.1　8051 单片机外部中断 0 相关寄存器

描　述	地　址	位地址及符号								复位值
		MSB							LSB	
IE	A8H	EA	—	ET2	ES	ET1	EX1	ET0	EX0	0000 0000B
TCON	88H	TF1	TR1	TF0	TR0	IE1	IT1	IE0	IT0	0000 0000B

第 1 步:配置中断开关和中断方式,这里用到的是外部中断 0,所以只需配置 INT0=1,而外部引脚有由高电平向低电平变化的方式和由低电平向高电平变化的方式,所以还需要配置上下边沿触发方式,这里将 IT0 设置为 1,配置成下降沿触发模式。

第 2 步:开启外部中断 0,将 EX0 设置为 1。

第 3 步:开启总中断,将 EA 设置为 1。

通过上面 3 个步骤外部中断就配置好了,这时只要外部中断 0 对应的引脚 P3.2 由高电平变为低电平就会产生中断,中断寄存器标志位 IE0 里面的数值会发生变化,并跳转到中断函数 void INT0_int(void) interrupt 0 中去执行中断函数中的代码,由于只有一个中断,所以并不需要配置中断优先级。

8051 单片机 INT0 中断测试电路如图 8.3 所示,当按键被按下时,触发中断并跳转到中

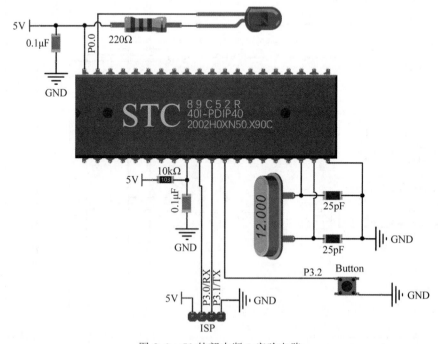

图 8.3　51 外部中断 0 实验电路

断函数 0 中执行 LED 的翻转功能。有些读者可能会问,为什么跳转到 void INT0_int(void) interrupt 0 这个函数,该函数除了 INT0_int 可以更改名字外,其他的是规定,因为编译器内部就是这么定义的,就像阿拉伯数字为什么是 0～9 一个道理。8051 单片机外部中断 0 的完整代码可参考附件 Chapter08/MCU_51_INT。

8.3　PIC16 单片机中断

PIC16F877A 单片机内部的全部中断逻辑如图 8.4 所示,该单片机外部 I/O 中断只有 RB0 所在的引脚能使用,其配置寄存器见表 8.2,配置步骤与 8.2 节基本一致,具体步骤如下。

第 1 步:将外部中断开关打开,配置 INTE=1。

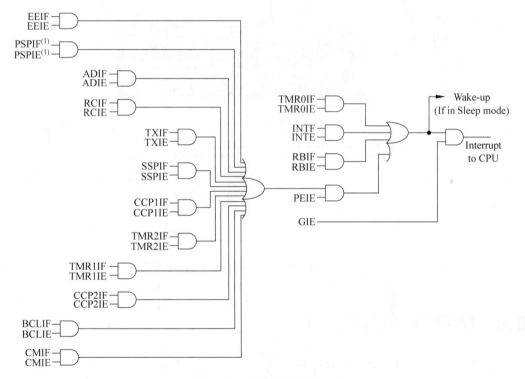

图 8.4　PIC16 单片机中断逻辑

表 8.2　PIC16 单片机外部中断配置寄存器

描　述	地　址	位地址及符号							
		MSB							LSB
INTCON	0BH	GIE	PEIE	TMR0IE	INTE	RBIE	TMR0IF	INTF	RBIF

第 2 步:使能外部中断,配置 PEIE=1。

第 3 步：开启全局中断使能,配置 GIE＝1。

读者注意到没有,本节没有配置外部中断的触发方式,但是从官方文档获知外部中断只要有边沿变化就会触发中断,也就是说上升沿和下降沿都会触发中断。触发中断后会进入中断触发函数 void interrupt INT(void),在中断函数中判断 INTCON 寄存器中 INTE 的值是否为 1,然后执行相应代码,代码执行完后要及时对 INTE 位清零处理,以便下一次中断触发。PIC16 单片机的外部中断触发验证电路如图 8.5 所示,完整代码可参考附件 Chapter08/PIC16_INT。

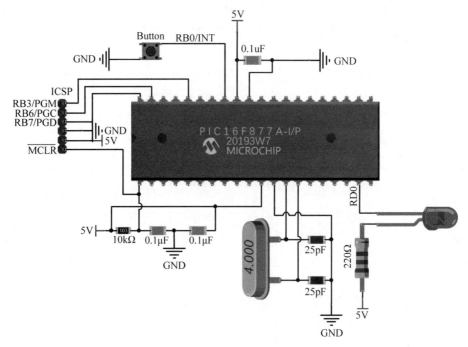

图 8.5　PIC16F877A 外部按键中断电路

8.4　MSP430 单片机中断

MSP430 单片机内部中断逻辑如图 8.6 所示,外部中断配置相关寄存器见表 8.3。实现 MSP430 外部中断,本节依旧沿用前面两节的配置方法,具体步骤如下。

第 1 步：配置中断引脚,与普通 I/O 输入配置方式相同,参考第 6 章 MSP430 输入引脚配置方式,但是要将引脚配置为上拉模式。

第 2 步：中断边沿触发选择,设置 P1IES ｜＝ BIT3,需要哪个引脚就配置该引脚所在的位。

第 3 步：使能中断,P1IE ｜＝ BIT3,同样需要哪个引脚中断就配置哪个引脚所在的位。

第 4 步：总中断使能,调用函数_EINT()即可。MSP430 比较特殊,对照着用就行,这

是头文件中定义的。最后记得要将中断标志清零,即 P1IFG＝0x00;进入中断函数也比较
独特,必须使用这种方式书写,代码如下:

```
# pragma vector = PORT1_VECTOR
__interrupt void PORT1_ISR(void)
```

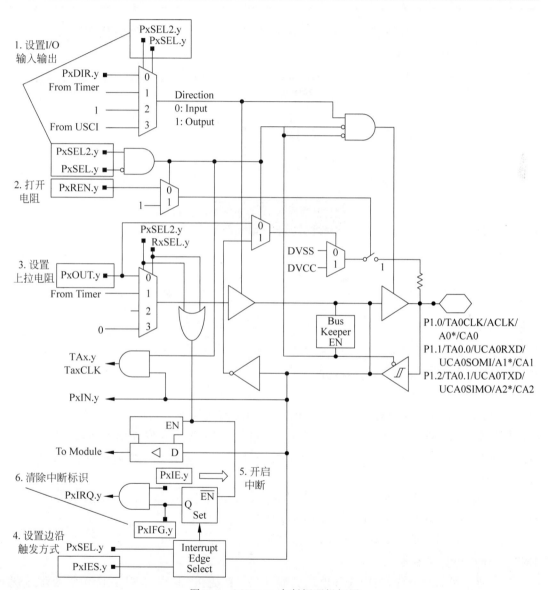

图 8.6 MSP430 中断框逻辑框图

表 8.3   MSP430 外部中断配置寄存器

描　述	地　址	位地址及符号		描　述	地　址	位地址及符号	
		MSB	LSB			MSB	LSB
P1IES	024H	P1x 中断边沿选择		P1IFG	023H	P1x 中断标识清除	
P1IE	025H	P1x 中断使能					

MSP430G2553 外部按键中断测试电路如图 8.7 所示,中断的完整代码可参考附件 Chapter08/MSP430_INT。

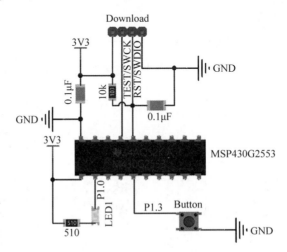

图 8.7   MSP430 外部中断测试电路

8.5   STM32 单片机中断

STM32 外部中断事件逻辑如图 8.8 所示。相对前面几种单片机而言,STM32 的中断配置则比较复杂,同时其中断功能也更完善,所有的引脚都可以触发外部中断,外部 I/O 中断映射如图 8.9 所示。尽管看起来很复杂,但是在配置上由于使用库函数的方式,总体来讲比较方便,具体配置步骤如下。

第 1 步:配置外部中断触发源,与前面章节类似,使用库函数 GPIO_EXTILineConfig (GPIO_PortSourceGPIOA,GPIO_PinSource0)来配置。

第 2 步:配置中断引脚触发模式,使用结构体 EXTI_InitTypeDef 定义变量,然后调用 EXTI_Init()函数初始化。

第 3 步:配置优先级,前面几种单片机都没配置优先级,但是在 STM32 中需要配置优先级,使用结构体 NVIC_InitTypeDef 定义并初始化,然后调用中断函数 NVIC_Init()初始化中断优先级。

第 4 步:在 EXTI0_IRQHandler 中断函数中放置要实现的功能代码,执行完后,一定要

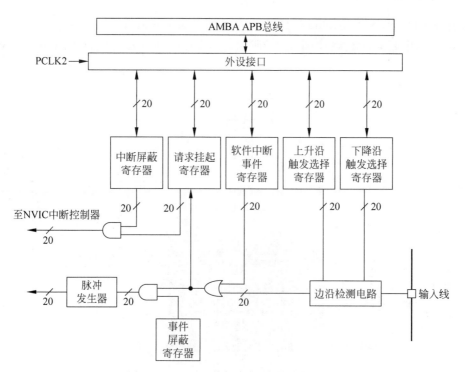

图 8.8　STM32 外部中断/事件控制器框

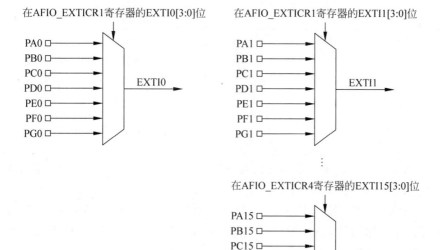

图 8.9　外部中断通用 I/O 映射

记得调用 EXTI_ClearITPendingBit(EXTI_Line0)清除中断请求标志位。

　　PA0 外部中断测试电路如图 8.10 所示,中断的代码可参考附件 Chapter08/STM32
_INT0。

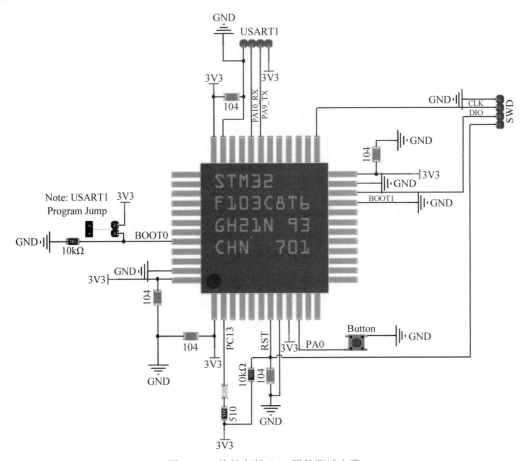

图 8.10　外部中断 PA0 硬件测试电路

　　由于 STM32 为 32 位单片机,其引脚比较多,如果在芯片内部给每个外部 I/O 单独配
备中断触发电路显然不现实,所以工程师用了一种巧妙的方式,将所有 PA~PG 引脚进行
编组,例如将 PA0~PG0 编入 EXTI0 中断触发组,将 PA1~PG1 编入 EXTI1 组,以此类
推。这样无论你使用的是 PA0,还是 PC0 进入中断,它都通过 EXTI0 中断触发,并且每组
中断同时只能由一个外部中断触发,中断处理函数仍然为 EXTI0_IRQHandler()。

8.6　Arduino 外部中断

　　Arduino UNO 外部按键中断测试电路如图 8.11 所示。

　　软件配置上只需将中断引脚设置成上拉模式,然后调用专用函数 attachInterrupt()将

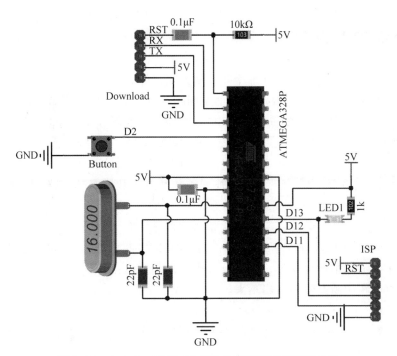

图 8.11　Arduino UNO D2 作为外部按键中断测试电路

引脚与中断函数关联上，最后在关联的中断函数中写入要实现的功能代码。Arduino UNO
外部中断的完整代码如下：

```
const Byte ledPin = 13;
const Byte interruptPin = 2;
volatile Byte state = LOW;

void setup() {
  pinMode(ledPin, OUTPUT);
  pinMode(interruptPin, INPUT_PULLUP);
  attachInterrupt(digitalPinToInterrupt(interruptPin), blink, CHANGE);
}

void loop() {
  digitalWrite(ledPin, state);
}

void blink() {
  state = !state;
}
```

示例代码中关联的中断函数为 bink()。

8.7 外部中断总结

通过介绍几种不同单片机的外部中断实现方式,可以得出中断使用的基本流程如下:

(1) 要使用外部中断,首先要配置外部中断引脚属性,主要可将引脚配置为输入模式、上拉电阻的选用(有上拉电阻配置功能)、中断触发方式(上升沿或下降沿触发)、外部中断使能、外部中断允许、全局中断使能,引脚配置方式与第 6 章输入引脚配置基本一致。

(2) 所有的中断触发后都会进入固定的中断地址,该地址在实际代码中为中断函数的入口,可以通过数据手册或在启动代码中找到该地址或函数的具体定义,例如 8051 单片机直接规定了中断函数关键词。

(3) 中断函数的进入是通过判断中断标志位来确定有无中断产生,有中断标志位就进入中断函数。8051 单片机进入中断函数时会自动清除中断标志位,而其他单片机则需要在中断函数中单独清除中断标志位。如果没有清除中断标志位,下一次中断来临时则不会触发中断或一直会在中断函数中而出不来。

思考与拓展

(1) 现代单片机会有很多中断,越高级的单片机中断系统也越复杂,同时还需要考虑优先级,示例中代码都是单个中断,所以没有详细介绍优先级如何使用。其他中断还有定时器中断、串口中断等,另外对于中断优先级读者可以先自行尝试使用。

(2) 中断主要用来处理突发事件,凡是这种突发的事件都可以用中断来处理,但是在中断中不宜处理太复杂的数据,即不宜处理运算量比较大的代码,因为如果一直在中断函数里面运算,main 函数里面的其他任务就会搁置,进而引起主函数中的任务得不到及时处理。

(3) 合理使用中断可以让程序运行更高效,而滥用中断产生的问题往往会让读者非常苦恼。

第 9 章

不甘只为定时器——它还有很多妙用

在学习定时器之前,读者先回想一下每天工作生活的整个流程,早上 8 点起床,10 点钟左右洗漱,9 点到达公司,上午 10 点开会等。这里面每个环节都包含时间在里面。设想一下生活中如果没有时间会变成什么样子。农民伯伯种地需要二十四节气作为参考,同样,单片机程序也需要按照一定的时间节拍来执行程序。读者可以将定时器理解为一个高级闹钟,只要设定好闹钟,达到定时器"闹铃"的条件,它就会执行"闹铃"动作。生活中的闹铃如图 9.1 所示。

图 9.1 定时器类似闹钟

9.1 8051 单片机定时器

8051 单片机定时器 0 工作于 16 位定时器/计数器模式的逻辑如图 9.2 所示。SYSclk 为系统时钟,用来提供时钟基准,相当于闹钟的秒表。TR0 为定时器启动开关,相当于闹钟的闹铃开关,只有把开关打开闹钟才会工作。TL0 和 TH0 用来存放定时器的定时值,相当于闹钟设定好的闹铃时间,到达设定时间后定时器就会触发产生 TF0 标志信号,进而产生定时器 0 中断信号,相当于闹钟设定的时间到了闹铃就会响。定时器中断本质上就执行一个函数,与第 8 章中的中断函数类似,如果读者在该函数里面放置功能代码,例如实现 LED

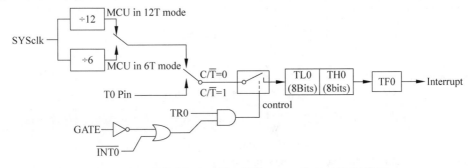

图 9.2 8051 单片机定时器 0 模式 1：16 位定时器/计数器

翻转功能代码,则每次进入定时器中断 0 函数时都会执行里面的代码,8051 单片机与定时器配置相关寄存器见表 9.1,定时器 0 的完整代码可参考附件 Chapter09/MCU_51_T0。

表 9.1 8051 单片机定时器寄存器

寄存器	描 述	地址	位地址及符号								复位值
			MSB							LSB	
TCON	定时器控制寄存器	88H	TF1	TR1	TF0	TR0	IE1	IT1	IE0	IT0	0000 0000B
TMOD	定时器模式寄存器	89H	定时器 1				定时器 0				0000 0000B
			GATE	C/T̄	M1	M0	GATE	C/T̄	M1	M0	
TL0	定时器 0 低 8 位	8AH									0000 0000B
TL1	定时器 1 低 8 位	8BH									0000 0000B
TH0	定时器 0 高 8 位	8CH									0000 0000B
TH1	定时器 0 低 8 位	8DH									0000 0000B

9.2 PIC16 定时器

PIC16 单片机定时器 0 的内部逻辑如图 9.3 所示,配置定时器 0 相关寄存器见表 9.2,参考 9.1 节中 8051 单片机定时器配置方式,可以得到大致相同的定时器配置方式,具体步

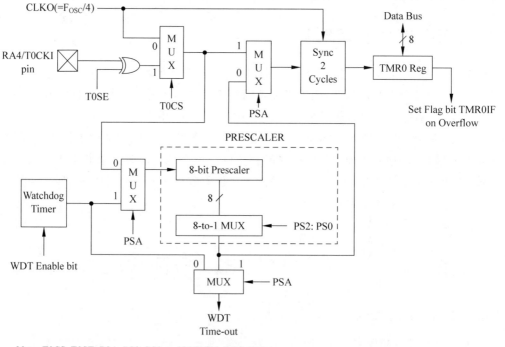

Note: T0CS, T0SE, PSA, PS2: PS0 are(OPTION_REG<5:0>)

图 9.3 PIC 定时器框图

骤如下。

第 1 步：配置定时器时钟源，OPTION_REG 寄存器用来选择定时器时钟源，由于外部输入的定时器时钟源频率太高，可以通过设置 OPTION_REG 寄存器 PS2：PS0 位对输入的时钟分频，最终获得相对较低频率的定时器时钟源。

第 2 步：配置定时器 0 的初值，也就是第 1 步中多少个时钟脉冲的计数，即给 TMR0 寄存器赋值。

第 3 步：打开定时器开关，启动定时器，配置寄存器 INTCON 里面的 GIE 和 PEIE 位。PIC 定时器的完整代码可参考附件 Chapter09/PIC16_Timer。

表 9.2　PIC 定时器 0 寄存器

寄存器	描述	地址	位地址及符号							
			MSB							LSB
TMR0	定时器 0 寄存器	88H								
INTCON	定时器模式寄存器	89H	GIE	PEIE	TMROIE	INTE	RBIE	TMROIF	INTF	RBIF
OPTION_REG	定时器 0 低 8 位	8AH	RBPU	INTEDG	T0CS	T0SE	PSA	PS2	PS1	PS0

9.3　MSP430 定时器

MSP430 单片机定时器 A 的内部逻辑如图 9.4 所示，与定时器配置相关寄存器见表 9.3，参考本章前面两节的定时器配置流程，MSP430 定时器具体的配置步骤如下。

表 9.3　MSP430 定时器 A 相关寄存器

寄存器	描　述	地　址	位地址及符号					
			MSB					LSB
TACTL	定时器 A 控制	0160H	——（15：10）				TASSELx（9：8）	
			IDx		MCx	—	TACLR	TAIE	TAIFG
TAR	定时器 A 计数器	0170H	TARx					
TACCTL0	定时器 A 捕获/比较控制 0	0162H	CMx(15：14)	CCISx(13：12)	SCS	SCCI	—	CAP
			OUTMODx		CCIE	CCI	OUT	COV	CCIFG
TACCR0	定时器 A 捕获/比较 0	0172H	TACCRx					
TACCTL1	定时器 A 捕获/比较控制 1	0164H						
TACCR1	定时器 A 捕获/比较 1	0174H						

寄存器	描　述	地　址	位地址及符号							
			MSB							LSB
TACCLTL2	定时器 A 捕获/比较控制 2	0166H								
TACCR2	定时器 A 捕获/比较 2	0176H								
TAIV	定时器中断向量	012EH	0	0	0	0	0	0	0	0
			0	0	0	0	TAIVx			0

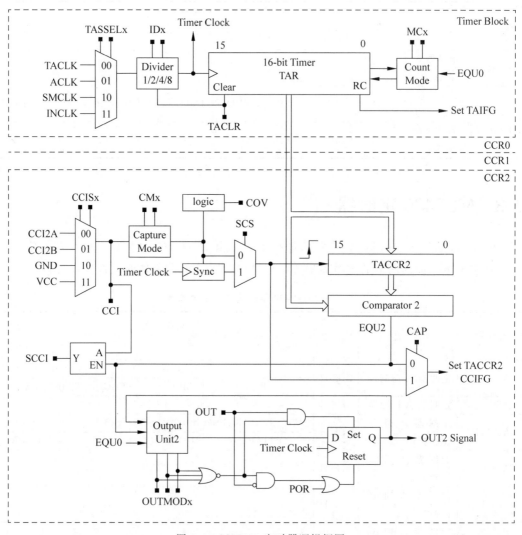

图 9.4　MSP430 定时器逻辑框图

第 1 步：配置定时器时钟源，通过配置寄存器 TACTL 里面的 TASSELx 位选择时钟源，IDx 用来将选择的时钟源进一步分频得到适合使用的定时器频率，而定时器计数有很多种模式，例如可以设置为加法计数，也可以设置为减法计数，该模式通过 MCx 设置。

第 2 步：配置定时器的初始值，只需对寄存器 TACCR0 赋值。

第 3 步：开启定时器，配置寄存器 TACCTLx 的 CCIE 位。

MSP430 单片机定时器 A 的完整代码可参考附件 Chapter09/MSP430_Timer。

9.4　STM32 定时器

STM32 单片机定时器对比前面 3 款单片机比较复杂，但是其功能更强大，STM32 通用定时器的内部逻辑如图 9.5 所示。STM32 定时器有向上、向下、向上/向下自动装载计数器、输入捕获、输出比较、PWM 生成等功能，本节只介绍定时器 2 自动装载计数功能的用法，其他用法读者可以进一步去深入学习。

无论定时器如何变，实际使用中的流程基本差不多，并且 STM32 的定时器使用了更为容易的库函数方式，这在一定程度上给工程师带来了便捷。自动装载向上计数时序如图 9.6 所示，这里将定时器配置为 1ms 触发一次，具体配置步骤如下。

第 1 步：配置定时器的时钟源，由于 STM32 的输入时钟频率比较高为 72MHz，所以需要预分频，也就是将频率降下来，该语句 TIM_TimeBaseStructure. TIM_Prescaler＝(72－1)；为将输入时钟频率降为 1MHz，即 $\frac{1}{\mu s}$。

第 2 步：配置定时器模式，该语句 TIM_TimeBaseStructure. TIM_CounterMode＝TIM_CounterMode_Up；将定时器 2 配置为向上计数模式，定时器计数周期为 1000，配置代码为 TIM_TimeBaseStructure. TIM_Period＝1000；这样定时器每计数到 1000 也就是每 1ms 触发一次定时器 2 中断事件。

第 3 步：配置中断并开启定时器，定时器中断配置的代码如下：

```
NVIC_PriorityGroupConfig(NVIC_PriorityGroup_0);      //中断优先级组
NVIC_InitStructure.NVIC_IRQChannel = TIM2_IRQn;      //中断通道
NVIC_InitStructure.NVIC_IRQChannelPreemptionPriority = 0;
NVIC_InitStructure.NVIC_IRQChannelSubPriority = 3;
NVIC_InitStructure.NVIC_IRQChannelCmd = ENABLE;          //中断通道使能
NVIC_Init(&NVIC_InitStructure);
```

第 4 步：在中断函数中实现具体功能，代码如下：

```
void TIM2_IRQHandler(void)
{
    if( TIM_GetITStatus(TIM2 , TIM_IT_Update) != RESET )
    {
```

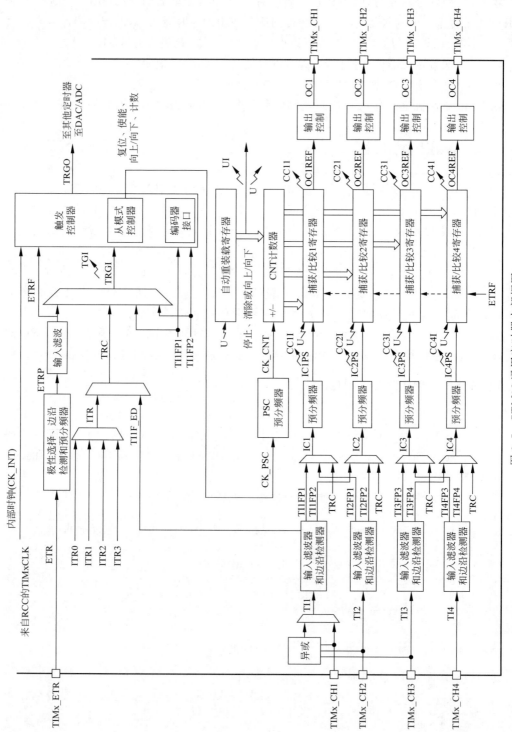

图 9.5 STM32 通用定时器内部框图

```
                TIM_ClearITPendingBit(TIM2 , TIM_FLAG_Update);
                time++;
        }
}
```

　　每次进入中断需要对中断标志位进行更新,这样下一次中断事件产生时才能继续进入中断函数。在上面的代码中使用 time 进行计数,每自加一次相当于 1ms,然后可以在主函数中根据该计数值进行精确计数延时并处理任务。

　　可以看到整个配置流程其实与 8051 单片机差不多,STM32 定时 2 的完整代码可参考附件 Chapter09/STM32_TIM2。

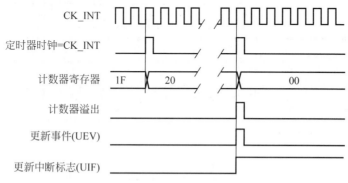

图 9.6　STM32 通用定时器自动装载向上计数时序图

9.5　Arduino 定时器

　　Arduino 定时器对于绝大部分读者来讲很少用到,所以目前它的使用方式与普通单片机的操作方式相差无异,其内部逻辑如图 9.7 所示,可以看到语句 TCCR1A = 0;和 TCCR1B=1≪CS12;用来配置定时器的时钟输入,然后使用 bitSet(TIMSK1,TOIE1);配置寄存器 TIMSK1 实现定时器中断溢出,最后就是在中断 ISR(TIMER1_OVF_vect)处理要做的事情。相较于前面几款单片机的定时器配置,Arduino 定时器的代码同样只需短短的几行就可以实现。

　　Arduino UNO 定时器中断实现 LED 翻转的完整代码如下:

```
void setup() {
    bitSet(DDRB, 5);        //对应 Arduino UNO 13 引脚
    TCCR1A = 0;
    TCCR1B = 1 << CS12;
    bitSet(TIMSK1, TOIE1);
}
void loop() {
```

```
}
ISR(TIMER1_OVF_vect) {
    bitSet(PINB, 5);
}
```

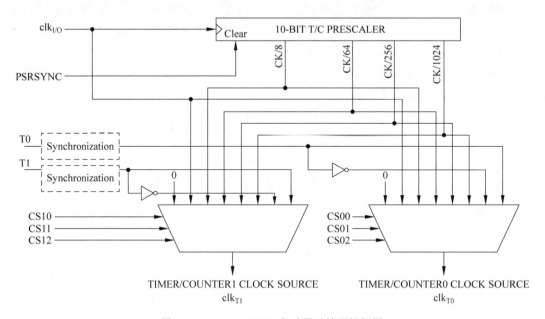

图 9.7　Arduino UNO 定时器时钟逻辑框图

9.6　定时器使用总结

对比上面几种单片机的定时器实现方式,读者可以总结出哪些异同点? 简单来讲使用定时器的基本功能(高级定时器稍微复杂一点),无非把握 4 个关键点,即选择标准的时钟源(闹钟秒表),设定好定时器的值(调好闹铃时间),开启定时器(打开闹钟开关),编写定时器中要执行的任务(闹钟闹铃动作)。其他的所有设置基本上围绕上面几点进行,例如 STM32 的时钟比较复杂,所以在选择标准时钟时又是倍频,又是分频,最终才可以得到一个想要的相对低速标准时钟源。

思考与拓展　定时器用法举一反三,读者思考下面几个内容,是不是想到了些什么? 其中(1)、(2)在后面章节中会具体介绍,读者自己可以结合本章内容尝试如何实现。

(1) 使用定时器实现多任务用法。

(2) PWM 脉冲宽度调节。

(3) 红外遥控编码脉冲宽度时间精确计算。

(4) 使用定时器控制 I/O 输出有规律脉冲用于通信(假设读者自定义了一种协议)。

第 10 章

较少引脚多做事——总线

10.1　总线的诞生

读者首先思考一个问题,CPU 发展早期,其本身功能并不多,运行速度也很慢,没什么外设,就算有外设也基本以并口为主,也就是说传输 n 位数据,就要用到 n 条物理数据线,这还不包括数据控制线,早期这样使用好像也没什么问题,但是随着 CPU 的主频越来越高,运算能力越来越强,功能也越来越多,相应可以搭配的外设种类也非常多,如果所有的外设都采用并口的方式连接,试想一下 CPU 需要多少针脚? 夸张点说上万个针脚都不一定够用,Intel 某型号通用 x86 CPU 的引脚如图 10.1 所示,这样一来 CPU 的实物封装尺寸会是当前的好几倍,设计电路布线也会非常麻烦,那有没有解决办法呢? 科学家和各大厂家经过不断地摸索研发,渐渐总结和统一了很多总线标准。总线的诞生成功解决了 CPU 引脚复用问题,从而能更好地平衡 CPU 与外设间的速度,将CPU 的核心功能发挥到极致。当然,本章所要讨论的并非CPU 内部总线,而是主要用于单片机上的小数据量传输的 I^2C 和 SPI 总线,其中 I^2C 总线最初由飞利浦公司提出,并牵头其他厂商共同制定了 I^2C 标准,而 SPI 总线则由摩托罗拉公司提出,并牵头其他厂商共同制定了 SPI 总线标准。

单片机也称为微型控制器(MCU),主要应用在一些对成本和尺寸比较敏感的场合。如果把所有的外设都集成到芯片内部,这样造出来的芯片显然不符合市场对成本控

图 10.1　Intel LGA1155 封装 CPU
（1155 个针脚）

制的要求,所以在很多场合就需要通过外部总线访问外部 IC,当今单片机上常用的总线主要以 SPI 和 I^2C 总线为主,在后面第 11 章中介绍串口通信的由来时,里面简单介绍了带时钟的总线,即在串口通信的基础上加上时钟控制线,这样可以实现同步通信,相比于串口的异步通信方式在传输速度上有优势,读者如果仔细查看 MSP430 单片机数据手册会发现,该单片机将这 3 种通信方式统一用一个名称为 USCI 的模块来配置,其实相当于解释了这 3 种总线的联系与区别,本章从这两种总线入手来介绍它们如何使用。

10.2 总线初探

一说到总线,很多读者都有点害怕,为什么呢? 因为在实际使用总线的过程中稍微哪个地方操作方法不对,要么芯片不能驱动,要么传感器读取不到数据,让人很抓狂。其实读者也不用把总线想得太复杂,首先总线本身是一些数字脉冲信号,其次这些数字脉冲信号是有规律的,在使用过程中,只要按照它的规律(总线标准)产生这些数字脉冲信号就能将其驱动起来。其次可以使用现有的总线驱动工具将外设先驱动起来,如果碰到在其他单片机上驱动不正常的情况,则可以通过示波器或者逻辑分析工具采集总线波形与标准驱动波形进行对比,这样可以大大加快排查问题的速度。

10.2.1 手动模拟驱动 74HC595

在开始了解总线之前,先用一种比较笨的办法来驱动 74HC595 芯片,该芯片的驱动方式其实是 SPI 总线的一个雏形,也希望通过这种方式帮助读者更好地理解 SPI 总线。

74HC595 的引脚实物对照如图 10.2(a)所示,内部逻辑原理如图 10.2(b)所示,包含 1个 8 位移位寄存器和 1 个 8 位数据储存器。该芯片更为详细的内部数字逻辑原理如图 10.3 所示,芯片引脚功能见表 10.1。

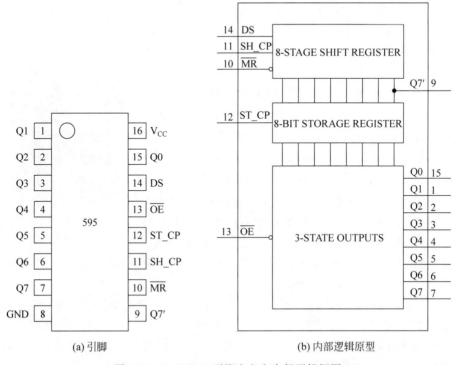

(a)引脚   (b)内部逻辑原型

图 10.2 74HC595 引脚定义和内部逻辑框图

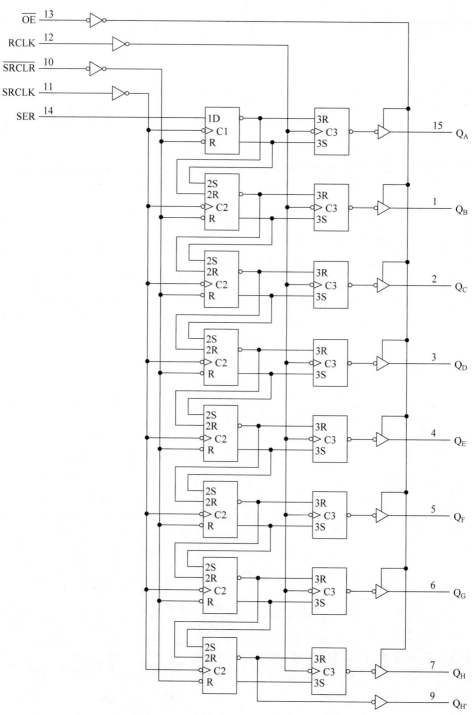

图 10.3　74HC595 详细逻辑框图

表 10.1 74HC595 引脚定义

标 识	引 脚	描 述	标 识	引 脚	描 述
Q1	1	并行数据输出 1	$Q7'$	9	串行数据输出
Q2	2	并行数据输出 2	$\overline{MR}$	10	主复位(低电平有效)
Q3	3	并行数据输出 3	SH_CP	11	移位寄存器时钟输入
Q4	4	并行数据输出 4	ST_CP	12	数据锁存器时钟输入
Q5	5	并行数据输出 5	$\overline{OE}$	13	输出使能(低电平有效)
Q6	6	并行数据输出 6	DS	14	串行数据输入
Q7	7	并行数据输出 7	Q0	15	并行数据输出 0
GND	8	地(0V)	V_{CC}	16	电源正极

74HC595 的真值见表 10.2,该芯片的时序波形如图 10.4 所示,这也是读者在本书中第一次接触这种时序图,所有总线型驱动芯片都有时序逻辑图,对初学者来讲不建议刚开始就花费太多精力去读懂它,可以先借助例子对这种总线型芯片有基本概念再回过头来对照时序图理解。74HC595 时序图看起来有点复杂,这里读者只需关注 3 个信号,简化后的 3 个信号时序分别为 SH_CP、DS 和 ST_CP,如图 10.5 所示。向上箭头表示 SH_CP 和 ST_CP都是上升沿有效,如图 10.4 所示,即低电平变为高电平时数据被移位或锁存,而控制引脚设置为 $\overline{MR}=H,\overline{OE}=L$,芯片处于正常工作模式。接下来跟随笔者的步伐一起通过手工模拟时序的方式来辅助理解该时序图,测试电路如图 10.6 所示。

表 10.2 74HC595 真值表

INPUT					OUTPUT		功能
SH_CP	ST_CP	$\overline{OE}$	$\overline{MR}$	DS	$Q7'$	Qn	
X	X	L	L	X	L	n. c	MR 为低电平只影响移位寄存器
X	↑	L	L	X	L	L	清空移位寄存器加载到输出寄存器
X	X	H	L	X	L	Z	清空移位寄存器,并行输出端为高组态
↑	X	L	H	H	$Q6'$	n. c	逻辑高电平移入移位寄存器状态 0,包含所有的移位寄存器状态移入,例如,以前的状态(内部 Q6)出现在串行输出位
X	↑	L	H	X	N. c	Qn'	移位寄存器的内容到达保持寄存器并从并口输出
↑	↑	L	H	X	$Q6'$	Qn	移位寄存器内容移入,先前的移位器的内容到达保持寄存器并输出

注意:H 表示高电平,L 表示低电平,↑ 表示低电平向高电平变换,↓ 表示高电平向低电平变换,Z 表示高阻状态

手工模拟时序驱动 74CH595 的步骤如下。

第 1 步:配置 SH_CP=L,ST_CP=L。

第 2 步:将 DS=H 或 L(这里为了更直观地看到实验效果将 DS 设置为 H)。

第 3 步:拨动 DSW1 从上往下数第 1 个拨码开关让 SH_CP=H,模拟产生一次上升沿↑移位时钟信号,然后将第 1 个拨码开关拨回原来位置让 SH_CP=L 回到低电平状态。

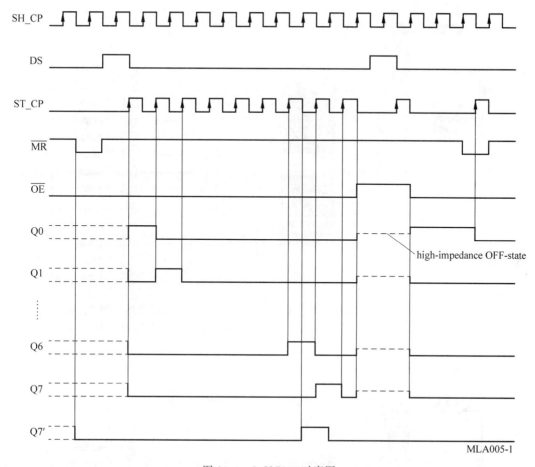

图 10.4 74HC595 时序图

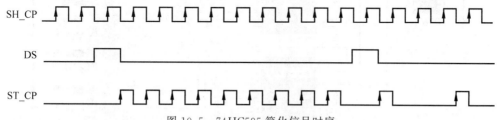

图 10.5 74HC595 简化信号时序

第 4 步：拨动 DSW1 从上往下数第 2 个拨码开关让 ST_CP＝H，模拟产生一次上升沿 ↑ 数据锁存时钟信号，然后将第 2 个拨码开关拨回原来位置让 ST_CP＝L 回到低电平状态。

经过第 1～4 步的模拟时序操作，可以得到实验结果为 Q0＝H，即 D1 熄灭，如图 10.7 所示。

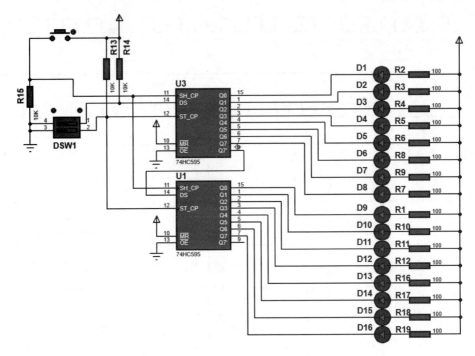

图 10.6 74HC595 测试电路

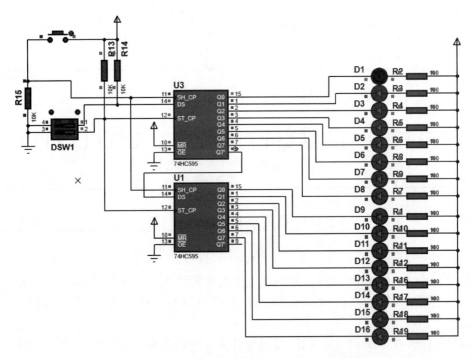

图 10.7 手工模拟信号控制 74HC595 输出结果

为了让实验效果更加明显,通过 DS 引脚依次输入 1001 0110 八位数据,具体方法是在第 2 步中根据要传输逻辑位的类型将 DS 设置为 L,然后执行第 3 步;重复第 2 步和第 3 步 8 次直到将全部数据位发送完成,最后执行第 4 步。得到的最终效果如图 10.8 所示。学习完上面的使用方法,读者是不是觉得使用这种总线型芯片好像也没有想象中那么复杂,然后回过头看图 10.5 的时序图,是不是容易理解一点呢?

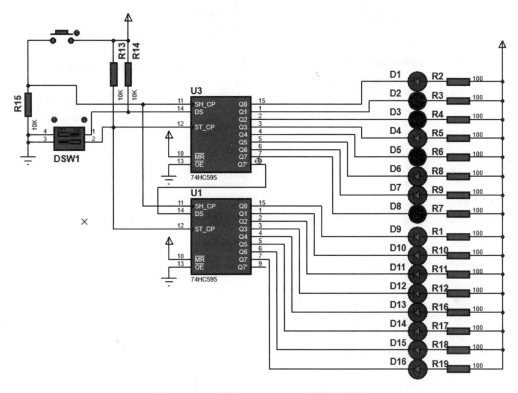

图 10.8 DS 输入 1001 0110 后的输出结果

10.2.2 8051 单片机驱动 74HC595

通过对 10.2.1 节中手工模拟时序方法给 74HC595 传输数据实验的学习,接下来将开关替换成 8051 单片机 I/O 驱动 74HC595。电路连接原理如图 10.9 所示,只是将图 10.6 中的按键和拨码开关替换成 8051 单片机的引脚驱动。代码使用简单的方式驱动该芯片。

8051 单片机驱动 74HC595 实现 16 个流水灯效果的完整代码可参考附件 Chapter10/51_74HC595_FLOW。

8051 单片机优化版驱动 74HC595 实现 16 个流水灯效果的代码可参考附件 Chapter10/51_74HC595_Good_FLOW。

由于 74HC595 是一款非常简单的 SPI 通信方式驱动芯片,所以在实际单片机代码中芯

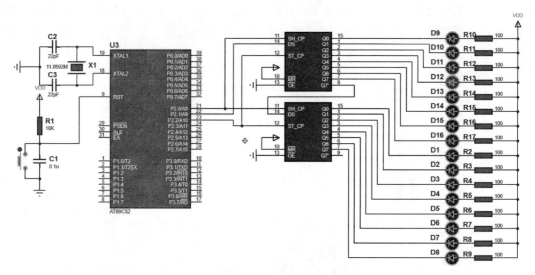

图 10.9 8051 单片机驱动 74HC595 电路

片初始化操作并不是必需的；另外，它只有输出功能，所以也没有寄存器配置，只需将数据串行输入锁存。这对于入门 SPI 总线来讲，非常有助于理解，一改往日读者对 SPI 总线复杂时序的印象。为了进一步理解 SPI 总线，接下来再介绍一款既可以作为输入又可以作为输出 I/O 端口使用的 SPI 总线芯片。

10.3 SPI 总线原理与使用

10.3.1 SPI 总线介绍

SPI(Serial Peripheral Interface)总线的全称为串行接口，全功能的 SPI 总线的连接方式如图 10.10 所示，分别包含 SCLK、MOSI、MISO 及 $\overline{SS}$ 4 根线，其中 SCLK 为时钟线、MOSI(Master Output Slave Input)为主机输出从机输入数据线和 MISO(Master Input Slave Output)为主机输入从机输出数据线。两根信号线都是串行数据线，这里所讲的主机一般指单片机。$\overline{SS}$ 在很多其他芯片数据手册上也叫 $\overline{CS}$ 片选信号，低电平有效，只是名字不一样，但是功能一样，选中哪片芯片时就可以对该芯片进行数据读写操作。

如果只驱动一个 SPI 总线芯片，则可以将 $\overline{SS}$ 片选信号去掉，得到简化版 SPI 总线，其原理为使用 SCLK 时钟对要输出(写入)的串行数据或要输入(读取)的串行数据进行移位操作，如图 10.11 所示。

温馨提示：SPI 总线通信有 4 种不同的模式，不同的 IC 可能在出厂时就已经配置好了。

配置为某种模式时，虽然后期可以更改，但通信双方必须工作在同一模式下，可以通过对主设备的 SPI 通信模式进行配置，主要通过设置 CPOL(时钟极性)和 CPHA(时钟相位)来控制主设备的通信模式。时钟极性 CPOL 用来配置 SCLK 的电平处于哪种状态时空闲

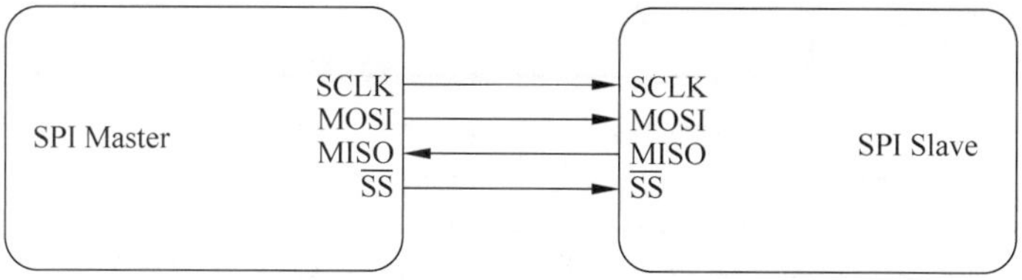

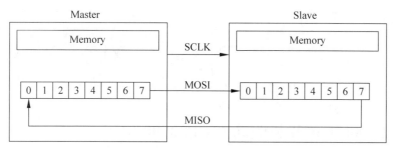

图 10.10　全功能 SPI 通信总线连线方式

图 10.11　简化版 SPI 通信数据传输原理

态或有效态,时钟相位 CPHA 用来配置数据采样是在第几个边沿,具体含义如下:

CPOL＝0 表示当 SCLK＝0 时处于空闲态,所以有效状态为 SCLK 处于高电平时;

CPOL＝1 表示当 SCLK＝1 时处于空闲态,所以有效状态为 SCLK 处于低电平时;

CPHA＝0 表示数据采样是在第 1 个边沿,数据发送在第 2 个边沿;

CPHA＝1 表示数据采样是在第 2 个边沿,数据发送在第 1 个边沿。

具体组合后 4 种模式的解释如下。

模式 1:CPOL＝0,CPHA＝0,此时处于空闲态,SCLK 处于低电平,数据采样是在第 1 个边沿,也就是说 SCLK 由低电平到高电平的跳变,所以数据采样是在上升沿,数据发送是在下降沿。

模式 2:CPOL＝0,CPHA＝1,此时处于空闲态,SCLK 处于低电平,数据发送是在第 1 个边沿,也就是 SCLK 由低电平到高电平的跳变,所以数据采样是在下降沿,数据发送是在上升沿。

模式 3:CPOL＝1,CPHA＝0,此时处于空闲态,SCLK 处于高电平,数据采集是在第 1 个边沿,也就是 SCLK 由高电平到低电平的跳变,所以数据采集是在下降沿,数据发送是在上升沿。

模式 4:CPOL＝1,CPHA＝1,此时处于空闲态,SCLK 处于高电平,数据发送是在第 1 个边沿,也就是 SCLK 由高电平到低电平的跳变,所以数据采集是在上升沿,数据发送是在下降沿。

4 种模式对应的时序如图 10.12 所示。

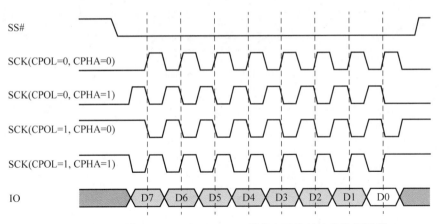

图 10.12　SPI 设置 CPOL 和 CPHA 4 种状态下的时钟和数据波形

10.3.2　8051 单片机驱动 MCP23S08 输出

MCP23S08 为串行接口的 8 位 I/O 扩展器,其 I/O 端口既可以作为输入又可以作为输出使用,该芯片的引脚实物对照位置如图 10.13 所示。

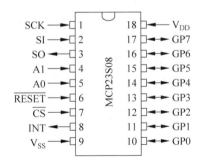

图 10.13　MCP23S08 引脚实物位置

通过前面章节对单片机 I/O 端口的学习,读者了解到单片机内部"外设"需要配置、初始化寄存器,然后这些"外设"才能正常工作。而总线外部设备也不例外,也需要初始化配置,有配置和初始化就涉及寄存器操作,理解这一点对于使用总线型外设非常重要。该芯片的内部逻辑原理如图 10.14 所示,该逻辑框图读者看起来是不是感觉似曾相识,是的,单片机内部外设框图也与此图差不多。该芯片的引脚说明见表 10.3。芯片作为输入使用的时序如图 10.15 所示,这里所讲的输入表示主机将数据传输给 MCP23S08 芯片。

通过查看表 10.3 的引脚功能说明,当 MCP23S08 仅作为输出 I/O 端口使用时,只需连接 3 根信号线,分别为串行时钟(SCK)、串行数据输入(SI)和片选信号($\overline{\text{CS}}$),最终得到的电路如图 10.16 所示,由于只使用了一片 SPI 总线芯片,$\overline{\text{CS}}$ 片选信号可以不连接,将其设置为该芯片可以正常工作的电平即可,感兴趣的读者可以自行尝试。

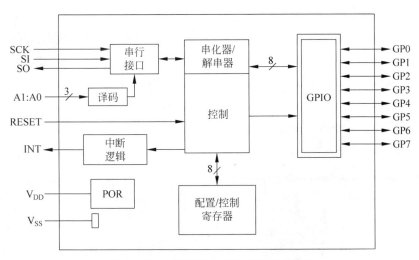

图 10.14 MCP23S08 芯片内部逻辑框图

表 10.3 MCP23S08 引脚功能

引脚名称	编号	类型	功　能	引脚名称	编号	类型	功　能
SCK	1	I	串行时钟输入	GP0	10	I/O	
SI	2	I/O	串行数据输入	GP1	11	I/O	
SO	3	I/O	串行数据输出	GP2	12	I/O	双向 I/O 引脚;可被使
A1	4	I	硬件地址输入,必须从外部偏置	GP3	13	I/O	能用于电平变化中断或
A0	5	I	硬件地址输入,必须从外部偏置	GP4	14	I/O	内部弱上拉电阻
$\overline{\text{RESET}}$	6	I	外部复位输入(低电平有效)	GP5	15	I/O	
$\overline{\text{CS}}$	7	I	外部片选输入(低电平有效)	GP6	16	I/O	
INT	8	O	中断输出,可被配置为高电平有效、低电平有效或开漏输出	GP7	17	I/O	
				V_{DD}	18	P	电源
V_{SS}	9	P	接地				

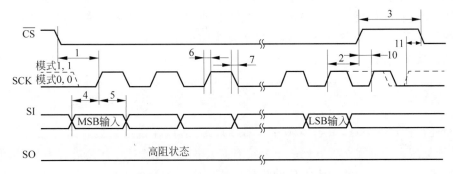

图 10.15 MCP23S08 SPI 输入时序图

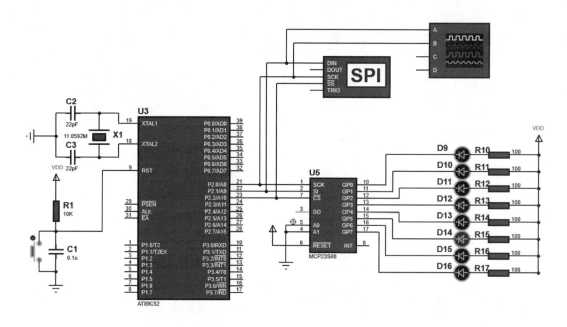

图 10.16　MCP23S08 作为输出使用电路

　　将图 10.15 时序图与 74HC595 时序图对比,读者有没有发现什么异同点? 作为输出使用只需关注 $\overline{CS}$、SCK 和 SI,SO 可以不用管,而相应的数据输出代码与 74HC595 的驱动代码差不多,但是 MCP23S08 功能比较多,所以多了寄存器初始化配置,记住"有多个寄存器的外设 IC 就有地址"这句话,非常重要。就好比一个酒店有多个房间一样,每个房间有唯一的门牌号,这样不至于客人找不到每个房间的具体位置,对于功能强大的芯片而言也是一样,为了能把芯片的功能安排得明明白白,需要给每个寄存器编上地址,该芯片所有寄存器地址及每个位的功能如图 10.17 所示。当然并不是每个寄存器都需要配置,例如本节只用到芯片的输出功能,所以只需配置与输出相关的寄存器。IODIR 寄存器用于将 I/O 端口配置为输入输出模式,如图 10.18 所示。在本例中将 I/O 配置为输出模式只需将 0x00 地址寄存器配置为 0x00,这样 8 个 I/O 端口都可作为输出使用。

　　输出配置模式的代码如下:

```
Write_MCP23S08(0x00,0x00); //(0:输出 1:输入)
```

　　这里还需要注意一点,由于该芯片有器件地址,所以在传送数据时需要先发送器件地址,器件地址怎么理解呢? 就好比一个公司有好几栋楼一样,对每栋楼进行编号,从外面看就知道是第几栋楼,这个相当于大楼的物理地址。该芯片的器件地址(并不是所有的 SPI 芯片都有器件地址)可以通过 A1、A0 引脚设置,如图 10.19 所示,在图 10.16 中电路的 A0、A1 接地,相当于 A0=A1=0,得到的器件地址为 0x40,完整的代码执行顺序为先发送器件

表 1-3:　　　　配置和控制寄存器

寄存器名称	地址(十六进制)	bit 7	bit 6	bit 5	bit 4	bit 3	bit 2	bit 1	bit 0	POR/RST 值
IODIR	00	IO7	IO6	IO5	IO4	IO3	IO2	IO1	IO0	1111 1111
IPOL	01	IP7	IP6	IP5	IP4	IP3	IP2	IP1	IP0	0000 0000
GPINTEN	02	GPINT7	GPINT6	GPINT5	GPINT4	GPINT3	GPINT2	GPINT1	GPINT0	0000 0000
DEFVAL	03	DEF7	DEF6	DEF5	DEF4	DEF3	DEF2	DEF1	DEF0	0000 0000
INTCON	04	IOC7	IOC6	IOC5	IOC4	IOC3	IOC2	IOC1	IOC0	0000 0000
IOCON	05	—	—	SREAD	DISSLW	HAEN *	ODR	INTPOL	—	--00 000-
GPPU	06	PU7	PU6	PU5	PU4	PU3	PU2	PU1	PU0	0000 0000
INTF	07	INT7	INT6	INT5	INT4	INT3	INT2	INT1	INT0	0000 0000
INTCAP	08	ICP7	ICP6	ICP5	ICP4	ICP3	ICP2	ICP1	ICP0	0000 0000
GPIO	09	GP7	GP6	GP5	GP4	GP3	GP2	GP1	GP0	0000 0000
OLAT	0A	OL7	OL6	OL5	OL4	OL3	OL2	OL1	OL0	0000 0000

*　MCP23008 上未使用。

图 10.17　寄存器地址与位定义

1.6.1 I/O方向(IODIR)寄存器
控制数据I/O的方向。
某个位置1后，对应的引脚成为输入。某个位清零后，
对应的引脚成为输出。

寄存器1-1:　　IODIR——I/O方向寄存器（地址：0x00）

R/W-1	R/W-1	R/W-1	R/W-1	R/W-1	R/W-1	R/W-1	R/W-1
IO7	IO6	IO5	IO4	IO3	IO2	IO1	IO0

bit 7　　　　　　　　　　　　　　　　　　　　　　　　　　　　　　　bit 0

bit 7-0　　IO7: IO0: 这些位控制数据I/O的方向<7:0>
　　　　　　1=引脚配置为输入
　　　　　　0=引脚配置为输出

图注:
R=可读位　　　　　　　　W=可写位　　　　　　U=未用位，读为0
−n=POR值　　　　　　　　1=置1　　　　　　　0=清零　　　　　　x=未知

图 10.18　MCP23S08 输入输出方向控制寄存器

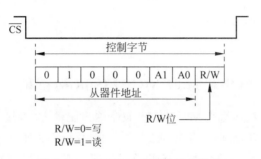

图 10.19　MCP23S08 器件地址定义

地址 0x40，再发送寄存器地址 0x00，最后发送控制数据 0x00。通过地址方式"由外到里"一层一层找到具体需要控制的寄存器位置，如图 10.20 所示。

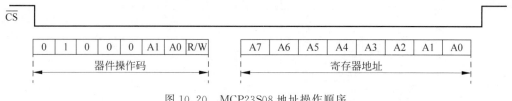

图 10.20　MCP23S08 地址操作顺序

最终得到 MCP23S08 数据写入方式的代码如下：

```
void Write_MCP23S08(unsigned char Addr, unsigned char Data)
{
MCP_CS = 0;
WriteSPI(0x40);           //写器件
WriteSPI(Addr);          //MCP23S08 写地址
WriteSPI(Data);          //MCP23S08 写数据
MCP_CS = 1;
return;
}
```

8051 单片机 MCP23S08 的输出控制代码可参考附件 Chapter10/51_SPI_I2C/51_MCP23S08_INPUT。

在 8051 单片机参考代码中，通过对 MCP23S08 输出锁存器数据操作，从而实现该芯片的输出控制功能，这部分功能与 74HC595 基本一样。输出锁存器的地址为 0x0A，如图 10.21 所示。完整的控制流程为先写入器件地址 0x40，再写入输出锁存器的地址 0x0A，最后写入要控制的数据～(0x01≪i)实现 LED 流水灯功能。

MCP23S08 实现 LED 流水灯效果的控制部分代码如下：

```
for(i = 0; i < 8; i++)
{
    Write_MCP23S08(0x0A, ～(0x01 ≪ i));
    Delay(100);
}
```

10.3.3　8051 单片机读取 MCP23S08 按键值

在 10.3.2 节中，读者熟悉了 MCP23S08 I/O 输出驱动方式，接下来一起熟悉该芯片的 I/O 输入功能，即读取 MCP23S08 按键数据后输入单片机中并驱动 LED 变化，8051 单片机驱动电路如图 10.22 所示，读者需留意 SPI 总线的连接方式，只是在图 10.16 的基础上增加了 SO 信号线连接。

1.6.11 输出锁存寄存器（OLAT）

OLAT 寄存器提供对输出锁存值的访问。从该寄存器读取数据将读取 OLAT，而不是端口本身。写该寄存器将修改输出锁存值，后者将修改配置为输出的引脚。

寄存器1-11：   OLAT——输出锁存寄存器0（地址：0x0A）

R/W-0	R/W-0	R/W-0	R/W-0	R/W-0	R/W-0	R/W-0	R/W-0
OL7	OL6	OL5	OL4	OL3	OL2	OL1	OL0

bit 7   bit 0

bit 7-0   OL7:OL0：这些位反映输出锁存上的逻辑电平<7:0>
                  1=逻辑高电平
                  0=逻辑低电平

图注：			
R=可读位	W=可写位	U=未用位，读为0	
-n=POR值	1=置1	0=清零	x=未知

图 10.21　MCP23S08 输出锁存器

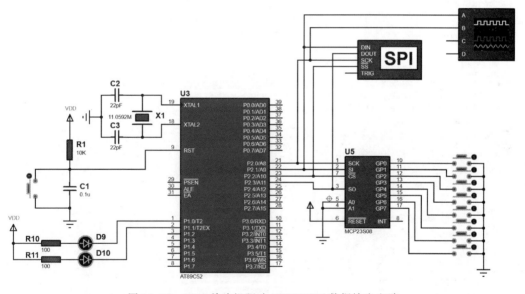

图 10.22　8051 单片机驱动 MCP23S08 数据输出电路

另外需要将控制输入输出功能寄存器（地址为 0x00）模式设置为输入模式，即写入 0xFF 数据，具体的代码如下：

```
Write_MCP23S08(0x00,0xFF); //0:输出模式;1:输入模式
```

主机读取 MCP23S08 的时序如图 10.23 所示，对比主机写入时序，增加了一个单片机 I/O 用来接收该芯片 SO 引脚输出的数据。

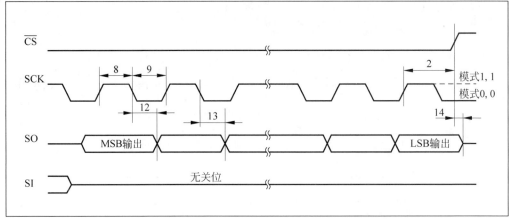

图 10.23　MCP23S08 输出时序

在读取 SPI 总线数据时,时钟还是由主机(8051 单片机)产生,SCK 每产生一次上升沿变化,SO 端口的数据从 MCP2308 内部寄存器移 1 位出来,循环 8 次可以传输一个完整的字节,具体的代码如下:

```c
unsigned char ReadSPI(void)
{
    unsigned char data_save;
    char j;
    SPI_CLK = 0;
    for (j = 0;j < 8;j++)
    {
        data_save <<= 1;
        SPI_CLK = 1;
        if(SPI_MISO == 1) data_save |= 0x01;
        else data_save &= 0xFE;
        SPI_CLK = 0;
    }
    SPI_MISO = 1;
    return(data_save);
}
```

再来看 MCP23S08 数据读取关键操作,在 8051 单片机的 I/O 输入章节介绍了输入上拉、下拉电阻问题,MCP23S08 端口作为输入使用时同样需要配置上拉,不然对地型按键连接方式会受到杂波干扰,该芯片上拉电阻配置寄存器如图 10.24 所示,寄存器地址为 0x06,将其配置为 0xFF,8 个输入引脚都被设置为上拉模式。

MCP23S08 上拉电阻的配置代码如下:

1.6.7 上拉电阻配置（GPPU）寄存器

GPPU寄存器控制端口引脚的上拉电阻。如果某个位
置1，并且对应引脚配置为输入，则对应端口引脚将
用100kΩ电阻进行内部上拉。

寄存器1-7： GPPU——GPIO上拉电阻寄存器（地址：0x06）

R/W-0	R/W-0	R/W-0	R/W-0	R/W-0	R/W-0	R/W-0	R/W-0
PU7	PU6	PU5	PU4	PU3	PU2	PU1	PU0

bit 7   bit 0

bit 7-0   PU7:PU0：这些位控制每个引脚上的弱上拉电阻器（配置为输入时）<7:0>
            1=上拉使能
            0=上拉禁止

图注：			
R=可读位	W=可写位	U=未用位，读为0	
−n=POR值	1=置1	0=清零	x=未知

图 10.24　MCP23S08 上拉电阻配置寄存器

```
Write_MCP23S08(0x06,0xFF);      //1:上拉使能;0:上拉关闭
```

实现 8051 单片机读取 MCP23S08 端口数据并控制 LED，通过查看数据手册，可以得到
该芯片端口输入寄存器的地址为 0x09，如图 10.25 所示，当按下连接 GP0 引脚按键时，可以
读取该寄存器数值，通过 switch 语句判断将 D9 点亮，松开后 D9 熄灭，代码运行效果如
图 10.26 所示。

1.6.10 端口（GPIO）寄存器

GPIO寄存器将反映端口上的值。从该寄存器读取数
据时将读取端口。写入该寄存器将修改输出锁存
（OLAT）寄存器。

寄存器1-10： GPIO——通用I/O端口寄存器（地址：0x09）

R/W-0	R/W-0	R/W-0	R/W-0	R/W-0	R/W-0	R/W-0	R/W-0
GP7	GP6	GP5	GP4	GP3	GP2	GP1	GP0

bit 7   bit 0

bit 7-0   GP7:GP0：这些位反映引脚上的逻辑电平<7:0>
            1=逻辑高电平
            0=逻辑低电平

图注：			
R=可读位	W=可写位	U=未用位，读为0	
−n=POR值	1=置1	0=清零	x=未知

图 10.25　MCP23S08 输入寄存器

读取 MCP23S08 输入端口寄存器数据并控制 LED 的部分代码如下：

```
switch(Read_MCP23S08(0x09)))//读取端口输入数据
{
    case 0xFE:
        LED1 = 0;         //点亮 LED
    break;

    case 0xFB:
        LED2 = 0;         //关闭 LED
    break;
}
```

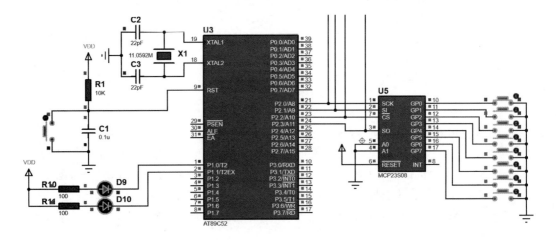

图 10.26 8051 单片机读取 MCP23S08 按键数据电路

需要注意的是,MCP23S08 作为端口输出功能时,器件的地址为 0x40,但是在读取该芯片数据时器件的地址却变为 0x41,这是为什么? 通过仔细查看芯片数据手册,会发现 SPI 总线器件地址最后一位为该芯片读写控制位,参考图 10.19,该位为 0 时代表向器件写入数据,而该位为 1 时代表从器件读取数据,所以读取数据时器件的地址为 0x41。

MCP23S08 读取寄存器的关键代码如下:

```
unsigned char Read_MCP23S08(unsigned char Addr)
{
    unsigned char Dummy;
    MCP_CS = 0;                //芯片使能
    WriteSPI(0x41);            //写操作地址
    WriteSPI(Addr);            //写寄存器地址
    Dummy = ReadSPI();         //读取器件数据
    MCP_CS = 1;                //芯片失能
    return (Dummy);
}
```

10.4 I²C 总线驱动 PCA9554

10.4.1 I²C 总线简单介绍

I²C 的全称为 Inter-Integrated Circuit,读作 I 方 C。I²C 多设备连接方式如图 10.27 所示,与 SPI 总线一样,I²C 总线也有基本时序图,由于只使用两根物理导线通信,一根为 SCL,用于产生时钟信号,另外一根为 SDA,用于数据收发。I²C 的完整时序如图 10.28 所示,初看这张时序图时的确会感觉有点复杂,这里给读者简单梳理下 I²C 总线几个关键的部分,这样有助于理解。第 1 个是起始信号,第 2 个是停止信号,如图 10.29 所示,这也是读者所熟知的起始位和停止位,另外还有数据位。这 3 个是 I²C 使用时的最基本条件,剩下的 I²C 其他使用条件暂时先放一放,接下来一起看一下这 3 个基本条件如何实现。

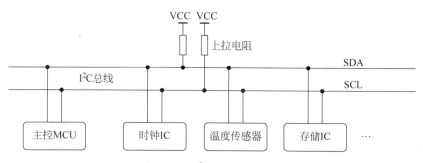

图 10.27 I²C 设备连接方式

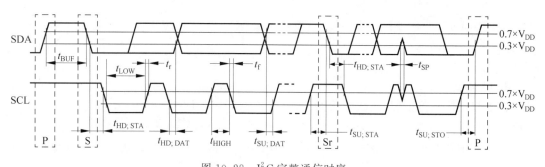

图 10.28 I²C 完整通信时序

下面通过 8051 单片机 I/O 模拟产生 I²C 信号来熟悉 I²C 的基本操作。

1. 起始位

从时序图 10.29 中可以得到刚开始时 SDA 和 SCL 都为高电平,短暂延时($>4.7\mu s$)后 SDA 变为低电平,再短暂延时($>4\mu s$)后将 SCL 置为低电平,完整起始位实现代码如下(其中 NOP()用于延时):

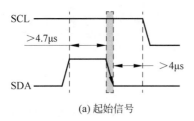
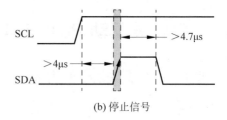

(a) 起始信号　　　　　　　　　　　　(b) 停止信号

图 10.29　I^2C 起始、停止信号时序

```
void I2C_Start()
{
    SCL = 1;NOP();
    SDA = 1;NOP();
    SDA = 0;NOP();
    SCL = 0;NOP();
}
```

2. 停止位

同样,在时序图 10.29 里面可以得到刚开始时 SDA 和 SCL 都为低电平,先将 SCL 设置为高电平并保持一段时间($>4\mu s$),然后将 SDA 设置为低电平并保持一段时间($>4.7\mu s$),完整停止位的代码如下:

```
void I2C_Stop()
{
    SDA = 0;NOP();
    SCL = 0;NOP();
    SCL = 1;NOP();
    SDA = 1;NOP();
}
```

3. 数据位

有了起始位和停止位,还缺少数据位,数据传输时序如图 10.30 所示,可以得知传输一个比特位只需先将 SCL 和 SDA 设置为低电平,然后将 SDA 设置为要传输数据位电平,即该位值为 0 则置为低电平,该位值为 1 则置为高电平,最后将 SCL 置为高电平并保持一段

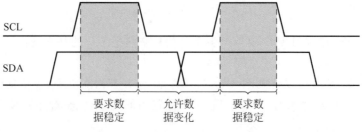

图 10.30　I^2C 总线传输数据示意

时间再置为低电平,从而完成一个比特位的数据传输,如此循环 8 次便可完成一字节的数据传输。

完整 I^2C 写一字节数据的代码如下:

```
void I2C_Write_Byte(unsigned char dat)
{
    unsigned char i;
    for(i = 8; i!= 0; i-- )
    {
        if(dat & 0x80)
        SDA = 1;
        else SDA = 0;
        SCL = 1;NOP();
        SCL = 0;NOP();
        dat = dat << 1;
    }
    SDA = 0;NOP();
    SCL = 1;NOP();
    SCL = 0;NOP();
}
```

实现了上面 3 个 I^2C 使用的基本条件,接下来一起驱动 PCA9554 这款 I^2C 扩展芯片。

10.4.2 输出控制流水灯

PCA9554 为一款 I^2C 扩展 I/O 芯片,P0～P7 端口既可以作为输入使用也可以作为输出使用,该芯片的实物引脚位置如图 10.31(a)所示,内部数字逻辑原理如图 10.31(b)所示,该芯片输出端口的数字逻辑原理如图 10.32 所示,引脚功能见表 10.4,最终得到的 8051 单片机测试电路如图 10.33 所示。

8051 单片机驱动 PCA9554 的完整版流水灯代码可参考附件 Chapter10/51_PCA9554_I2C_LED_FLOW。

其中与 PCA9554 寄存器配置相关的代码如下:

```
void PCA9554A_Config(unsigned char date )
{
    I2C_Start();
    Delay(20);
    I2C_Write_Byte(ADDR);   //器件地址
    Delay(20);
    I2C_Write_Byte(0x03);   //写寄存器地址
    Delay(20);
    I2C_Write_Byte(date);   //写寄存器数据
    Delay(20);
    I2C_Stop();
}
```

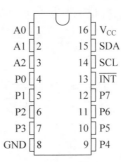

(a) 引脚

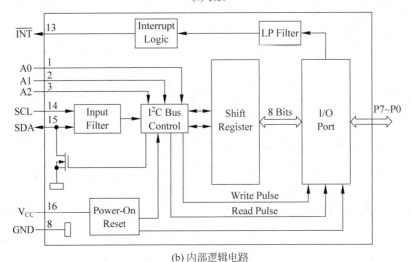

(b) 内部逻辑电路

图 10.31　PCA9554 引脚对照与内部逻辑框图

表 10.4　PCA9554 引脚功能

引脚名称	编号	功　　能	引脚名称	编号	功　　能
A0	1	地址输入,直接连接 V_{CC} 或 GND	P6	11	P 端口输入/输出,推挽结构设计
A1	2	地址输入,直接连接 V_{CC} 或 GND	P7	12	P 端口输入/输出,推挽结构设计
A2	3	地址输入,直接连接 V_{CC} 或 GND	$\overline{INT}$	13	中断输入,需要在 V_{CC} 与该引脚之间接上拉电阻
P0	4	P 端口输入/输出,推挽结构设计			
P1	5	P 端口输入/输出,推挽结构设计	SCL	14	串行时钟总线,需要在 V_{CC} 与该引脚之间接上拉电阻
P2	6	P 端口输入/输出,推挽结构设计			
P3	7	P 端口输入/输出,推挽结构设计	SDA	15	串行数据总线,需要在 V_{CC} 与该引脚之间接上拉电阻
GND	8	地			
P4	9	P 端口输入/输出,推挽结构设计	V_{CC}	16	电源
P5	10	P 端口输入/输出,推挽结构设计			

　　不同型号芯片器件的地址略微有点不同,本节使用的芯片型号为 PCA9554,A0、A1、A2 接地,最后一位用来控制读写,如图 10.34 所示。由于本例中只使用了写操作,所以对应

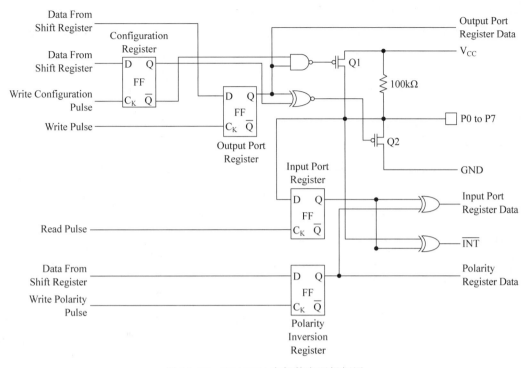

图 10.32　PCA9554 内部数字逻辑框图

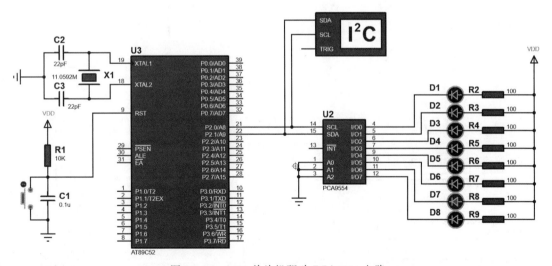

图 10.33　8051 单片机驱动 PCA9554 电路

的器件地址为 0x40,看到这里读者是不是感觉 I^2C 总线数据写入与 SPI 总线有相似之处,都是先写器件地址,然后写寄存器地址,最后写寄存器数据,如图 10.35 所示。就好像在现实生活中要找一个具体的地方,先找到建筑物,再去找楼栋,最后进入楼层里面找房间号。

技术来源于生活,同时又服务于生活。

温馨提示:I^2C 芯片一定会有器件地址,否则它无法在同一条总线上挂载多个 I^2C 设备。

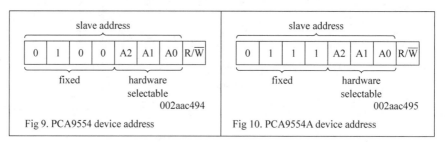

图 10.34 不同型号 PCA9554 器件地址

PCA9554 的 P 端口输入输出控制寄存器的地址为 0x03,如图 10.35 所示,本节中端口作为输出功能使用,所以将该寄存器的值配置为 0x00,该器件 I^2C 写寄存器数据格式如图 10.36 所示。

Bit	Symbol	Access	Value	Description
7	C7	R/W	1*	configures the directions of the I/O pins
6	C6	R/W	1*	0 = corresponding port pin enabled as an output
5	C5	R/W	1*	1 = corresponding port pin configured as input
4	C4	R/W	1*	(default value)
3	C3	R/W	1*	
2	C2	R/W	1*	
1	C1	R/W	1*	
0	C0	R/W	1*	

图 10.35 端口方向配置寄存器地址

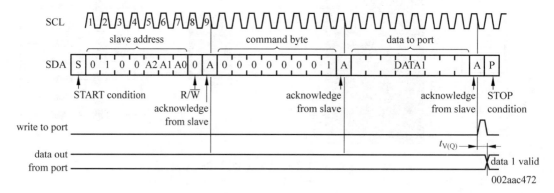

图 10.36 PCA9554 写寄存器数据格式

输出控制寄存器与模式寄存器的配置方式与 P 端口寄存器的配置方式相似,如图 10.37 所示,只是输出控制寄存器的地址为 0x01,完整的驱动 PCA9554 端口输出控制流水灯的代码可参考附件 Chapter10/51_PCA9554_I2C_LED_FLOW。

Bit	Symbol	Access	Value	Description
7	O7	R	1*	reflects outgoing logic levels of pins defined as outputs by Register 3
6	O6	R	1*	
5	O5	R	1*	
4	O4	R	1*	
3	O3	R	1*	
2	O2	R	1*	
1	O1	R	1*	
0	O0	R	1*	

图 10.37　输出端口寄存器

8051 单片机 I^2C 总线控制 PCA9554 流水灯的 main 函数的代码如下:

```
void main()
{
    unsigned char i,LED_Value;
    PCA9554A_Config(0x00);
    Delay(100);

    while(1)
    {
        for(i = 0; i < 8; i++)
        {
            LED_Value = ~(0x01 << i);
            PCA9554A_Write(LED_Value);
            Delay(200);
        }
    }
}
```

10.4.3　读取 I^2C 输入数据控制 LED

8051 单片机读取 PCA9554 按键输入数据的电路如图 10.38 所示,由于该芯片内部有上拉电阻,所以电路中按键可以直接用对地方式连接。

读取 I^2C 器件数据,根据图 10.28 时序图得到完整读取操作步骤为先将 SDA 置为高电平,然后将 SCL 由低电平变为高电平,器件输出数据在 SDA 上保持稳定,然后将数据移位保存,再将 SCL 置为低电平,继续读取下一位数据,如此循环 8 次可以完整地接收一字节数据,8051 单片机模拟 I^2C 读取该器件的代码如下:

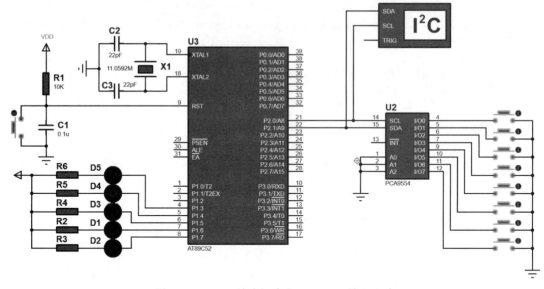

图 10.38　8051 单片机读取 PCA9554 输入电路

```
unsigned char I2C_read( void )
{
    unsigned char i, dat = 0;
    SDA = 1; NOP( ); NOP( );
    for( i = 0; i < 8; i++ )
    {
        SCL = 1;
        NOP( ); NOP( );
        dat << = 1;
        dat| = SDA;
        NOP( ); NOP( );
        SCL = 0;
    }
    return dat;
}
```

　　读取 I^2C 数据与写数据有一点不同,即需要发送应答信号,如图 10.39 所示,否则从机端(器件端)不知道此时主机端(单片机端)是要继续读取数据还是已经读取数据。将应答和非应答写在同一个函数中,两者的区别在于应答时 SDA 为低电平,非应答时 SDA 为高电平,应答信号的时序如图 10.40 所示。

　　8051 单片机模拟 I^2C 总线发送应答信号的代码如下:

```
void I2C_sendAck( bit ack )
{
    SDA = ack;
    SCL = 1;
    NOP();NOP();NOP();NOP();
    NOP();NOP();NOP();NOP();
    NOP();NOP();
    SCL = 0;
    NOP();NOP();NOP();NOP();
    NOP();NOP();NOP();NOP();
    NOP();NOP();
}
```

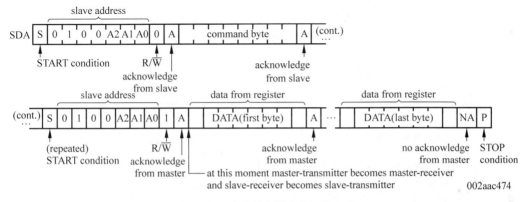

图 10.39　读取寄存器数据操作方式

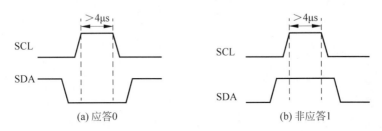

图 10.40　应答和非应答信号

I^2C 总线数据传输使用同一条数据线 SDA,读取数据方式与 SPI 总线读取数据方式有很大区别,具体读取步骤如下。

第 1 步:写入器件地址 0x40,这一步与部分 SPI 总线设备差不多。

第 2 步:告诉器件要控制哪个寄存器,本节中需要读取的寄存器 0 的地址为 0x00,如图 10.41 所示。在图 10.39 的上半部分为第 1 步和第 2 步,图中 command byte 为端口数据寄存器的地址 0x00。

第 3 步:告诉器件需要读取寄存器数据,写入数据 0x41,最后一位为高电平 1,代表读操作,在器件的地址操作里面有说明。

第 4 步:按位接收 I^2C 数据。

第 5 步:告诉器件数据接收完成,发送非应答位,最后发送停止位。

Bit	Symbol	Access	Value	Description
7	I7	read only	X	determined by externally applied logic level
6	I6	read only	X	
5	I5	read only	X	
4	I4	read only	X	
3	I3	read only	X	
2	I2	read only	X	
1	I1	read only	X	
0	I0	read only	X	

图 10.41　端口输入寄存器

8051 单片机 I^2C 寄存器完整数据读取的代码如下:

```
unsigned char I2C_fromDevice( unsigned char deviceAddr, unsigned char datAddr   )
{
        unsigned char dat;
        I2C_Start();
        I2C_Write_Byte(deviceAddr);
        I2C_Write_Byte(datAddr);
        I2C_Start();
        I2C_Write_Byte(deviceAddr + 1);
        dat = I2C_read();
        I2C_sendAck(1);
        I2C_Stop();
        return dat;
}
```

思考与拓展

(1) SPI 总线与 I^2C 总线是单片机中使用最多的两种总线,很多初学者很难理解这两种总线,市面上有很多使用 SPI 总线方式的变形,这些芯片只作为输出使用,没有输入数据线,所以也就没有寄存器配置,74HC595 只是其中的一个典型,有些数字电位器也是这样的使用方式。

(2) I^2C 器件一定会有器件地址,一般通过外部引脚配置,而 SPI 总线芯片由于有片选信号,所以并不是所有的 SPI 芯片都会有器件地址,如图 10.42 所示。

(3) 除了 SPI 和 I^2C 总线,还有 SDIO 总线普通单片机也可以用。当然 SATA、USB、PCIE 也是总线,但是它们的接口电平和频率不是普通单片机所能驱动的,感兴趣的读者可以进一步去了解。

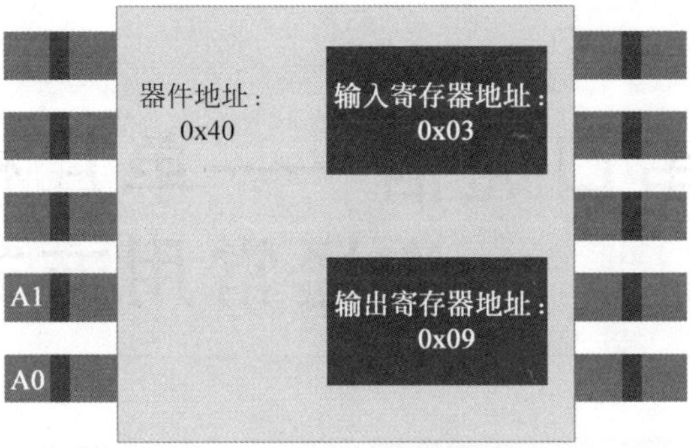

图 10.42　器件地址与寄存器地址示意

（4）学到这里，读者是否会有一些感想？单片机学习过程中，其实就是在学习一些有规律的数字电平使用方式，这种有规律的读写控制也是行业的一些规范，例如 I^2C 总线为飞利浦公司定义的规范，如果在使用单片机的过程中发现有一种更方便而且非常实用的总线控制方式，也可以将其整理成一种总线规范，并申请专利。

（5）为什么有些 I^2C 总线要接上拉电阻，而有些不需要？因为有些单片机内部支持上拉电阻配置，为了保险起见，读者所见到的 I^2C 总线电路都会额外加上拉电阻，可根据实际情况选择焊接或不焊接。

（6）由于 SPI 和 I^2C 总线对单片机初学者来讲短时间难以理解，本章列举的两种典型芯片使用方式比较直观，但是有些 I^2C 总线芯片的使用方式并不那么友好，当操作方式不对时数据读取不出来，本章还有一个 SHT20/HTU20D 传感器 I^2C 总线例子，由于在软件中的仿真效果和实际芯片中工作效果有差异，特地将在实物上能运行的代码整理出来，读者可以参考附件 Chapter10/51_SHT21_I2C_INPUT。

第 11 章　串口通信——单片机与外界沟通常用方式

11.1　原始通信方式与基本模式

　　先一起来看一种原始的通信方式,假如你想与小明家建立联系,小明家装了一个开关,用于控制安装在你家的一个灯泡,同样在你家装了一个开关,用于控制小明家的一个灯泡,你们双方约定只要谁按下开关后灯泡点亮,就一起在村口某处集合去玩,这样就能实现简单的信号传递。这种通信方式存在一个问题,灯泡亮灭能传递的信息量有限。于是你们进一步商量并约定,灯泡闪烁一下、两下、三下分别代表对方有空、对方忙碌、其他原因,然后你们又可以通过这种方式愉快地沟通。这样还是不能满足你们对大量信息传输的需求,所以进一步商讨,将灯泡亮灭单位时间约定为 1s,然后将 8 个 1s 组成一组数据并进行编码,这样所能传递的信息量更丰富,然后双方也能通过约定的编码读懂对方的意思,也不会耽误太多的时间,这就是一个简单的串行通信原型。使用灯泡作为原始通信模型,如图 11.1 所示。

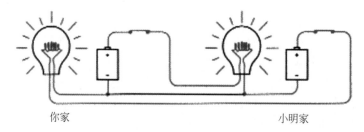

你家　　　　　　　　　　　　小明家

图 11.1　使用灯泡原始通信模型

11.1.1　单工通信模式

　　通信双方发送器与接收器分工明确,只能由发送器向接收器单一固定方向上传送数据。单工通信模型如图 11.2 所示。

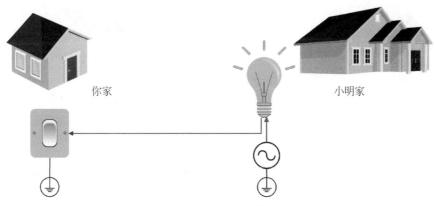

图 11.2　单工通信模式

11.1.2　半双工通信模式

你和小明家只通过两根导线连接,其中一根为地线,另外一根为公共信号线,如图 11.3 所示,这样在任何时候,你们两人只能其中一方控制灯亮灭,这种通信方式称为半双工通信, 也就是通信可以双向传输。但是任何时候只能一方控制通信,必须等其中一方通信完成,另一方才可以继续通信。

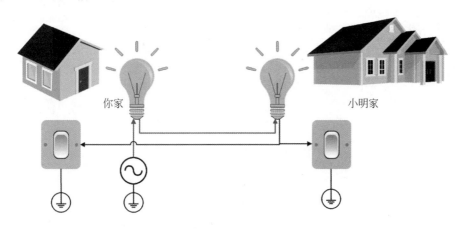

图 11.3　半双工通信

11.1.3　全双工通信模式

你和小明家通过三根导线连接,一根地线,其他两根是信号线,在你控制小明家灯亮灭的同时,小明也可以控制你家灯亮灭,这种通信方式称为全双工通信,如图 11.4 所示,也就是说,在其中一方发送信号的同时也可以接收对方的信号,彼此可以独立传输,互不干扰。

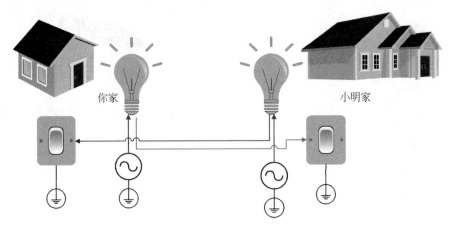

图 11.4　全双工通信

11.2　串口通信由来

在计算机科学发展的早期,主要采用的通信方式为并行通信,并行通信模型如图 11.5 所示,发送端和接收端通过多条导线连接,数据通过这些导线传送给接收端,早期的 IDE 硬盘接口和打印机使用的就是并口通信方式。

并行通信优点:一次能同时传输多位数据,相对来讲速度快。

并行通信缺点:传输 n 位数据需要 n 条导线,远距离传输线路铺设麻烦、成本高。

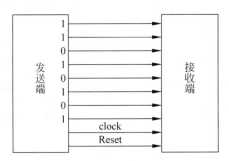

图 11.5　并口通信

读者可以思考一下,其实在很多场合并不需要高速、大数据量传输,能不能对并行通信进行优化?将多条数据线压缩成一条数据线传输,如图 11.6 所示。细心的读者可能会注意到,这种优化后的数据传输方式还包含了 clock 时钟信号和 Reset 复位信号。clock 时钟信号是用来确保发送端和接收端信号同步的一种方法,所谓信号同步就是两者在一个约定好的时间收发数据。例如发送端发送数据时,接收端在 clock 时钟上升沿取样数据,发送方就会在 clock 的上升沿时确保数据是稳定且有效的。这样数据在每个 clock 的上升沿(或下降沿,这种方式一般很少用)将数据一位一位地传输出去,这样一来,至少还需要一根 clock 信号才能正常工作,而如果发送端和接收端足够可靠,两端的初始状态都一样且传输的过程中保证没有出错,这样 Reset 复位信号并不是必需的,去掉 Reset 复位信号传输数据的模型如图 11.7 所示。

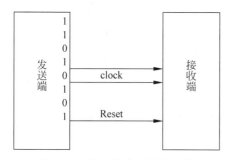 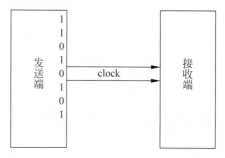

图 11.6　并口优化后串行通信　　　　　图 11.7　无复位信号串行通信

以上这种通信模型其实就是 UART 早期的通信方式,叫作 USRT(Universal Synchronous Receiver/Transceiver)同步串行通信,在第 10 章中学习的 I²C 和 SPI 总线就属于同步通信方式。那么有没有办法再省一根线呢? 把 clock 也去掉,只通过数据线传输信号,这样一来接收端又该如何知道用什么样的速度来接收数据呢? 无 clock 时钟通信的模型如图 11.8 所示。

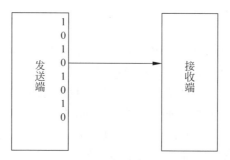

图 11.8　无时钟信号串行通信

计算机科学家提出了这样一个解决思路,可以在收发端事先约定好用一样的速率来发送和接收数据。于是在 UART 通信上就出现了波特率这个概念,波特指的是串行传输的基本单位,也就是 bit,发送端和接收端设定一样的波特率(传输速度)。例如常用的 115 200b/s,代表每秒传输 115 200 个 bit,读者是不是感觉传输速度好快! 每个 bit 占用的时间为 $1/115\,200=8.68\mu s$,也就是说,接收方每隔 $8.68\mu s$ 就读取一个比特位,如图 11.9 所示。这也是 UART 为什么通信时要设定波特率才能使用的原因,这种通信方式没有 clock 时钟同步信号,发送端和接收端两边需要用这种事先约定好的方式才能正常工作。如果你用 9600b/s 的速度来接收使用 115 200b/s 发送的数据,接收的将是一堆错误的数据。如果使用了校验位,则很大可能你什么数据都接收不到。

这里又有新的问题产生了,读者要怎么才能知道什么时候开始接收数据呢? 计算机科学家的解决方案是给每帧数据定义一个起始位,UART 的总线在没有传输数据时,让它一直保持在高电平状态,如图 11.10 所示。

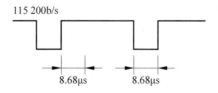

图 11.9　115 200 波特率下每位的传输时间

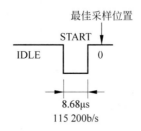

图 11.10　串口通信起始位

　　假设读者传输一字节的内容为 0xC5,UART 传输的格式为 115 200,8,N,1(115 200 波特率,8 位数据位,无校验,1 位停止位),它的波形会是什么样呢? 0xC5 换算成二进制为 1100 0101,再加上 1 个起始位(Start Bit)和 1 个停止位(Stop Bit),完整波形如图 11.11 所示。由于 UART 在没有传输数据时,逻辑位状态保持高电平,因此当起始位到来时,UART 的电压就会变低,变成逻辑低电平位状态,接收端检测到起始位的电压变化,就知道有数据要传送过来。通过事先约定好的波特率,接收端得知每个比特位应该要维持多久,例如波特率为 115 200b/s,那么每个 bit 的时间长度为 8.68μs,依次从起始位造成的那个电压下降沿开始计算 8.68μs,之后就是第 1 个数据位的开始。在实际串口数据传输过程中,停止位和校验位的重要性不是那么明显。某串口助手界面如图 11.12 所示,可以看到串口设置一栏分别有端口、波特率、数据位、校验位、停止位和流控。

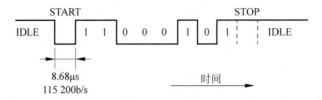

图 11.11　UART 完整通信格式

　　在上面介绍的串口传送数据模型中,因为在电路板上芯片一般共用参考地,所以只使用一根线传输数据,能实现的通信模式只有单工模式。实际使用串口实现全双工通信需要 3 根线,分别为 TX(发送端)、RX(接收端)和 GND,其中 GND 为参考地。

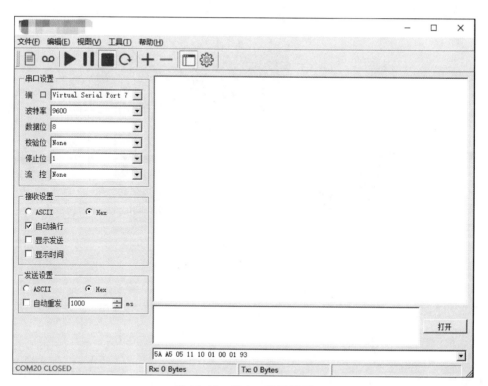

图 11.12　某串口设置界面

早期的串口通信电路并不是集成在单片机内部电路中,而是通过软件模拟的方式实现,随着这种通信方式的普遍应用,现在的单片机硬件内部都集成了串口控制器(相当于一个外挂芯片),通过简单的配置就可以非常方便地实现串口通信。

11.3　串口通信单片机实现

11.3.1　8051 单片机串口通信

在 11.2 节中读者熟悉了串口通信的基本原理,而要实现串口通信只需将它的寄存器配置好,STC 系列 8051 单片机串口 3 的实物连接方式如图 11.13 所示,它与串口下载电路共用。8051 单片机串口的内部收发逻辑原理如图 11.14 所示,串口内部收发简化逻辑原理如图 11.15 所示。串口通信需要用到的相关寄存器见表 11.1,这些寄存器都可以在 reg52.h 头文件中找到,如 sfr SCON＝0x98;sfr PCON＝0x87,串口工作模式设置的具体含义见表 11.2。

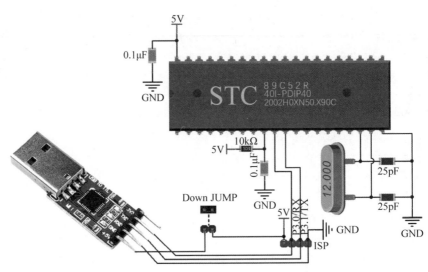

图 11.13　8051 单片机串口通信连接

表 11.1　8051 单片机串口寄存器内容

符　号	地　址	位地址及符号								复　位　值
		MSB							LSB	
SCON	98H	SM0	SM1	SM2	REN	TB8	RB8	TI	RI	1111 1111B
PCON	87H	SMOD								

表 11.2　8051 单片机串口工作方式

SM0	SM1	方　式	说　明	波　特　率
0	0	0	移位寄存器	Fosc/12
0	1	1	10 位异步收发器(8 位数据)	可变
1	0	2	11 位异步收发器(9 位数据)	Fosc/64 或 Fosc/32
1	1	3	11 位异步收发器(9 位数据)	可变

　　8051 单片机串口 0 波特率通过定时器 T1 产生,不知道读者还有没有印象,在第 9 章介绍定时器时末尾留了一个定时器通信问题,串行口的 4 种工作方式对应 3 种波特率,由于输入的移位时钟来源不同,所以各种方式的波特率计算公式也不相同,具体如下。

　　方式 0:波特率=Fosc/12。

　　方式 1:波特率=$(2^{SMOD}/32) \times (T1$ 溢出率$)$,2^{SMOD} 为定时器工作模式 2。

　　方式 2:波特率=$(2^{SMOD}/64) \times Fosc$。

　　方式 3:波特率=$(2^{SMOD}/32) \times (T1$ 溢出率$)$。

　　当 T1 作为波特率发生器时,最典型的用法是使 T1 工作在自动再装入的 8 位定时器方式,即方式 2,并且使用 TCON 的 TR1=1 启动定时器。这时溢出率取决于 TH1 中的计数值。在 8051 单片机中为了方便波特率计算,晶振的选用常常比较特殊,这也是为什么在很

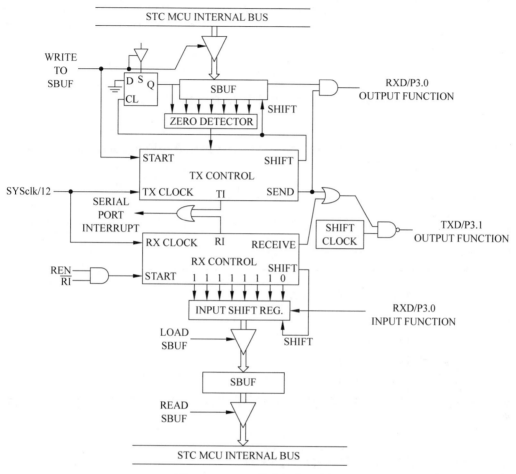

图 11.14 8051 单片机串口内部

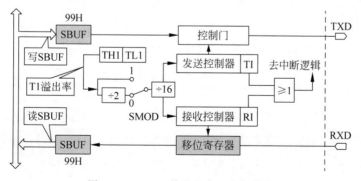

图 11.15 8051 单片机串口内部简化

多电路中经常能看到 11.0592MHz 晶振的原因。

$$T1 溢出率 = Fosc / \{12 \times (256 - TH1)\} \tag{11.1}$$

在单片机的应用中,常用的晶振频率为 12MHz 和 11.0592MHz,所以选用的波特率也相对固定,波特率的具体计算方式可参考式(11.1),常用的串行口波特率及各参数的关系见表 11.3。

表 11.3　8051 单片机波特率与定时器 1 的参数关系

串口工作方式及波特率/(b/s)		Fosc/MHz	SMOD	定时器 T1		
				C/T	工作方式	初值
方式 1、方式 3	62 500	12	1	0	2	FFH
	19 200	11.0592	1	0	2	FDH
	9600	11.0592	0	0	2	FDH
	4800	11.0592	0	0	2	FAH
	2400	11.0592	0	0	2	F4H
	1200	11.0592	0	0	2	E8H

8051 单片机串口配置的步骤具体如下。

第 1 步:确定 T1 的工作方式(配置 SMOD 寄存器)。

第 2 步:计算 T1 的初值,装载 TH1、TL1。

第 3 步:启动 T1(TCON 中的 TR1 位赋值)。

第 4 步:确定串行口控制(配置 SCON 寄存器)。

串行口在中断方式工作时,要配置中断(编程 IE、IP 寄存器),8051 单片机串口通信的完整实验代码可参考附件 Chapter11/51_USART。

11.3.2　PIC16 单片机串口通信

PIC16F877A 串口通信实验的实物连接方式如图 11.16 所示,PIC16 单片机串口的内部逻辑原理如图 11.17 所示,为了让 PIC16 单片机串口工作,同样只需配置串口相关寄存器。串口配置相关寄存器见表 11.4,然后往 TXREG 寄存器传送数据,串口就会将数据发送出去,而接收数据则只需读取 RCREG 寄存器就能接收到外部发送过来的数据。

表 11.4　PIC16 串口配置寄存器

描　述	地　址	位地址及符号							
		MSB							LSB
TXSTA	98H	CSRC	TX9	TXEN	SYNC	—	BRGH	TRMT	TX9D
RCSTA	18H	SPEN	RX9	SREN	CREN	ADDEN	FERR	OERR	RX9D
SPBRG	99H	波特率产生寄存器							

PIC 串口波特率计算方式如下(X 为 SPBRG 的值,范围为 0~255,Fosc 为晶振频率)。

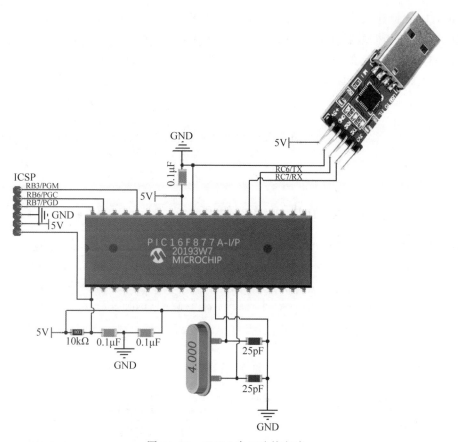

图 11.16　PIC16 串口连接方式

FIGURE 10-1: USART TRANSMIT BLOCK DIAGRAM

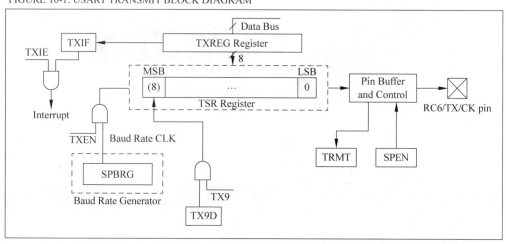

图 11.17　PIC 串口内部框图

BRGH＝0 低速模式(异步方式)：Baud Rate＝Fosc/(4(X＋1))。

BRGH＝1 高速模式：Baud Rate＝Fosc/(16(X＋1))。

PIC16 单片机串口的完整收发代码可参考附件 Chapter11/PIC_USART,示例中的串口设置(晶振频率为 4MHz),波特率＝4 000 000/(16×(25＋1))≈9615,具体寄存器的配置代码如下：

```
SPBRG = 0X19;          //设置波特率为 9600b/s
TXSTA = 0X24;          //使能串口发送,选择高速波特率
RCSTA = 0X90;          //使能串口工作,连续接收
```

11.3.3　MSP430 单片机串口通信

MSP430G2553 串口通信的实物电路连接方式如图 11.18 所示,其内部逻辑原理如图 11.19 所示。MSP430 单片机比较特殊,它的串口通信由一个统称为 USCI(Universal Serial Communications Interface)的片上外设处理。USCI 外设可以处理多种串口通信格式,包含同步和异步通信,如 SPI、I^2C、IrDA、UART 等。MSP430G2553 内部有两个 USCI 模块,分别为 USCI_A0 和 USCI_B0,前者可以配置后用于处理 LIN、IrDA、SPI 和 UART 通信,而后者可以用于处理 SPI 和 I^2C 通信,USCI 字符传输格式如图 11.20 所示,USCI 初始化寄存器见表 11.6,数据发送寄存器见表 11.7。

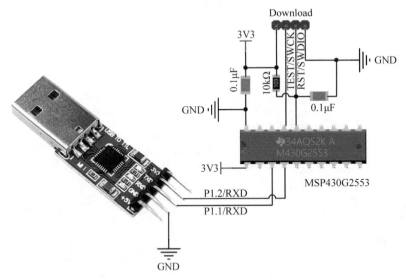

图 11.18　MSP430 串口连接方式

波特率计算方式如下：

N＝BRCLK/波特率。

波特率＝BRCLK/N＝BRCLK/(UBR＋(M7＋M6＋…＋M0)/8)。

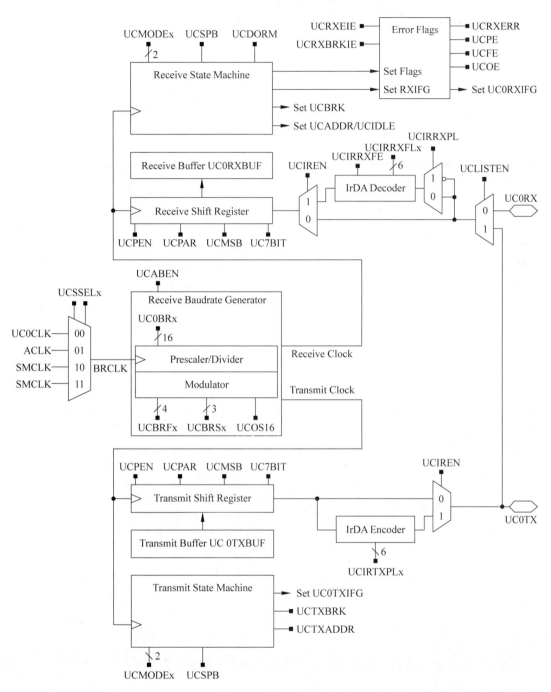

图 11.19 MSP430 USCI_Ax 模块框图：串口模式（UCSYNC＝0）

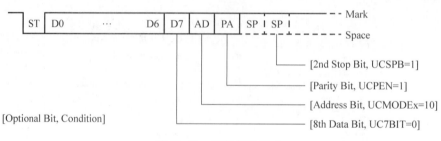

图 11.20　字符传输格式

表 11.5　初始化寄存器

描　述	地址	说　　明	位地址及符号			
			MSB			LSB
DCOCTL	56H	时钟寄存器	DCOx		MODx	
BCSCTL1	57H	时钟寄存器	XT2OFF	XTS	DIVAx	RSELx
TACCTL0	162H	Timer_A 寄存器、捕获比较控制寄存器	波特率产生寄存器			
TACCTL1	164H	Timer_A 寄存器、捕获比较控制寄存器				
TACTL	160H	Timer_A 寄存器、控制寄存器				TASSELx
			IDx	MCx	TACLR	TAIE	TAIFG

表 11.6　数据发送寄存器

描　述	地　址	说　明	位地址及符号						
			MSB						LSB
TACCTL0	162H	Timer_A 寄存器、捕获比较控制寄存器	CSRC	TX9	TXEN	SYNC		BRGH	TRMT	TX9D
TACCR0	172H	Timer_A 寄存器、捕获比较寄存器	SPEN	RX9	SREN	CREN	ADDEN	FERR	OERR	RX9D

MSP430 Launchpad 开发板串口通信硬件注意事项如下：

（1）硬件上的连接跳线帽需要改成 HW，而不是 SW，如图 11.21 所示，注意查看开发板上的 SW 和 HW 字样。

（2）使用外部低速晶振 32 768Hz 时不能超过 9600b/s 的波特率，使用内部 DCO 时钟源时波特率可以提高，但是注意波特率计算的寄存器不要小于 3，切记波特率超过 9600 时开发板自带的下载电路串口已经不支持，必须外接 USB 转串口模块。

软件配置步骤如下。

第 1 步：USCI_Ax 控制寄存器 G2553 有两个串口用于控制寄存器 UCAxCAL0 和 UCAxCTL1。一般情况下作为新手不需要配置 UCAxCTL0，默认即可，只要配置

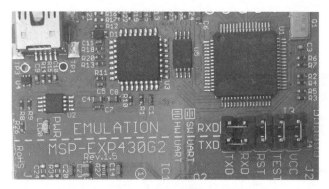

图 11.21 MSP430 串口通信跳线帽连接方式

UCAxCTL 中的时钟源选择和软件复位使能即可,一般选择 ACLK 或者 SMCLK,将软件复位 UCSWRST 设置为 0 表示被禁用,USCI 复位被释放用于运行;为 1 时被启用,USCI 逻辑保持在复位状态。也就是说在单片机复位之后如果此位是 0,则串口可以正常工作,为 1 即保持复位状态,复位状态后此位为 1,即复位后如果不清零串口,则不会工作。

第 2 步:波特率配置,UCAxBR0(波特率控制寄存器 0),UCAxBR0=(时钟频率/波特率)的整数部分值必须小于 0xFF,超出的部分应放在 UCAxBR1 中。

第 3 步:配置波特率调整器,UCAxMCTL =(时钟频率/波特率)的小数部分×8。

第 4 步:根据是否需要使用串口发送中断和接收中断,务必不要忘记开启总中断。

第 5 步:清除 UCSWRST 位,串口开始工作。

MSP430 单片机串口通信的完整代码可参考附件 Chapter11/MSP430_USART。

11.3.4　STM32 单片机串口通信

STM32 USART1 串口通信的实物连接方式如图 11.22 所示,串口内部的逻辑原理如图 11.23 所示,相比于前面 3 款单片机,该框图看起来更复杂。USART1 的基地址定义在 STM32F10X.h 头文件中,如♯define USART1_BASE　(APB2PERIPH_BASE + 0x3800),另外在 stm32f10x_usart.h 文件中结构体 USART_InitTypeDef 详细定义了与串口寄存器配置相关的变量,串口所有相关配置都采用通俗易懂的宏定义和库函数方式,具体配置步骤如下。

第 1 步:开启串口 1 时钟、GPIOA 时钟,代码如下:

```
RCC_APB2PeriphClockCmd(RCC_APB2Periph_USART1 | RCC_APB2Periph_GPIOA, ENABLE);
```

第 2 步:将串口 1 通信引脚 PA9(TX)配置为复用推挽输出模式,PA10(RX)为浮空输入模式,代码如下:

```
GPIO_InitStructure.GPIO_Mode = GPIO_Mode_AF_PP;          //PA9 复用推挽输出
GPIO_InitStructure.GPIO_Mode = GPIO_Mode_IN_FLOATING;    //PA10 浮空输入
```

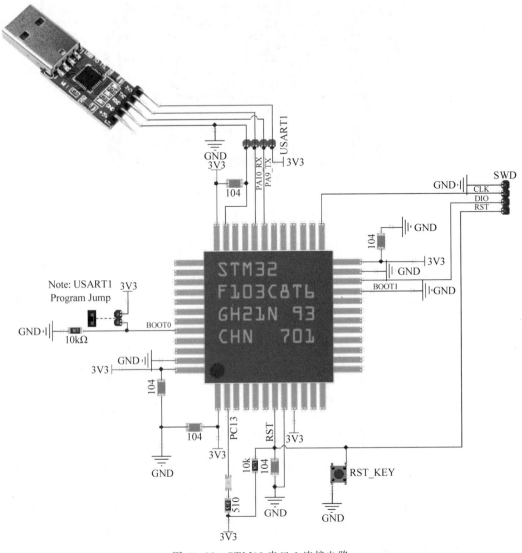

图 11.22　STM32 串口 1 连接电路

第 3 步：配置串口 1 通信格式，波特率为 9600b/s，数据位为 8 位，停止位为 1 位，无奇偶校验位，发送使能，代码如下：

```
USART_InitStructure.USART_BaudRate = 9600;                          //波特率设置:9600
USART_InitStructure.USART_WordLength = USART_WordLength_8b; //数据位数设置:8 位
USART_InitStructure.USART_StopBits = USART_StopBits_1;         //停止位设置:1 位
USART_InitStructure.USART_Parity = USART_Parity_No ;            //是否奇偶校验:无
USART_InitStructure.USART_HardwareFlowControl = USART_HardwareFlowControl_None;
                                                                //硬件流控制模式设置:没有使能
```

```
USART_InitStructure.USART_Mode = USART_Mode_Tx;          //接收与发送都使能
USART_Init(USART1, &USART_InitStructure);                //初始化 USART1
```

第 4 步：开启串口 1 通信，代码如下：

```
USART_Cmd(USART1, ENABLE);                               //USART1 使能
```

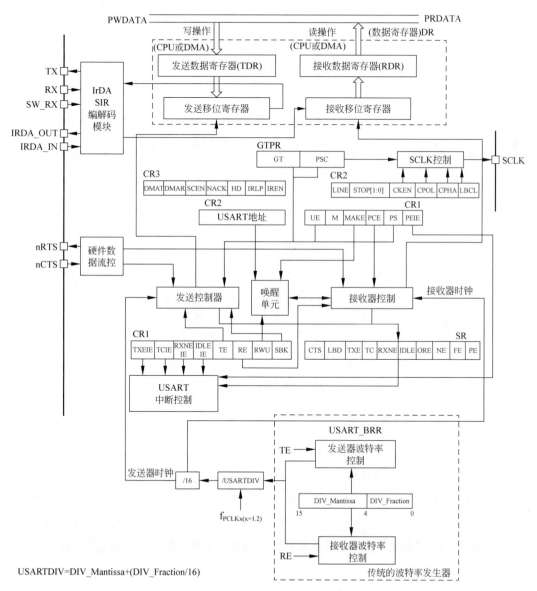

图 11.23　STM32 串口框图

第5步：调用串口发送函数发送数据,该函数的实现代码如下：

```
void UART1SendByte(unsigned char SendData)
{
    USART_SendData(USART1,SendData);
        while(USART_GetFlagStatus(USART1, USART_FLAG_TXE) == RESET);
}
```

STM32 单片机串口通信的完整代码可参考附件 Chapter11/STM32_USART。

11.3.5　Arduino 单片机串口通信

ATMEGA328P 串口内部框图如图 11.24 所示,Arduino UNO 串口通信的实物连接如图 11.25 所示。

代码省去了与寄存器配置相关的工作,只需短短几行代码就能实现串口发送功能,具体的代码如下：

```
void setup() {
  Serial.begin(9600);
}

void loop() {
  Serial.println("Hello arduino!\\n");
  delay(500);
}
```

Arduino 单片机串口发送代码可参考附件 Chapter11/Arduino_USART。

11.3.6　串口通信总结

对比上面 4 种不同类型单片机的串口通信方式,可以看到无论单片机怎么变化,串口通信都是围绕着几个基本要素进行的。例如要配置波特率,首先需要配置串口通信时钟源,然后关联通信引脚,有些单片机串口通信默认配置了引脚,最后还需要配置通信格式,例如常用的 8N1(8 位数据位、无奇偶校验、1 位停止位)通信格式;并且随着单片机越来越高级,配置方式不再局限于传统模式,可采用更容易懂的库函数方式,这样可以极大地提高学习和使用效率。

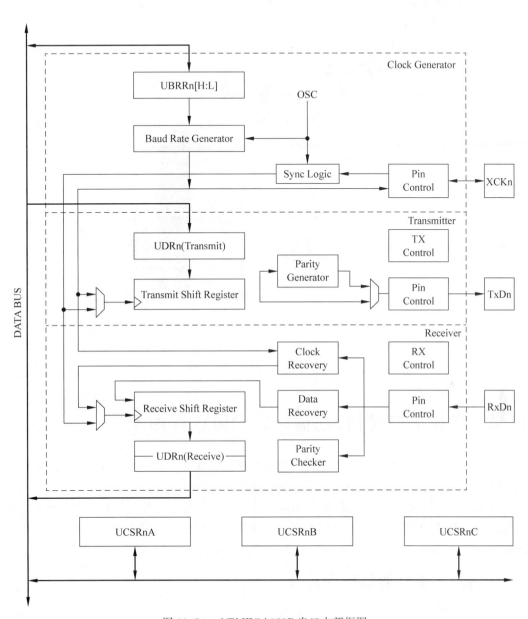

图 11.24 ATMEGA328P 串口内部框图

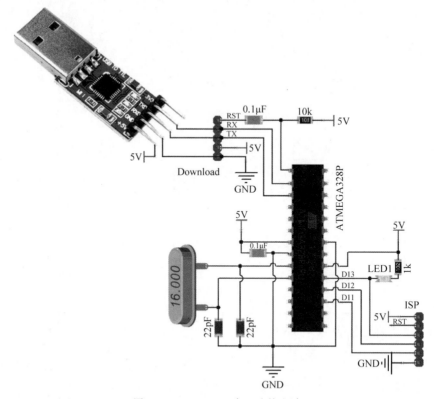

图 11.25 　Arduino 串口连接电路

11.4 　同是串口通信，别被接口和协议弄糊涂

说到串口通信，读者脑海中经常会出现几个熟悉的词汇：USART、RS232、RS485。这几个概念经常容易弄混淆，这里给读者简单地解释一下。

首先，上面提到的 3 种通信都基于串口协议通信，也就是说无论是 USART、RS232 还是 RS485 其传输数据的本质是一样的，即通过串口协议传输。软件工作方式上 USART 和 RS232 一致，都是全双工模式；而 RS485 稍微有点不同，其只能工作于半双工模式。

11.4.1 　串口通信物理接口

1. RS232 接口

平时单片机上所讲的串口通信电压主要以 3.3V 和 5V 为主，这种通信电平逻辑在板内或者短距离通信场合用得比较多，因为导线本身存在电阻，距离增长后导线的自身电阻带来的压降会导致串口通信错误率上升，另外这种接口也没有很好的防护功能，如果出现外部静电、雷电或电磁干扰，则很有可能造成接口永久性损坏。为了解决长距离数据传输可靠性问题，RS232 接口应运而生。RS232 外挂芯片的参考电路原理如图 11.26 所示（图中芯片型号

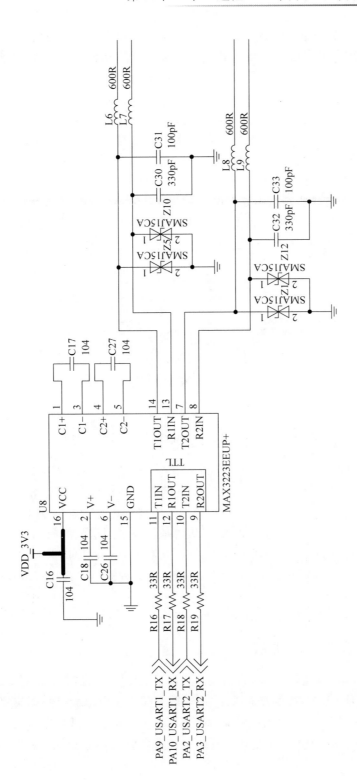

图 11.26 单片机与外部 RS232 接口通信转换电路

为 MAX3223),它将通信电压升高并将电平"取反"。单片机上串口逻辑 0 用低电平表示,逻辑 1 用高电平表示,但是在 RS232 上逻辑 0 的电压范围为＋3～＋15V,逻辑 1 的电压范围为－3V～－15V,这样在单片机串口电平的基础上便可加大通信距离,这种方式的好处就是随着通信导线在一定范围内变长导致的阻值增大或者空气中小的干扰不至于引起通信准确率大打折扣。但是由此也带来了新的问题,由于 RS232 的逻辑电压比较高,因为电压变化需要时间,带来的通信波特率也会下降,就好比一个胖子和一个瘦子,胖子的行动极不灵活,而瘦子行动自如,RS232 是比较古老的通信接口。USART 和 RS232 在实际通信中也有非常不方便的地方,在平时通信中很少见到有多机通信方式,也就是说只能使用一对一的方式通信。而在实际工程项目中要实现多个设备通信时就显得很不方便,并且随着通信距离的加大,RS232 的通信准确率也会逐渐降低,面对电磁干扰还会有较大的错误率。常用的 RS232 通信方式使用的实物 DB9 公端连接器如图 11.27 所示。

图 11.27　RS232 通信中常用的 DB9 公母接口实物

2. RS485 接口

为了解决多机和长距离通信问题,RS485 应运而生,RS485 使用差分电压方式传输信号,RS485 的参考电路原理如图 11.28 所示。这种通信方式的优点是空气中的干扰信号耦合在两条差分线上,最终在收发端互相抵消,极大地提高了通信的准确率,另外还可以实现多机通信。而要想使用 RS485 实现全双工通信,其实还有一种接口 RS422,它是在 RS485 的基础上额外增加了一条差分传输接口,只是 RS422 这种通信方式在很多场合很少使用。需要注意的是,使用 RS485 接口通信需要在物理导线的终端连接 120Ω 电阻,两个终端电阻 R_T 位于两个最远端设备接口处,如图 11.29 所示。

11.4.2　串口通信协议

虽说单片机的串口通信有校验(奇偶校验),由于这种校验方式比较简单,所以无论使用 UART、RS232 还是 RS485 接口方式通信,传输数据受干扰时总会有数据出错。为了解决数据出错时主观感受上不舒服(例如屏幕显示数据时突然出现异常数据),还有防止出错时发生误动作带来不必要的损失,实际串口通信中经常会加入更严谨的校验方式,常见的有数据累加校验、异或校验和 CRC 校验等;另外,为了扩充串口传输数据的功能,诞生了通信协

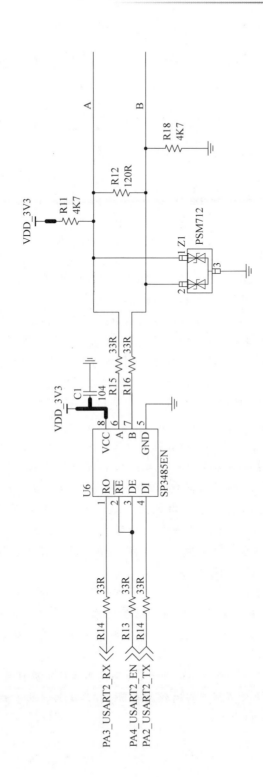

图 11.28 单片机与外部 RS485 通信转换电路

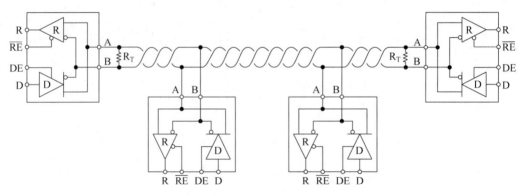

图 11.29　RS485 多机通信连接

议。下面举例简单解释一下。

常用串口屏指令通信格式为 5A A5 01 02 03 04 0A,其中 5A A5 为指令起始位,通过检测是否有这两个字符来判断指令开始传输标志,中间的 01 02 03 04 则是实际要传输的指令或数据,最末尾的 0A 为校验位。校验时将所有数据以不进位的方式相加形成校验位发送给接收端,当接收端接收到完整的一帧数据时,也将数据位进行累加运算并与发送端的校验数据进行比对,如果传输过程中数据无出错,则接收端得到的校验数据与发送端的校验数据相等,此时接收数据正确,否则丢弃该帧数据。当然如果想进一步提高数据通信的准确率,还有更严谨的校验方式,例如将每个数据进行异或校验、CRC 校验等。

思考与拓展

(1) 通过本章学习,读者熟悉了基本的串口通信方式,通信距离较大时可以采用 RS232 方式,而为了进一步实现远距离通信和多机通信则可以使用 RS485 方式。读者可以思考下,虽说校验解决了通信准确率的问题,但是在程序中加入校验也会额外占用单片机的 CPU 运算资源,特别是通信速度高,传输数据量大时,这种资源占用尤为明显。既然这种校验方式成为一种常态,那么为什么不将它直接做成硬件校验呢? 感兴趣的读者可以参考 CAN 总线原理,这种通信方式的诞生并非偶然。CAN 总线标准帧与扩展帧的数据格式如图 11.30 所示,自带硬件 CRC 校验。

(2) 通过定义简单的通信格式可以实现一种通信协议,如果定义一种协议使之更适合某种行业,则它是不是就变成了某种行业的通信标准呢? 感兴趣的读者可以参考 Modbus 协议,这种协议的诞生主要用于工业控制。协议内容定义在兼顾当前控制数据的同时又为将来新设备的扩展做准备。

(3) 读者有没有注意到一个有趣的现象,为了提高通信距离可将串口的通信电压提高,但是为了确保通信准确率又不得不将通信频率降低,这是为什么? 读者可以参看历代的计算机主板 DDR2～DDR5 内存条电压。

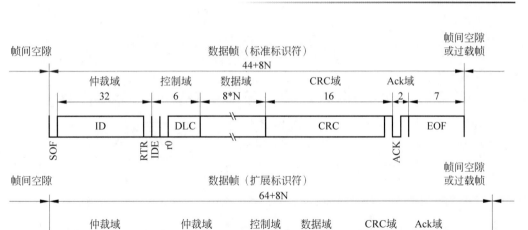

图 11.30 CAN 总线标准帧与扩展帧数据格式

第 12 章 非常重要却常被忽略的技能——调试

程序是调出来的！很多业内高级技术人员经常会这样说。对于单片机而言,程序的执行速度非常快,就算是性能比较弱的 8051 单片机单条指令的执行时间也是微秒级别,而实际项目中程序出 Bug 则很常见,但是又很难通过肉眼观察的方式判断问题所在,这时需要做的就是将单片机的速度降下来,一步一步执行或者一部分一部分执行,这种方式就是单片机中常用的代码调试。通过让单片机"停下来",整个单片机执行到当前步骤处于静态工作模式,然后在开发软件中查看各种变量或寄存器的静态值来判断程序问题所在。现在绝大部分单片机在其内部集成了调试模块,单片机通过调试器进行调试。下面一起来了解单片机程序中常用的几种调试方法,而有些调试方法则需要结合计算机上位机一起使用。

12.1　使用硬件调试器

本书中使用的 STC89xx 系列单片机自身不带调试功能,所以能进行硬件调试的单片机只有 PIC16、MSP430 和 STM32。三款单片机都有自己专用的调试器,如图 12.1 所示,其中 MSP430 LaunchPad 开发板自带的原厂调试器位于图 12.1(b)中的右半部分。

(a) PIC调试器FCkit 3　　　　(b) MSP430开发板自带调试器　　　　(c) STM32 DAP调试器

图 12.1　不同 MCU 使用不同的硬件调试器

12.1.1　PIC 单片机调试

1. MPLAB 代码调试步骤

第 1 步：先将 PICkit 3 下载器正确地连接到目标单片机上，如图 12.2 所示，然后将下载器的 USB 端插入计算机上，在 Debugger→SelectTool 栏选好调试器硬件型号，这里选择 PICkit 3，如图 12.3 所示，调试器连接正确后会在 Output 窗口显示调试器的相关信息，并进入调试模式，如图 12.4 所示。

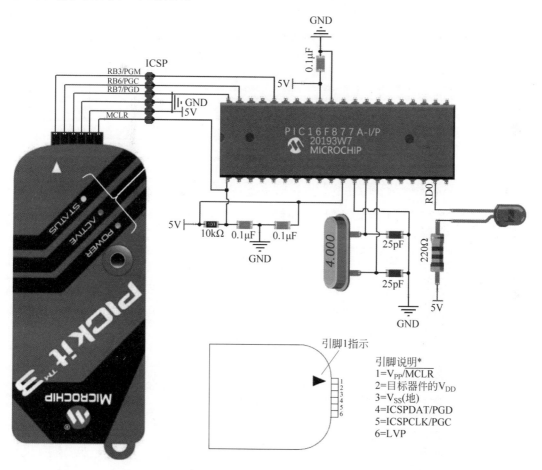

图 12.2　PICkit 3 实物连接方式

第 2 步：注意，这一步很重要！不然在实际使用过程中会出现调试不了的情况。将工程设置为 Debug 模式，如图 12.5 所示，然后将代码重新编译并下载代码，如图 12.6 所示。

第 3 步：在需要调试代码位置下断点，下断点的方法为将鼠标放置在该行代码所在的位置，然后双击就会在该代码左端显示一个白字红圈 B 图标，弹出对话框后单击 OK 按钮即可，如图 12.7 所示。

第 4 步：单击 Run ▷ 按钮，程序便可自动运行到断点处，如图 12.8 所示，在断点上方

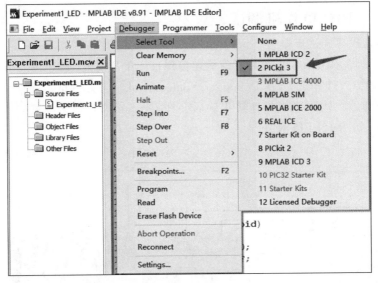

图 12.3　选择 PIC 单片机调试器 PICkit 3

图 12.4　正确连接调试器输出窗口信息

图 12.5　将软件设置为 Debug 模式

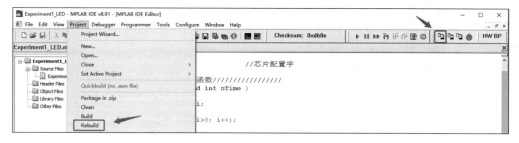

图 12.6　代码重新编译并下载

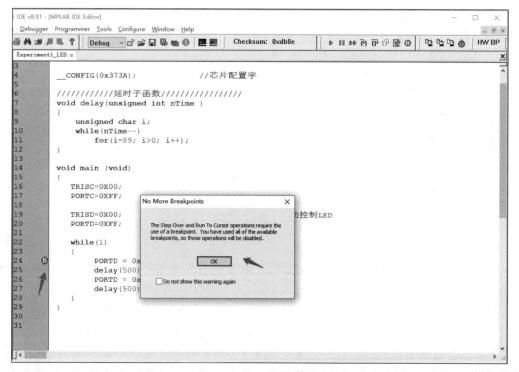

图 12.7　设置代码断点

会显示一个绿色箭头,代表程序已经运行到该断点,如图 12.9 所示。

第 5 步:单击 Step Into 🕏 按钮,如图 12.10 所示,此时程序跳转到延时函数中,再次单击 Step Into 绿色箭头后还是在延时函数中,而要想跳出延时函数,则需持续单击该按钮直

图 12.8　单击 Run 按钮运行程序

```
14      void main (void)
15      {
16          TRISC=0X00;
17          PORTC=0XFF;
18
19          TRISD=0X00;          //PORTD口设为输出驱动控制LED
20          PORTD=0XFF;
21
22          while(1)
23          {
24              PORTD = 0xFE;
25              delay(500);
26              PORTD = 0xFF;
27              delay(500);
28          }
29      }
30
```

图 12.9　程序运行到断点

到延时函数运行完为止，当然也可以单击第 4 步中的 Run 按钮，程序会再次回到断点处，LED 的状态也跟着发生变化。

　　第 6 步：查看寄存器或汇编相关信息，在 View 菜单栏里将 Special Function Registers、Program Memory 及 Disassembly Listing 窗口通过单击的方式显示出来，当然读者也可以根据实际需要显示要查看的窗口。查看寄存器只需将特殊寄存器窗口显示出来，而端口配置寄存器 TRISC、PORTC、TRISD 和 PORTD 里面的内容可以在特殊寄存器窗口里看到具体值，与代码中的值保持一致，如图 12.11 所示。

2. MPLAB 变量监测

　　实际项目程序在调试过程中经常需要监测许多变量，同样可以在 View 里通过单击的

图 12.10　单步运行操作

图 12.11　选择显示查看窗口

方式添加观察窗口,然后选择要监测的变量,这里选择监测 delay 函数中的 nTime 变量,然后单击 Add Symbol 按钮便可以将要监测的变量添加到下方空白处。此时程序在进行单步调试时,如果 nTime 的实际值发生变化,则监测到的 nTime 也会与实际变化的值保持一致,如图 12.12 所示。

以上操作步骤为读者完整地介绍了 PIC16 单片机最基本的程序调试流程,实际调试中的技巧肯定不止所讲内容,需要结合许多实际案例练习才能掌握。实际项目中碰到疑难杂症时,读者一定要身体力行地尝试使用调试方法来排查。

图 12.12 代码变量监测

12.1.2 MSP430 单片机调试

1. IAR 软件调试步骤

第 1 步：与 PIC 单片机一样，首先设置好调试器，在 Blinky 工程上右击 Options，如图 12.13 所示，然后在弹出的窗口中选择 Debugger 项，单击 Setup→Driver 选择 FET Debugger，右边勾选 Run to main 复选框，如图 12.14 所示，这样设置调试时会自动跳转到 main 函数，最后在 Debugger→FET Debugger 项单击选择 Setup→Texas Instrument USB-IF 项，如图 12.15 所示。

第 2 步：单击 Download and Debug ▶ 按钮，如图 12.16 所示，代码下载完成后会自动进入调试状态，程序运行到 main 函数中的第 1 行代码，在该行代码的左边会显示绿色箭头，同时会出现一组与调试相关的按钮，如图 12.17 所示。

第 3 步：单击 Step Over ▶ 按钮一次，程序单步运行一次，如图 12.18 所示，即一次执行一行代码，示例代码中 LED 则会跟随单步执行代码的实际程序位置发送状态改变数据，如果需要监测寄存器，则可以在菜单栏 View 里面单击 Register 显示寄存器窗口，而监测变量则可以在 Watch 里面单击 Watch1～Watch4 任意一项显示 Watch 窗口，然后在 Watch

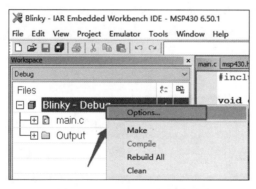

图 12.13 Options 打开方式

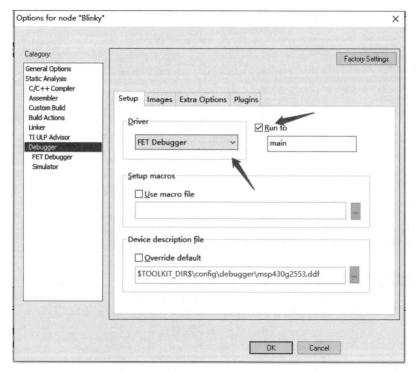

图 12.14 Debugger 中选择 FET Debugger

窗口的 Expression 中输入要监测的变量,示例中输入的监测变量为 nTime,如图 12.19 所示。单击 🕹 Step Into 按钮进入延时函数中,可以看到在 delayMS 函数中执行单步调试时,nTime 变量值在不断地减小。

2. IAR 软件变量监测

如果需要监测寄存器 P1OUT,则可以在 Register 选择 Port1/2,如图 12.20 所示,然后单击单步 Step Over 按钮执行程序,可以看到 P1OUT 的寄存器值会随着代码的执行而发

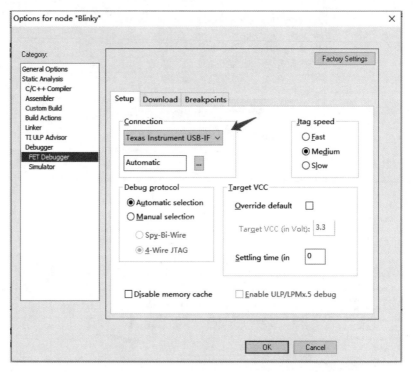

图 12.15　FETDebugger 中选择 Texas Instrument USB-IF

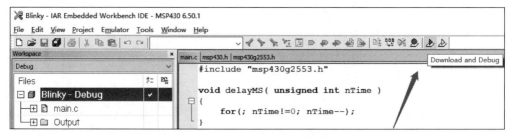

图 12.16　调试按钮位置

生改变。

12.1.3　STM32 调试

1. Keil 软件调试步骤

CMSIS-DAP 调试器与 STM32 的硬件连接方式如图 12.21 所示。

第 1 步：单击 ⚒ 按钮，在弹出的 Option for Target 窗口中单击 Debug 栏并选中 CMSIS-DAP Debugger，勾选下边的 Run to main()复选框，然后在 CMSIS-DAP Debugger 处单击右边的 Settings 按钮，如图 12.22 所示，在弹出的对话框中找到 Port 选项后选择 SW 模式，频率保持默认的 10MHz，同时在右边的 SW Device 栏中会显示出目标芯片内核名称，

图 12.17　进入调试状态

图 12.18　单步调试按钮

图 12.19　显示寄存器和变量窗口

图 12.20　查看端口寄存器值

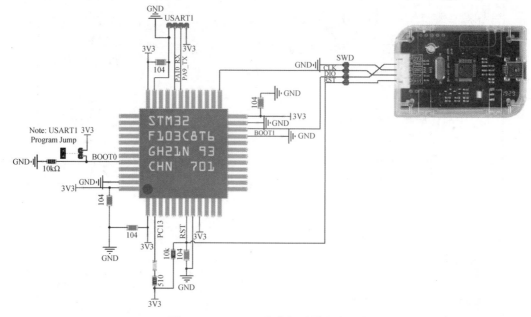

图 12.21　STM32 程序调试器连接方式

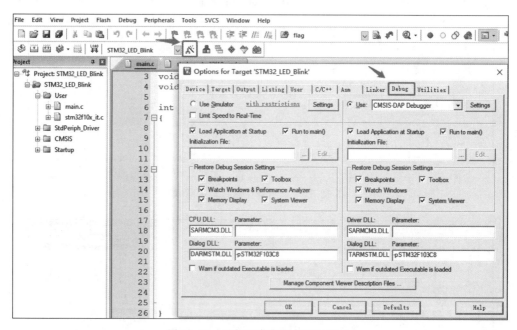

图 12.22　选择下载器硬件调试工具

如图 12.23 所示。单击 Flash Download 栏,将 Erase Sectors、Program、Verify、Reset and Run 勾选,然后单击 OK 按钮,如图 12.24 所示。

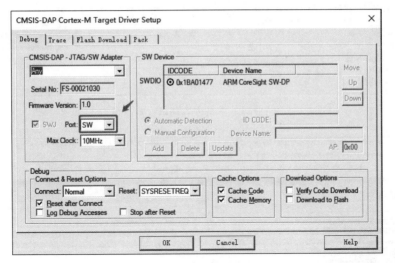

图 12.23　调试器参数设置

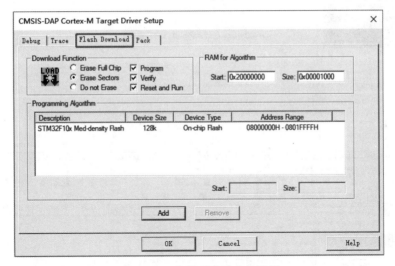

图 12.24　选择下载芯片并设置

第2步：单击 ❷ Start/Stop Debug Session 进入程序调试模式，如图 12.25 所示，上边最左边工具栏会多出一组调试按钮，然后还会显示 Registers 和 Disassembly 窗口。寄存器窗口里的寄存器为单片机 CPU 的通用寄存器，并不是外设寄存器，如图 12.26 所示。

第3步：单步调试，单击 ⏻ Step Over 或按快捷键 F10，如图 12.27 所示，程序单步执行代码，单步执行在 main 函数中一行一行地执行代码，不会进入其他函数里。

2. Keil 软件变量监测

添加外设寄存器窗口观察寄存器值，在主菜单栏选择 Peripherals→General Purpose I/O→GPIOC 项目，监测 GPIOC 寄存器，如图 12.28 所示，然后使用调试方式中的第3步进

图 12.25　单击进入调试模式按钮

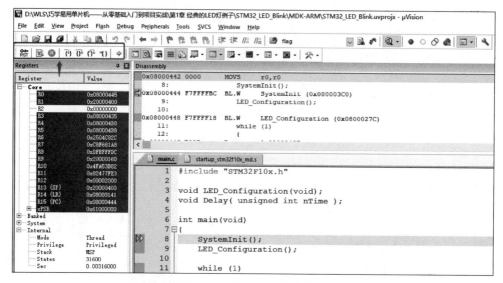

图 12.26　进入调试模式状态

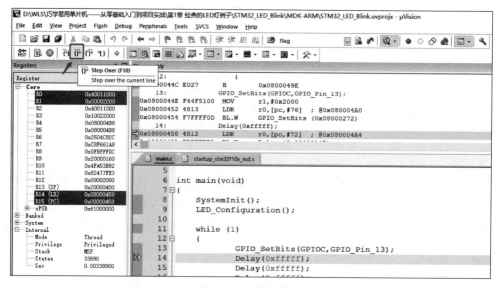

图 12.27　单步调试

行单步调试,可以看到 GPIOC 寄存器值随着程序的单步执行而发生变化,如图 12.29 所示。继续添加变量监测窗口监测变量值,在主菜单栏中选择观察窗口 View→Watch Windows→Watch1 监测变量,如图 12.30 所示,在 name 项< Enter expression >中输入 nTime 监测变量。接着单击 ⟨⟩ Step 按钮或使用快捷键 F11,进入延时函数中,如图 12.31 所示,可以观察到延时变量 nTime 值随着程序调试的执行而发生变化。

　　小技巧:示例中因延时函数输入值较大,所以在调试过程中一时半会儿跳不出延时函数,读者可以将延时时间改小,单击 ⟨⟩ 旁边的红色 X ⊗ 按钮可以中止当前不能跳出的函数。

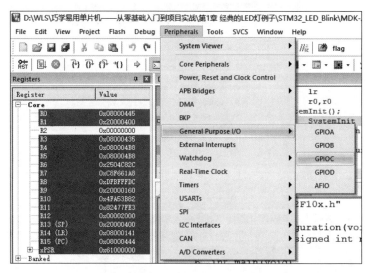

图 12.28　选择 GPIOC 寄存器

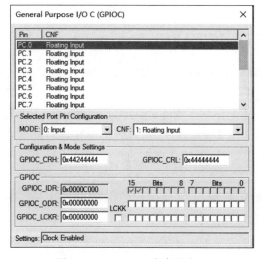

图 12.29　GPIOC 寄存器窗口

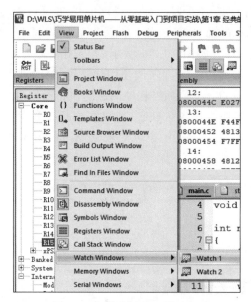

图 12.30　选择变量观察窗口

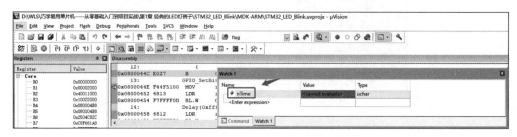

图 12.31　输入要监测的变量

12.1.4　单片机调试器使用总结

简单总结下如何使用硬件调试器调试程序,使用硬件调试的方法变化万千,一般以监测寄存器和变量值为主,而查看寄存器静态值都是在碰到"疑难杂症"或者短时间找不到解决问题的思路时才使用,通过查看寄存器值,然后对照芯片手册可以判断硬件寄存器在设置上是不是存在问题,如果硬件在设置上没有问题,则可以快速将问题定位为软件逻辑。实际调试只有通过不断尝试才能掌握一套适合自己的硬件调试方法。有条件的读者可直接使用硬件调试器进行调试,这也是在实际项目问题处理中用得最多的一种方法。当然很多时候读者只想验证方法或程序的正确性,那么使用软件仿真调试也不失为一种调试方法。关于如何使用开发软件进行仿真调试本章没有具体介绍,读者可以参考其他书籍或网上资源。

12.2　一颗 LED 能反馈的信息众多

人眼是获取信息最快的方式,通过观察 LED 的状态能快速确认设备的工作情况,这是实际项目中常用的一种方式。汽车仪表上的故障和指示灯如图 12.32 所示,笔记本上的状态指示灯如图 12.33 所示,路由器反映状态和速度的指示灯如图 12.34 所示。小到消费电子,大到汽车、飞机,都使用了这种方便、可靠、物美价廉的 LED 状态反馈方式。不同颜色的 LED 还能直观地让人获取当前设备的故障等级。例如看到红色,第一时间想到的是危险信号,跟严重故障相关联;看到黄色,就会想到提示信号,需要引起重视;看到绿色,心情舒畅,代表设备运转正常;LED 不同的闪烁频率会产生一种节奏感,与数据传输的速度相关联。

图 12.32　汽车仪表上的符号背后都是 LED

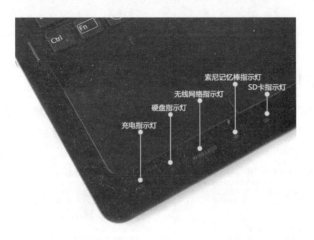

图 12.33　笔记本上不同的 LED 状态代表设备所处状态

(a) 路由器上LED代表设备工作状态　　　　(b) 交换机LED闪烁频率代表数据传输速度

图 12.34　常用网络设备上 LED 的含义

12.2.1　定时器中断中使用 LED 调试

由于单片机驱动 LED 指令比较简单,占用 CPU 运行时间也很短,所以在很多对时间要求比较严格的场合使用串口调试方式往往不太适合。例如在定时器中断函数里,可以使用 LED 翻转方式来确认中断是否进入及进入的频率是否正确,在总线通信函数中使用 LED 翻转,例如 I^2C 程序里也可以使用 LED 翻转的方式显示程序是否执行到当前位置。例如在 8051 单片机定时器中断函数里放置 LED 翻转代码,一方面可以用来检测是否进入定时器,另一方面可以通过 LED 闪烁频率估算出定时器设置是否正确。在 8051 单片机定时器中使用 LED 调试的代码如下:

```
void Timer0_INT( void ) interrupt 1
{
    TR0 = 0;
    TL0 = 65536 - (11059200/12/Timer0_Reload);
    TH0 = (65536 - (11059200/12/Timer0_Reload))>> 8;
    TR0 = 1;

    LED = !LED; //LED 翻转
}
```

12.2.2　串口通信中使用 LED 调试

数据通信中使用 LED,这种使用方式在生活中比较熟悉的地方主要有计算机主机上的网口,当正常通信时上面的 LED 不停地闪烁,并且网速越快,LED 闪烁的频率越高,这也非常契合日常使用习惯。

使用 LED 监测 STM32 串口 1 中断接收数据及中断的频率,每接收一个字符,LED 翻转一次,具体的代码如下:

```
void USART1_IRQHandler(void)
{
    uint8_t clear = clear;
```

```
SYSTEM_RED_LED_NEV;    //LED 翻转
if(USART_GetITStatus(USART1, USART_IT_RXNE) != RESET)
{
    Receivearray[RxCounter] = USART1 -> DR;
    RxCounter++;
    if (RxCounter >= 19)
    {
        RxCounter = 19;
    }
}
else if(USART_GetFlagStatus(USART1,USART_FLAG_IDLE)!= RESET)
{
    clear = USART1 -> SR;
    clear = USART1 -> DR;
    RxCounter = 0;
}
}
```

12.2.3 LED 直接显示设备状态

对于绝大部分电子设备而言,LED 显示是最直接的反馈方式,可使用带颜色的 LED 来区分设备的不同状态,例如绿色代表设备工作正常,绿色闪烁的频率代表通信的速度;黄色用来表示设备存在问题,但是暂时不影响正常使用;红色代表设备发生严重故障,需要立即进行维修,如图 12.35 所示。

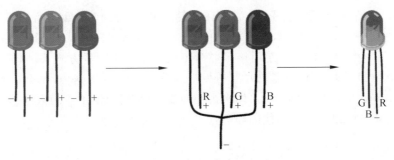

图 12.35　三色 LED

12.3　使用最方便的调试方式——串口

在实际项目中或出于工程师习惯,或出于实际项目要求不方便设置 LED,这时串口调试就可以派上用场了,它既可作为打印数据输出使用,也可以作为接收数据输入使用。对时间要求敏感的代码部分,串口发送应遵循一切从简原则。很多工程师当然更愿意使用

printf()函数来输出信息,但是该函数背后有很多复杂的函数调用,所占用CPU的时钟周期也比较长。在有些场合能用一个字符输出显示调试信息,就不要使用输出多个字符调试。

8051单片机使用串口调试代码的具体步骤如下。

第1步:构造串口输出字符串函数。8051单片机发送单字节的参考代码如下:

```
void SendData(unsigned char dat)
{
    SBUF = dat;
    while (!TI);
    TI = 0;
}
```

第2步:在需要打印串口信息的地方,例如在定时器中断函数中调用该字符输出函数。参考代码如下:

```
void Timer0_INT( void ) interrupt 1
{
    TR0  = 0;
    TL0  = 65536 - (11059200/12/Timer0_Reload);
    TH0  = (65536 - (11059200/12/Timer0_Reload))>> 8;
    TR0  = 1;

    SendData('T');
}
```

其实对于大部分实际使用场合,读者更倾向于使用printf()函数,一方面入门C语言时一直使用该函数,用起来顺手,另一方面该函数使用灵活,能同时输出丰富的信息,尤其是在读取传感器数值时,这种输出方式无疑是非常方便的。例如在调试SHT20温湿度传感器时,使用的就是这种方式调试。使用该函数时不同的单片机配置方式不一样,8051单片机需要添加< stdio. h >头文件,并且与单字符发送函数SendData(unsigned char dat)不能同时使用,否则printf()函数就用不了,总体来讲在8051单片机中使用该函数还算方便,SHT20调用printf()函数输出温湿度的代码如下:

```
void main()
{
    unsigned int T, RH;
    SHT2x_Init();
    USART_Init();
    Delay(100);

    while(1)
    {
        RH = RH_Result();
```

```
        T = T_Result();
        printf( "RH: % d", RH );
        printf( "Temp: % d\\\\r\\\\n", T );
        Delay(2500);
    }
}
```

12.4　任何时候要有快速找到解决问题的办法

　　无论对于新手还是老手来讲,实际项目中经常会面临用到一个自己从未使用过的芯片,例如你买的是个模块,卖家还给你提供了代码,但是提供的代码只能在其他单片机上运行,与你手里的单片机不是同一个系列或者不是同一款。新芯片的特性你不了解,而不同单片机的特性短时间也弄不清楚,把两个不确定的问题加在一起就会导致更多的不确定性。面对这种情况该如何快速验证模块呢? 如图 12.36 所示。

图 12.36　从未使用过的新芯片

12.4.1　软硬件问题确定

　　使用一款芯片,如果不确定是软件问题还是硬件问题,则可以先考虑使用 Arduino 自带的成熟库驱动起来看能否正常工作,如果能正常工作,则至少可以知道这个芯片模块是正常的,如果不能,则需要先排除模块本身的硬件问题。可能很多初学单片机的读者有些排斥 Arduino,感觉它是傻瓜式的,没有一点成就感,但是不可否认的是 Arduino 成熟的生态造就了很多优秀可靠的库,这些库能助你快速解决问题。

12.4.2　尽可能用熟悉的东西,找可靠渠道购买

　　如果手头没有 Arduino 模块,则至少要用以前用过的程序先测试下,然后同种模块或板子至少准备两块,调试软硬件结合项目一切问题皆有可能。笔者及周围的同事曾经碰到过 MCU 能下载程序,也能正常工作,串口能发送数据,就是不能接收数据。还有一次买了几

个相同模块,发现前面使用的几个模块都存在芯片问题,可能买到了山寨或翻新芯片,刚好要用到的那个功能就不正常,直到测试最后一个模块才正常工作。总之在调试软硬件项目的过程中,只有想不到的情况,但条条大路,总有一条通罗马。

思考与拓展

(1)单片机调试技巧是一个永远说不完的话题,同时也跟读者自身掌握的知识、身边拥有的工具密切相关,需要不断地尝试与总结。

(2)代码调试其实还有个好用的技巧,考虑到本章篇幅,没有具体介绍。使用 VC 控制台软件调试。一般单片机程序除特殊寄存器外,其他的普通程序都可以在 VC 控制台里面执行,单片机中的 I/O 引脚,可以用 printf()函数模拟代替。例如很多 RTOS 都有相应的VC 工程,有些算法为了检验其正确性,可以先使用 VC 测试是否正常,如图 12.37 所示,然后移植到具体的单片机中。

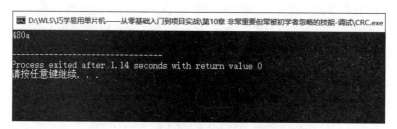

图 12.37 使用 VC 开发环境验证 CRC 算法的正确性

(3)调试串口协议或与串口相关的程序,可以借助虚拟串口调试软件调试。虚拟串口结合串口助手测试如图 12.38 所示。

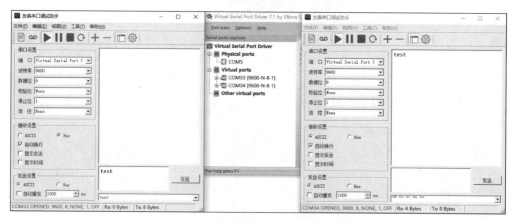

图 12.38 使用虚拟串口收发测试实验

第 13 章

有趣的显示方式

　　本章为读者介绍生活中有趣而又巧妙的显示技术,理解这些技术的实现方式对于使用单片机开发应用项目非常有帮助;理解一种东西,往往能带来更深入的使用方式。例如给你一支笔,再给你一沓白纸,你在白纸上画一个人物的各种动作,再将纸连续不断地翻动就构成了简单的动画。通过了解这些有趣的原理,往往会让读者恍然大悟,这也是很多人了解技术背后的具体实现原理后经常会说的一句话,原来这"玩意"就是这么回事,也没有想象中那么复杂。对于单片机而言,它本身的硬件主要服务于实际项目或产品,如果哪天你发明或改进了一种硬件对于某些行业使用单片机开发带来极大的方便性,则这种新硬件极有可能会被集成到单片机中,单片机本身的资源并不多,实际使用单片机的过程中也是将这些有限的资源通过搭建积木的方式实现想要的功能。

　　先来一起看个有趣的实验,动态刷新高级用法 LED"流星雨"。有时在公园里会看到这种"流星雨"灯条,拖着一条尾巴。简单解释下"流星雨"的实现方式,"流行雨"灯条中每个 LED 的亮度不一样,最前面的那颗 LED 最亮,紧跟其后的每颗 LED 都比前面一颗 LED 暗,可以按一定比例设置,如图 13.1 所示。但是这只是静态的显示效果,要实现多颗 LED 拖尾效果还需要对这些不同亮度的灯组进行移动,最亮的那颗 LED 往左边移动一格,后面的灯依次跟着往左移动一格,同时把最亮的那颗 LED 放在最右边尾巴处,以此类推,不断地移动就实现了"流星雨"的效果。Arduino UNO 实现的流星雨效果如图 13.2 所示。

　　完整的 Arduino 流星雨代码可参考附件 Chapter13/LED_Rains。

图 13.1　LED 流星雨示意图

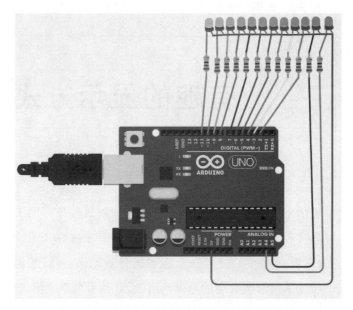

图 13.2　Arduino UNO 实现 LED 流星雨效果

13.1　生活中的 LED 变形记

前面章节在很多例子中使用了 LED,这种显示方式也是生活中最常用的,单颗 LED 是构成显示器的基本单元。如果将 LED 通过不同的方式排列组合,便得到生活中常见的 7 段数码管,如图 13.3(a)所示,7 段数码管引脚号如图 13.3(b)所示,其内部原理如图 13.3(c)

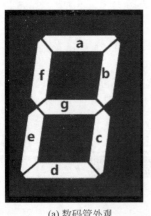
(a) 数码管外观

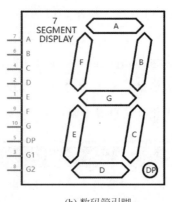
(b) 数码管引脚

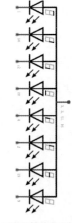
(c) 数码管内部原理

图 13.3　数码管分解

所示,7 段数码管是由 8 颗 LED 组成的,其中 7 颗用于显示数字或字母,另外一颗用于显示标点符号。将相应的几颗 LED 点亮就可以得到不同的符号,参考测试电路如图 13.4 所示。

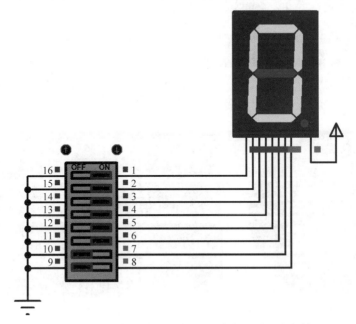

图 13.4　共阳数码管将相应 LED 点亮得到一个字符

如果想通过数码管显示 0~9 数字符号,则可以先对数码管的每个 LED 进行编码,编码对应的实际效果用于控制数码管上 LED 的亮灭,然后将要显示的编码直接赋值给单片机的I/O 端口就可以显示对应的数字,例如读者想通过 P1 端口显示数字 6,则可以使 P1=Seg_table_CA[6],共阴、共阳数码管的编码如下:

```
char code Seg_table_CA[] = { 0xc0,0xf9,0xa4,0xb0,0x99,0x92,0x82,0xf8,
0x80,0x90,0x88,0x83,0xc6,0xa1,0x86,0x8e };       //共阳数码管编码 0~F

char code Seg_table_CC[] = { 0x3f,0x06,0x5b,0x4f,0x66,0x6d,0x7d,0x07,
0x7f,0x6f,0x77,0x7c,0x39,0x5e,0x79,0x71 };       //共阴数码管编码 0~F
```

一个数码管可以这样使用,那么多个数码管又该如何使用呢? 4 段数码管模块的实物如图 13.5(a)所示,实际上数码管引脚往往很多是共用的,如图 13.5(b)所示。

家用电器和很多仪表中的数码显示面板如图 13.6 所示,要显示如此复杂的图案,则必须有一种更好的显示驱动方式,接下来一起探究显示的奥秘。

在单片机项目中,读者一致的思路是希望用尽量少的引脚实现更多的功能和更炫酷的效果。前面通过学习扩展 I/O 技巧时可以用较少 I/O 端口驱动更多 LED,但都是静态方式驱动。本章给刚入门的读者介绍动态刷新法,理解这种思想非常重要,这意味着很多有趣的功能和生活中神秘的电器显示原理都可以一一得到解答,例如 LED 点阵,以及显示器原理。

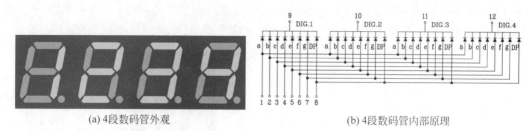

(a) 4段数码管外观   (b) 4段数码管内部原理

图 13.5   4 段数码管和内部原理

(a)   (b)

图 13.6   家用电器、仪表数码管显示器

一个快速变化的物体,只要变化时间小于 20ms,人的大脑会记住移动前的图案,如图 13.7 所示。数字世界很神奇,往往很多项目的实现方式使用一种方式,了解其中原理后会有如醍醐灌顶的感觉。

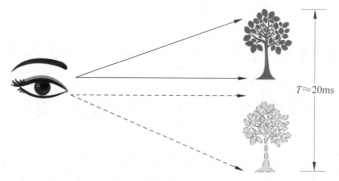

图 13.7   人眼视觉停留

了解动态刷新法之前,首先一起来熟悉 CRT 显示器,CRT 显示器的核心是显像管,就是里面那一大坨玻璃管,如图 13.8 所示,数字电路的鼻祖是模拟电路,数字电路只是模拟电路的一种特殊用法(晶体管工作于开关状态),当时科学家为了能在显像管上显示动态图案也是绞尽了脑汁,发明了一种动态刷新法,将画面信号加载到控制水平和垂直方向的两组电

磁线圈,从而形成一幅完整的图案,如图 13.9 和图 13.10 所示。图案的扫描频率为 50Hz,为什么是 50Hz 呢? 这里简单地换算一下,50Hz 换算成频率为 20ms,而绝大部分人眼视觉停留时间大概在 20ms 附近,这种方法非常巧妙;这也是为什么以前电视普遍采用 50Hz 刷新的原因,当然很多人观看普通的 CRT 电视能明显感觉到画面闪烁。之所以选择这个刷新率主要是为了降低成本,越高刷新率意味着对电路的要求越高,有些高档的 CRT 显示器确实用到 60Hz 刷新率。说到这里大部分读者应该知道驱动多个数码管的显示方式,没错,就是让每个数码管轮流短暂显示的方式。

小技巧:在实际使用动态刷新显示方式的过程中需要注意一点,上一个数码管显示完后一定要记得短暂熄灭,不然上一幅画面会与下一幅画面有部分叠加,从而造成视觉上错乱,这种方式在 CRT 显示器上叫消隐,所以应短暂地关闭扫描电子束。

图 13.8　CRT 显示器

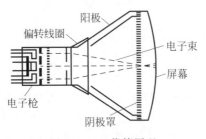

图 13.9　显像管原理

时至今日,当前很多显示器技术依然沿用着之前的设计思想,主流的液晶显示器如图 13.11 所示,包括 OLED 显示器,还是采用行场扫描的方式显示画面,只不过数字电路不断将刷新率提高,以至于几乎感受不到频闪的存在。当然通常使用专用驱动芯片来驱动数字显示器。其实驱动数码管也有专用驱动芯片,这里暂不进行深入探讨,感兴趣的读者可以进一步去了解。

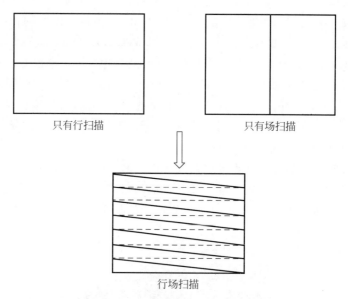

图 13.10　行和场扫描构成一幅完整的画面

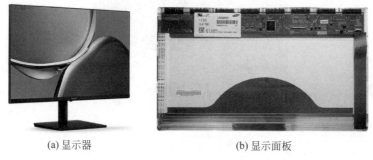

(a) 显示器　　　　　　　　　　　(b) 显示面板

图 13.11　液晶显示器和液晶显示面板

13.2　单总线全彩灯

　　市面上常用的幻彩灯带如图 13.12(a)所示,小米床头灯如图 13.12(b)所示,以及一款开源点阵时钟如图 13.12(c)所示,这些产品显示部分使用的都是集成单总线芯片全彩LED,因其方便使用和价格亲民的特点,电子爱好者对其情有独钟。

　　接下来给读者介绍一款用途非常广泛的单总线全彩灯珠 WS2812,当然与该灯珠总线信号兼容的还有其他型号,如 SK6812、APA102 等。该灯珠 5050 封装 4 引脚,外观如图 13.13 所示,它的引脚功能描述见表 13.1。WS2812 内部封装了 RGB 3 种颜色发光二极管,每种颜色可以实现 256 级亮度,3 种颜色组合在一起一共可实现 $256 \times 256 \times 256 = 16\ 777\ 216$ 种颜色全彩灯光效果,并且通过简单的级联方式理论上可以实现≤1024 颗灯珠串联。

(a) 幻彩灯带　　　　　(b) 小米床头灯

(c) 开源AWTRIX

图 13.12　使用单总线灯珠设计的产品

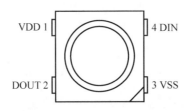

图 13.13　WS2812 引脚实物

表 13.1　WS2812 引脚功能

序号	符号	引脚名	功 能 描 述	序号	符号	引脚名	功 能 描 述
1	VDD	电源	供电引脚	3	VSS	地	信号接地和电源接地
2	DOUT	数据输出	控制数据信号输出	4	DIN	数据输入	控制数据信号输入

WS2812 高低电平驱动时间范围见表 13.2,0 码、1 码和复位信号波形如图 13.14(a)所示,多个灯珠之间的级联方式如图 13.14(b)所示,而要驱动 WS2812 工作,需要严格遵守它的时序要求。对于 8051 单片机来讲,驱动起来有点费劲,因为 8051 单片机单条指令的执行周期都在微秒级附近。

表 13.2　WS2812 传输时间

T0H	0 码,高电平时间	$220 \sim 380$ns	T1H	1 码,高电平时间	580ns$\sim 1 \mu$s
T0L	0 码,低电平时间	580ns$\sim 1 \mu$s	T1L	1 码,低电平时间	$220 \sim 420$ns
RES	帧单位,低电平时间	280μs 以上			

除供电外,每两颗灯珠之间数据线通过首尾相连方式连接,也正是因为这个特性,单总

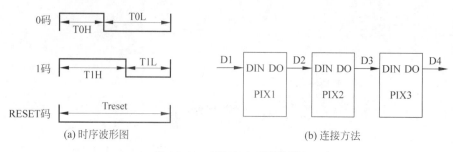

图 13.14 WS2812 时序波形

线灯珠使用起来非常方便,如图 13.15 所示。可能有些读者对于该灯珠的时序要求还有点担忧,但是对于初级玩家来讲,FastLED 和 Adafruit_NeoPixel 两个优秀的开源库可以让你快速上手。

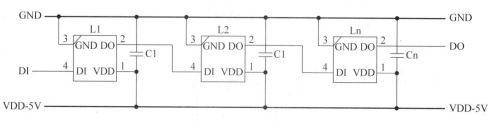

图 13.15 WS2812 级联电路

Arduino 驱动 WS2812 灯带只需连接 3 根线,分别为 VDD(电源正极)、GND(电源负极)和 DI(数据输入),如图 13.16 所示。

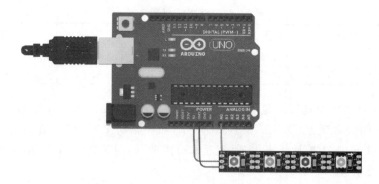

图 13.16 Arduino 与 WS2812 灯带连接方式

使用 Adafruit_NeoPixel 库驱动 WS2812 比较简单,引脚也可以随意定义,直接调用驱动库函数就可以实现想要的效果,参考驱动代码如下:

```
# include < Adafruit_NeoPixel.h >

# define PIN      A0
# define NUMPIXELS 4

Adafruit_NeoPixel strip(NUMPIXELS, PIN, NEO_GRB + NEO_KHZ800);

void setup()
{
    strip.begin();
    strip.show();
}

void loop()
{
    strip.setPixelColor(0, strip.Color(255,0,0));
    strip.setPixelColor(1, strip.Color(0,255,0));
    strip.setPixelColor(2, strip.Color(0,0,255));
    strip.setPixelColor(3, strip.Color(0,255,255));
    strip.show();
}
```

代码中实现驱动 4 颗 WS2812 灯珠,数据输入连接引脚为 Arduino UNO 的 A0 引脚,当然也可以任意定义并连接其他引脚。执行完的最终效果为第 1 颗灯珠显示红色,第 2 颗灯珠显示绿色,第 3 颗灯珠显示蓝色,最后一颗灯珠显示蓝绿混合色。为实现数据可靠传输,建议级联之间的线不要太长,并且灯珠数量≤500 颗,满足日常使用基本上没什么问题。

思考与拓展　这里有读者可能会想,既然这种动态刷新在生活中使用得这么频繁,为什么不给它设计个专用电路或者专用芯片呢? 读者能想到这个问题,其实工程师也早就想到了,像大型的户外 LED 点阵显示屏就使用了集成驱动芯片,通过专用协议就可以对其进行控制,另外数码管也有专用驱动芯片,例如 MAX7219。

第 14 章

A/D——数字与模拟世界沟通的桥梁

14.1 A/D 原理

经过前面章节的学习,读者了解到单片机只能识别并处理数字信号,但是现实生活中很多信号并不是数字的,例如温度、电压、电流、压力、水位等,如图 14.1 所示,这些模拟信号该如何识别? 又是如何转换成数字信号供单片机处理的?

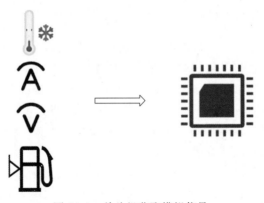

图 14.1　单片机获取模拟信号

A/D(Analog to Digital)模数转换模块在这中间就起到了重要的桥梁作用,小到单片机自带 A/D 转换模块,大到动辄几百上千万像素摄像头,以及高端示波器等绝大多数数字信号是通过模数转换芯片转换后得到的。只有将模拟信号先进行量化处理,单片机或 CPU 才能对数字信号进行处理,本章从单片机的 A/D 采集模块着手,来窥探模数转换器的基本原理和使用方式。

单片机中常用的模数转换器为逐次逼近型 A/D,下面一起来看一下该类型的 A/D 转换器的基本原理。一个简单的电阻分压电路如图 14.2(a)所示,根据欧姆定律可以得到 $V1 = 5V \times R7/(R1 + R2 + R3 + R4 + R5 + R6 + R7 + R8) \approx 0.333V$,同理可以得到 $V2 \approx 1.000V$,$V3 \approx 1.668V$,这样得到的电压 V1、V2、V3、V4 显然不能直接给单片机处理。

给分压电路加上比较器,如图 14.2(b)所示,假设此时 VI 输入的电压为 2.000V,将输入电压 VI 与每一路分压得到的参考电压 Vn 输送给比较器进行比较,为了方便处理将 VCC 设为 5V,此时可以得到 D1、D2、D3 比较器输出端为高电平,D4～D7 比较器输出端为低电平。给每个比较器的输出端接上一颗 LED,改变 VI 的输入电压,最终可以通过 LED 亮灭显示得到不同的组合值。这种高低电平单片机是可以处理的,通过判断不同的组合值得到对应的电压就可以计算出 VI 的输入电压范围,这是最简单的模数转换数字量化电路。

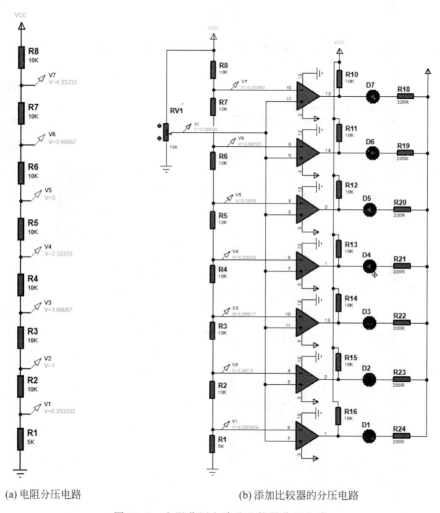

(a) 电阻分压电路　　　　　　(b) 添加比较器的分压电路

图 14.2　电阻分压电路及比较器分压电路

读者有没有注意到一个问题,添加比较器电路后假设现在输入电压为 5V,那么在 8 个比较器的输出端上表现出来的电压都为高电平,要怎么将这些高低电平的二进制数转换成读者所能理解的值呢? 如果直接进行二进制转换得到的十进制数显然不对,对于单片机来讲也不好处理,另外 A/D 进行电压采样时需要稍微停留一段时间,如果采集的速度过快,则突变的干扰电压也会被采集到,为了方便数据的处理,在比较器的输出端加上扩展芯片 74LS148(优先编码器)对数据进行预先处理,如图 14.3 所示,这样从优先编码器出来的数据可以方便读者使用熟悉的二进制进行处理。

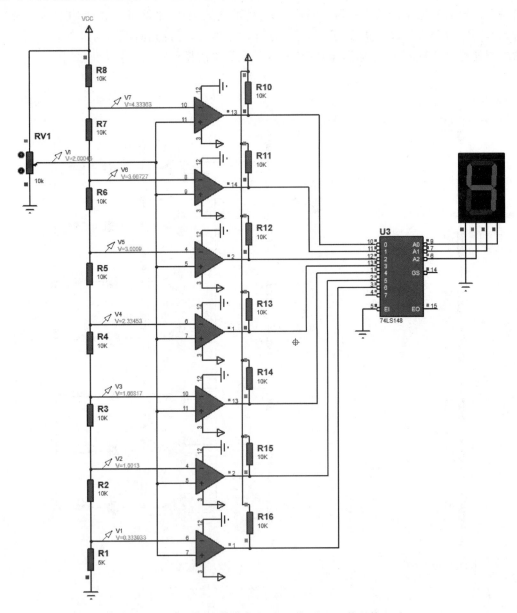

图 14.3　添加优先级编码器 A/D 使用 BCD 数码管显示

一款 A/D 转换器的内部完整原理如图 14.4 所示,它是在图 14.3 的基础上进一步加上了寄存器,可以将采集的数据先存储,然后单片机直接读取寄存器中的数据。电压比较器用于对输入电压进行分类,运放的负极连接模拟电压大小为$(2n-1)/15(n=1,2,\cdots,7)$的端口,分压电阻中每两个电阻之间的节点都接在比较器的负端。通过电压比较后将比较结果数据传输给寄存器。使用寄存器存储的目的是因为比较结果可能会有变化,待稳定后通过优先译码器将采样后的模拟电压转化为二进制数字量,各输入电压值之间的对应关系见表 14.1。

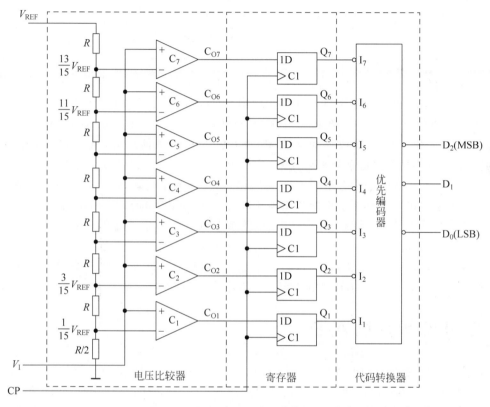

图 14.4　完整的 A/D 模数采集原理框图

表 14.1　输入模拟电压对应于数字量输出值

输入模拟电压	寄存器状态(代码转换器输入)							数字量输出(代码转换器输出)		
V_I	Q7	Q6	Q5	Q4	Q3	Q2	Q1	D2	D1	D0
$\left(0\sim\dfrac{1}{15}\right)V_{REF}$	0	0	0	0	0	0	0	0	0	0
$\left(\dfrac{1}{15}\sim\dfrac{3}{15}\right)V_{REF}$	0	0	0	0	0	0	1	0	0	1
$\left(\dfrac{3}{15}\sim\dfrac{5}{15}\right)V_{REF}$	0	0	0	0	0	1	1	0	1	0
$\left(\dfrac{5}{15}\sim\dfrac{7}{15}\right)V_{REF}$	0	0	0	0	1	1	1	0	1	1

续表

输入模拟电压	寄存器状态（代码转换器输入）							数字量输出（代码转换器输出）		
$\left(\frac{7}{15}\sim\frac{9}{15}\right)V_{\text{REF}}$	0	0	0	1	1	1	1	1	0	0
$\left(\frac{9}{15}\sim\frac{11}{15}\right)V_{\text{REF}}$	0	0	1	1	1	1	1	1	0	1
$\left(\frac{11}{15}\sim\frac{13}{15}\right)V_{\text{REF}}$	0	1	1	1	1	1	1	1	1	0
$\left(\frac{13}{15}\sim\frac{15}{15}\right)V_{\text{REF}}$	1	1	1	1	1	1	1	1	1	1

本节只介绍了众多 A/D 转换器电路中的一种，感兴趣的读者可以进一步去探索其他 A/D 转换电路的实现方式。另外再介绍在使用 A/D 时需要注意的几个问题。误差一般跟 A/D 所能表现的位数有关系，图 14.4 中的 A/D 转换器的误差为 $(1/15)$VCC≈0.333V；常见的 A/D 有 8 位、10 位、12 位等，位数越高，误差就越小，它所能测量的电压也就越精确，当然相应的 A/D 内部电路也会越来越复杂，成本也会成倍增加。另外读者注意到 A/D 采样电路中还有一个关键性的参考电压 V_{REF} 也能影响最终的量化值，这也是为什么很多对采集电压要求较高的场合都不直接使用电源电压作为参考电压的原因，而是给 V_{REF} 引脚外接专用参考电压芯片，并且为了方便计算，这些参考电压往往会选择 2.048V、4.096V 等数值。单片机内部需要集成 A/D 转换电路才能读取模拟电压数据，很多单片机考虑到成本和实际使用场景，有些并没有集成 A/D 转换电路，这时就要通过外接 A/D 转换芯片才能使用，例如 ST89C52RC 这款单片机的内部就没有集成 A/D 转换电路。

14.2 PIC 单片机 A/D

PIC 单片机内部 A/D 转换模块的原理如图 14.5 所示，与 14.1 节介绍的 A/D 原理一样，同样要考虑成本问题，一般单片机内部只集成一个 A/D 转换物理电路，采用模拟开关切换方式，轮流采集不同端口电压值，如图 14.6 所示。

PIC16 模数转换寄存器见表 14.2，直接看显然不太容易理解，但是结合 14.1 节内容，然后对照图 14.5 所示的 A/D 内部框图，读者是不是感觉瞬间好理解了许多。A/D 电路中由于带有存储数据寄存器，而寄存器需要时钟源，ADCSx 用于配置时钟输入；另外还需要参考电压，PCFGx 则用来配置参考电压，细心的读者可能已注意到，它的正负参考电压都可以配置，前面提到过，考虑到成本问题，一般的单片机内部只有一个物理的 A/D 转换电路，当采集多路电压时通常采用复用方式，CHSx 用于复用端口选择配置，将以上这些寄存器都配置好，最后使用 ADON 启动 A/D 转换器；A/D 转换电压需要一定的时间，所以什么时候转换完数据需要通过判断 GO/$\overline{\text{DONE}}$ 值来确认，最终得到的值可通过读取 ADRESH 和 ADRESL 两个寄存器获取，然后将得到的两个数值相加即可。需要注意的是 PIC16F877A 这款单片机的 A/D 为 10 位，所以计算时不需要的位要将其屏蔽掉。

FIGURE 13-1: COMPARATOR VOLTAGE REFERENCE BLOCK DIAGRAM

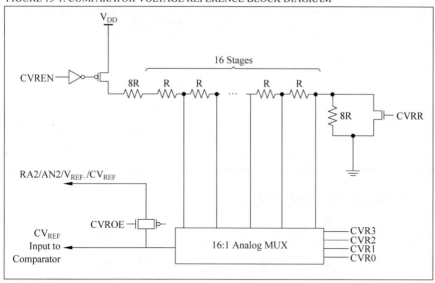

图 14.5　PIC16 模数转换电路内部原理

FIGURE 11-1: A/D BLOCK DIAGRAM

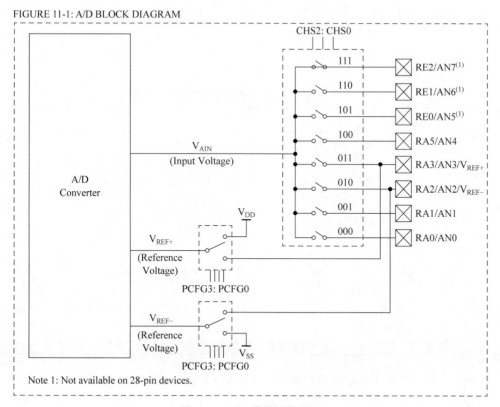

图 14.6　PIC 模数转换框图

表 14.2　PIC A/D 转换需要用到的寄存器

描　述	地址	位地址及符号							
		MSB							LSB
ADCON0	1FH	ADCS1	ADCS0	CHS2	CHS1	CHS0	GO/$\overline{\text{DONE}}$	—	ADON
ADCON1	9FH	ADFM	ADCS2	—	—	PCFG3	PCFG2	PCFG1	PCFG0
ADRESH	1EH	A/D 转换结果寄存器高 8 位							
ADRESL	9EH	A/D 转换结果寄存器低 8 位							

PIC16 通过 RA0 采集模拟电压的完整代码可参考附件 Chapter14/PIC16_ADC。

14.3　MSP430 单片机 A/D

MSP430G2553 单片机内部 A/D 转换模块原理如图 14.7 所示,位数也是 10 位,该 A/D 转换电路的原理与 14.1 节所介绍的不一样,它是一款 SAR(逐次逼近型)A/D 转换器,关于逐次逼近型 A/D 的原理,读者可参考其他专业文章,笔者这里就不展开介绍了。

MSP430G2553 模数转换相关寄存器见表 14.3,同样可以在图 14.7 中找到一一对应的位置。相比 PIC16 单片机,MSP430 的 A/D 转换器相对来讲复杂些,但是无论它怎么复杂,大致使用流程差不多,ADC10SSELx 用于选择时钟输入,INCHX 用于选择参考电压和输入引脚,ADC10SC 用于配置采样时间,ENC 用于控制使能 A/D 采样,ADC10MEM 则为 A/D 转换数据读取寄存器。

表 14.3　MSP430G2553 A/D 转换需要用到的寄存器

描述	地址	位地址及符号							
		MSB							LSB
ADC10CTL0	01B0H	SREFx(15:13)			ADC10SHTx(12:11)		ADC10SR	REFOUT	REFBURST
		MSC	REF2_5V	REFON	ADC10ON	ADC10IE	ADC10IFG	ENC	ADC10SC
ADC10CTL1	01B2H	INCHX(15:12)			SHSX(11:10)		ADC10DF		ISSH
		ADC10DIVx(7:5)		ADC10SSELx(4:3)		CONSEQx(2:1)			ADC10BUZY
ADC10AE0	04AH	ADC10AE0x							
ADC10AE1	04BEH	ADC10AE1x			保留				
ADC10MEM	01B4H	0		0	0	0	A/D 转换结果(9:8)		
		A/D 转换结果(7:0)(注意:这里只列出了右对齐的方式,还有左对齐没有列出)							
ADC10DTC0	048H	保留				ADC10TB	ADC10CT	ADC10B1	ADC10FETCH
ADC10DTC1	049H	DTC 转换							
ADC10SA	01BCH	ADC10SAx(15:0)起始地址数据转换寄存器							

MSP430 模拟电压采集的完整代码可参考附件 Chapter14/MSP430_ADC。

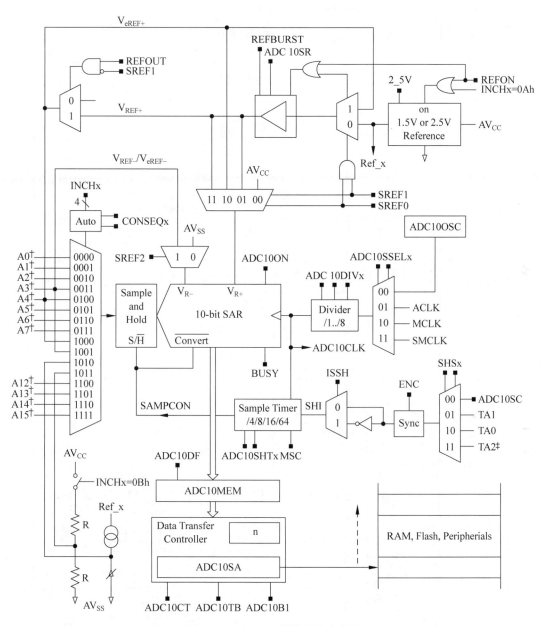

图 14.7　MSP430 模数转换内部框

14.4　STM32 单片机 A/D

STM32F1 系列 A/D 分辨率为 12 位,其内部原理如图 14.8 所示,内部包含双 A/D 的框图如图 14.9 所示。该 A/D 转换器类型与 14.1 节中相同,也是逐次比较型。参考 14.2 节

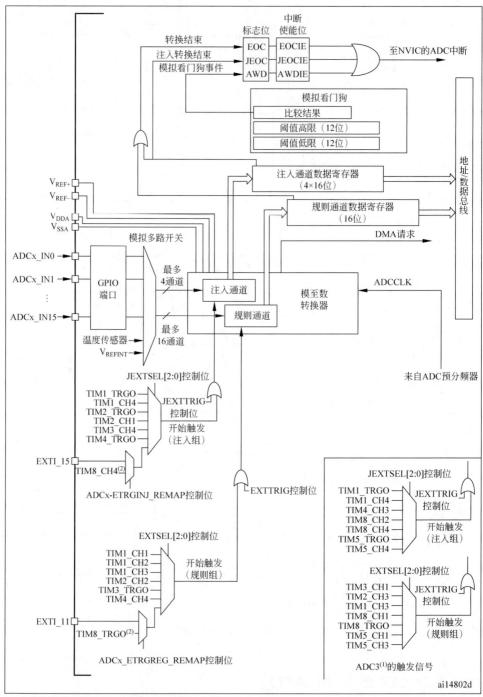

1. ADC3的规则转换和注入转换触发与ADC1和ADC2的不同。
2. TIM8_CH4和TIM8_TRGO及他们的重映射位只存在于大容量产品中。

图 14.8 STM32 单个 A/D 架构

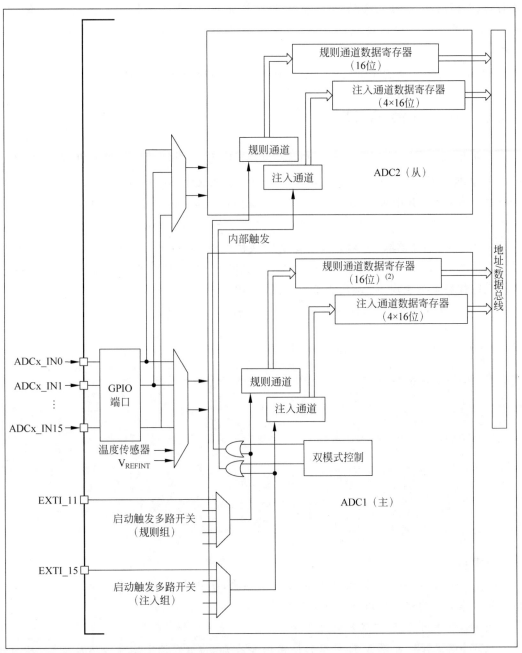

1. 外部触发信号作用于ADC2，但在本图中没有显示。
2. 在某些双ADC模式中，在完整的ADC1数据寄存器（ADC1_DR）中包含了ADC1和ADC2的规则转换数据。

图 14.9　STM32 双 A/D 框图

和 14.3 节,STM32 的 A/D 配置方法也是配置参考电压、配置输入引脚、配置 A/D 时钟、采样时间,然后启动 A/D 采样,最后读取 A/D 采样完的值。只是 STM32 官方为了方便读者使用,将这些寄存器进行便捷性封装,只需调用相关配置结构体和函数就可以实现最终功能。

STM32 模数转换的完整代码可参考附件 Chapter14/STM32_ADC。

14.5　Arduino A/D

Arduino UNO 开发板核心单片机芯片型号为 ATMEGA328,该单片机 A/D 转换器的内部原理如图 14.10 所示,它的分辨率为 10 位,相比于 STM32,Arduino 平台做了更人性化的工作,直接调用函数 analogRead(A0) 就可以读取 A0 端口的模拟电压,简直太方便了。

Arduino UNO 读取 A0 端口电压的实物连接如图 14.11 所示,可调电阻中间引脚为滑动电阻抽头与 Arduino UNO A0 端口连接,相比前面几种单片机的实现代码,Arduino 只需短短几行代码就能实现 A0 端口模拟电压读取功能。

Arduino UNO A0 端口模拟电压读取的代码如下:

```
void setup()
{
    Serial.begin(9600);
}

void loop()
{
    int sensorValue = analogRead(A0);
    Serial.println(sensorValue);
    delay(1);
}
```

思考与拓展

(1) 与 A/D 转换模块相反的是 D/A 转换模块,D/A(Digital to Analog)电路又是如何实现的? 感兴趣的读者可以进一步去了解。

(2) 如何使用 A/D 实现多按键功能?

(3) 普通单片机自带 A/D 常用的使用场合有哪些?(空调上室内外温度采集、压力传感器、水位、油位等)

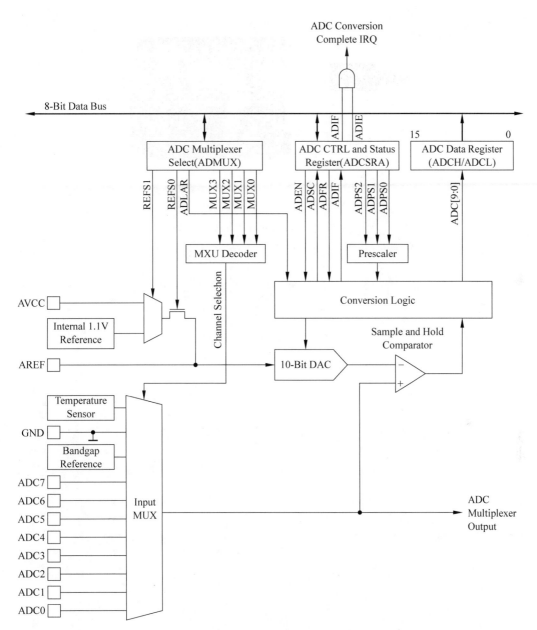

图 14.10 ATMEGA328P 单片机 A/D 转换原理图

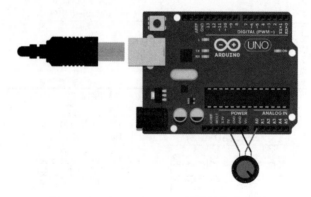

图 14.11　ATMEGA328P 模数转换实物图

第 15 章

以为只是 PWM，没想到有这么多"魔法"

无论是数字电路还是模拟电路时代，PWM 永远是个绕不开的话题，它在生活中无处不在。消费电子、工业控制或汽车电子控制领域中都有它的身影。下面一起来了解一下它到底有哪些神奇之处。开始深入了解之前，先一起看一个非常熟悉的呼吸灯例子，如图 15.1 所示。

Arduino 呼吸灯代码可参考附件 Chapter15/Breath_LED。

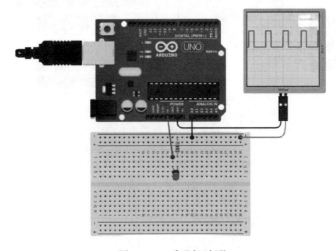

图 15.1　呼吸灯波形

15.1　PWM 介绍

PWM 全称为脉冲宽度调制（Pulse Width Modulation），是通过将有效电信号分散成离散形式从而来降低电信号所传递的平均功率的一种方式，根据面积等效法则，可以通过改变脉冲的时间宽度来等效地获得所需要合成的相应幅值和频率的波形。

15.1.1　多种方式实现 PWM

实现 PWM 脉冲并不是单片机的专属,使用信号发生器产生的锯齿波输出给 LM393 比较器反相端,然后用一个可调电阻输出的电压作为参考电压连接到比较器同相端,可以得到一个脉冲宽度调节电路,如图 15.2 所示,调节信号发生器锯齿波输出的频率可以改变PWM 的频率,调节可变电阻可以改变 PWM 脉冲宽度。

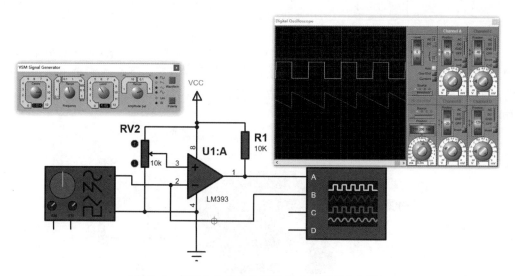

图 15.2　信号发生器与比较器组成的 PWM 电路

但是在实际使用过程中,读者不可能带着信号发生器,所以实际电路中一般使用 555 定时器来产生脉冲宽度可调电路,如图 15.3 所示。

15.1.2　专用名词解释

1. 频率

频率为每秒信号由高电平变为低电平再回到高电平的次数,如图 15.4 所示,频率为周期的倒数,频率=1/(高电平时间+低电平时间),如图 15.5 所示。

2. 占空比

高电平持续时间占比一个周期持续时间,占空比=高电平时间/(高电平时间+低电平时间),可以通过控制占空比来控制端口输出等效电压,如图 15.6 所示。

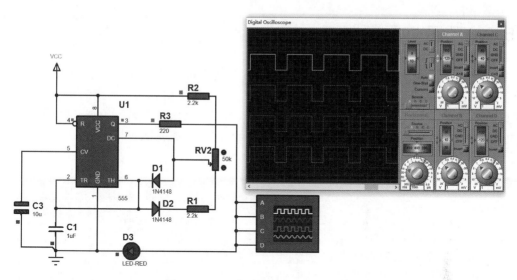

图 15.3　555 定时器 PWM 可调电路

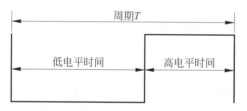

图 15.4　单个脉冲周期

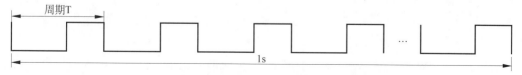

图 15.5　频率表示 1s 内相同脉冲个数

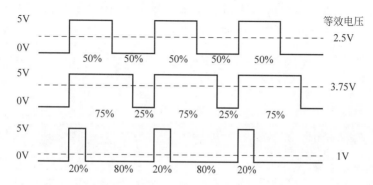

图 15.6　同频率下不同占空比波形等效电压

15.2 呼吸灯原理剖析

有了 15.1 节 PWM 的基础知识,接下来一起分析呼吸灯的原理。在第 13 章中详细解释了动态刷新的特性,这里的呼吸灯也是动态刷新的一种使用方式。同样利用了人眼视觉暂留的特性,首先将 PWM 的频率设置为 >50Hz,为了让肉眼看起来不闪烁,这里将延时设置成 100μs,频率 $f = (1/(100+100)) \times 10^6 = 5000$Hz,已经远远大于 50Hz。

5000Hz 频率 LED 闪烁的代码如下:

```
if(LED_Togle_Flag)
{
    digitalWrite(LED, HIGH);
    delayMicroseconds(100);
    digitalWrite(LED, LOW);
    delayMicroseconds(100);
}
```

为了能让延时可以改变,给延时单独添加一个变量 PWM_Time,总延时加起来还是 200μs,加上 PWM_Time 变量后的代码如下:

```
if(LED_Togle_Flag)
{
    digitalWrite(LED, HIGH);
    delayMicroseconds(200 - PWM_Time);
    digitalWrite(LED, LOW);
    delayMicroseconds(PWM_Time);
}
```

接下来,让 PWM_Time 动态地"滚动"起来,但滚动的频率不能太大。因为没有用到定时器控制方式,使用的是传统阻塞式延时,为了将速度降下来,单独定义一个计数变量,每计数 30 次,也就是 $30 \times 200 \approx 6000$μs,即 6ms,完整计算下来,PWM_Time 累加至 200 需要约 1200ms,也就是 1.2s,最后得到的完整动态计数代码如下:

```
count++;
if(count == 30)
{
    count = 0;
    PWM_Time++;
    if(PWM_Time >= 200)
    {
        PWM_Time = 0;
    }
}
```

15.3 舵机控制

舵机在电赛小车、机械臂、遥控飞机上应用非常广泛,如图 15.7 所示。因其内部自带闭环控制的特性,读者只需给它输入一个固定频率不同占空比的脉宽,就可以实现舵机转动控制,部署和实施起来也非常方便。实验室中常用的舵机型号为 SG90,只需连接 3 根线就可以对其进行控制,如图 15.8 所示。舵机脉冲宽度也就是占空比对应的舵机角度,如图 15.9 所示。

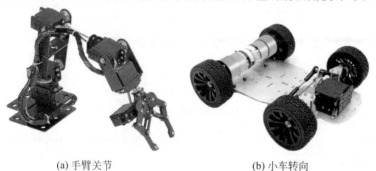

(a) 手臂关节　　　　　　　(b) 小车转向

图 15.7　舵机的应用场景

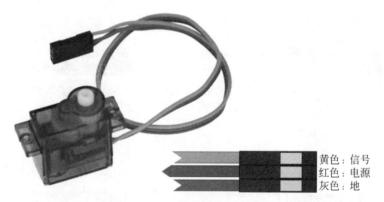

黄色:信号
红色:电源
灰色:地

图 15.8　SG90 舵机和引脚定义

SG90 舵机的基准脉冲周期为 20ms,换算成频率为 50Hz,所以要驱动 SG90 舵机,只需给舵机输入一个固定频率的脉冲,然后改变脉冲的占空比,使用 Arduino 产生 50Hz 的代码如下:

```
int Pulse_Time = 500;
void loop()
{
    digitalWrite(Servo_Pin, HIGH);
    delayMicroseconds(Puls_Time);
    digitalWrite(Servo_Pin, LOW);
    delayMicroseconds(20000 - Pulse_Time);
}
```

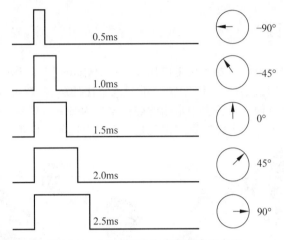

图 15.9 SG90 舵机脉冲宽度对应角度

改变代码中 Pulse_Time 的值可以控制舵机转动不同角度。不同 Pulse_Time 对应的舵机角度实验效果如图 15.10 所示。

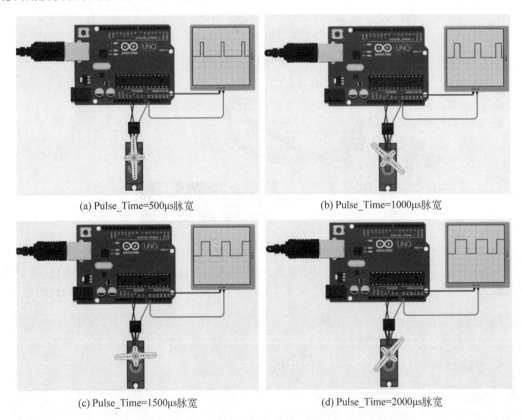

(a) Pulse_Time=500μs脉宽

(b) Pulse_Time=1000μs脉宽

(c) Pulse_Time=1500μs脉宽

(d) Pulse_Time=2000μs脉宽

图 15.10 调整脉冲宽度实现舵机转运的不同角度

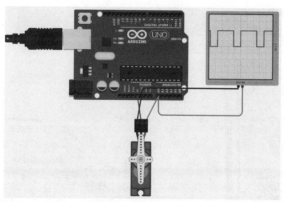

(e) Pulse_Time=2500μs脉宽

图 15.10 （续）

从上面的示例来看驱动舵机也不是很困难，只要按照要求给舵机输入它想要的脉冲就行，有条件的读者可以使用信号发生器输出可变占空比脉冲测试舵机，看它是否按照要求转动。示例中的代码只是把舵机驱动一个固定的角度，那能不能通过串口来接收角度连续性的驱动舵机？因为在 loop()中一般有其他函数执行，所以需要一定的时间，这会影响到舵机的脉冲频率。在第9章中读者学习了如何使用定时器，并且定时器是在中断函数中执行，正因为它的这个特点无论在主函数中执行什么代码，都不会影响定时器的定时精度。将第9章中定时器的例子稍加改造，然后加入串口接收功能，就可以得到一个高级的舵机驱动程序。Arduino串口接收控制舵机代码可参考附件 Chapter15/Arduino_Timer_Servo。

15.4 步进电动机控制

15.4.1 步进电动机原理

步进，即一步一步地前进，步进电动机正如其名字，它是一种把电脉冲信号变换成角位移来控制转子转动的电动机。在自动控制装置中作为执行部件，每输入一个脉冲信号，步进电动机前进一步，故又称脉冲电动机，也是因其方便部署和易于控制的特性，相比伺服电机在价格上更具优势，所以它常用于 3D 打印机、贴片机等精密自动化控制场合，如图 15.11 所示。

15.4.2 步进电动机控制实现

一种简单的步进电动机测试电路如图 15.12 所示。很多读者可能想不到，该电路居然也可以让步进电动机转动，其实让步进电动机转动并不是单片机的专属，电路中只需反复地按下并松开按键，步进电动机每次都会转动一个很小的角度，持续按下及松开按键多次后，

(a) 步进电动机用于3D打印机

(b) 步进电动机用于桌面贴片机

图 15.11　步进电动机常用于精确控制场合

会发现步进电动机转动了一定的角度。

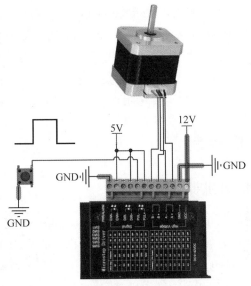

图 15.12　步进电动机驱动测试电路

　　注意：直接用单片机输出脉冲控制步进电动机，每输出一个脉冲信号，步进电动机转动固定步进角，该步进角度是可设置的，常用的步进角为 1.8°，所以控制步进电动机速度时可以通过控制单片机输出的频率（占空比设置成 50%，其他占空比控制步进电动机也可以工作）。

　　谈到步进电动机很多读者并不陌生，如图 15.13(b) 所示，但是一说到电动机控制，很多人总感觉电动机很复杂，一方面电动机的种类实在太多了，从使用电的性质来讲可以分为交流电动机和直流电动机，而交流电动机往下细分又有多个品类，直流电动机往下细分也有多个品类。关于电动机科普内容本章不做过多介绍，但是笔者建议读者每使用一种电动机就掌握一种电动机原理，以此来积累。步进电动机属于无刷直流电动机范畴，在工业或消费电子中使用步进电动机一般需要与步进电动机驱动器配合使用，如图15.13(a)所示。而在很多3D打印机或桌面自动化控制产品中，由于使用的步进电动机功率小，采用体积更小巧的DRV8825或A4988芯片驱动模块来控制步进电动机，如图15.14所示。无论使用哪种形式的控制器，原则上控制步进电动机的方式都是一样的，除非有些厂家比较另类，自己设计了独特的驱动方式。

(a) 工业用步进电动机驱动器　　　　(b) 两相四线42步进电动机

图 15.13　工业场合中常用的步进电动机搭档

(a)DRV8825模块　　　　　(b) A4988模块

图 15.14　3D打印机中常用的步进电动机控制模块

使用步进电动机控制器驱动步进电动机时首先需要对控制器进行必要的设置,常用的步进驱动器设置见表 15.1,读者在步进电动机控制器外壳上经常会看到该设置表,该表主要用来设置步进电动机控制器每个脉冲旋转的角度及控制器工作时电流的大小,实际上在要进行精确控制时,根据读者的细分模式可以计算出每个脉冲转动的角度。例如对照表 15.1 将细分设置为 1 时,步进电动机控制器每输入 200 个脉冲才会旋转一圈(360°),也就是说每个脉冲的角度为 1.8°,其他细分参照表格以此类推计算。图 15.14(b)中 A4988 模块的细分角度调整见表 15.2,它的工作电流则是通过调整模块上可变电阻来控制的。

表 15.1 步进电动机控制器设置

细分	脉冲	S1 状态	S2 状态	S3 状态	电流/A	S4 状态	S5 状态	S6 状态
NC	NC	ON	ON	ON	0.5	ON	ON	ON
1	200	ON	ON	OFF	1.0	ON	OFF	ON
2/A	400	ON	OFF	ON	1.5	ON	ON	OFF
2/B	400	OFF	ON	ON	2.0	ON	OFF	OFF
4	800	ON	OFF	OFF	2.5	OFF	ON	ON
8	1600	OFF	ON	OFF	2.8	OFF	OFF	ON
16	3200	OFF	OFF	ON	3.0	OFF	ON	OFF
32	6400	OFF	OFF	OFF	3.5	OFF	OFF	OFF

表 15.2 A4988 步进电动机控制器模块步进值设置

细分	MS1	MS2	MS3	细分	MS1	MS2	MS3
1	0	0	0	1/8	0	1	1
1/2	1	0	0	1/16	1	1	1
1/4	0	1	0				

在图 15.12 的测试电路图中,既然使用按键产生的脉冲能驱动步进电动机转动,那么使用单片机的 I/O 端口代替按键显然没有任何问题。Arduino 控制工业步进电动机驱动器电路的连接方式如图 15.15 所示,控制 A4988 步进电动机驱动模块电路的连接方式如图 15.16 所示,Arduino 产生固定频率脉冲驱动步进电动机的代码如下(对应图 15.15 连接方式):

```
void setup() {
  pinMode(A0, OUTPUT);          //使能控制
  pinMode(A1, OUTPUT);          //控制步进电动机方向
  pinMode(A2, OUTPUT);          //控制器脉冲输入

  digitalWrite(A0,HIGH);
  digitalWrite(A1,HIGH);
}
void loop() {
  digitalWrite(A2,HIGH);
```

```
delayMicroseconds(600);
digitalWrite(A2,LOW);
delayMicroseconds(600);
}
```

上面的代码在运行过程中步进电动机会保持固定的速度转动,假设这里将细分模式设置为4,对照表格15.1,可以计算出使用当前代码步进电动机的转速为多少。

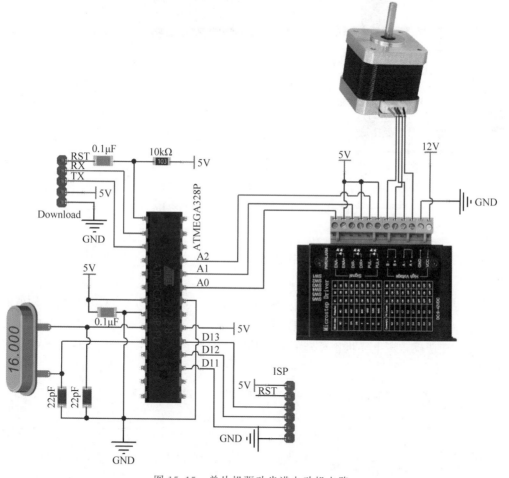

图15.15　单片机驱动步进电动机电路

由于步进电动机每接收到一个脉冲就转动一个预先设定好的角度,不同于呼吸灯和舵机,步进电动机是通过改变PWM脉冲的频率来改变步进电动机的转速。既然步进电动机每次转动的角度是固定的,那么要实现精准的角度转动,则只需计算出实际带动设备的机械比例值就可以计算出每一步的精度,从而可以实现精确定位控制。

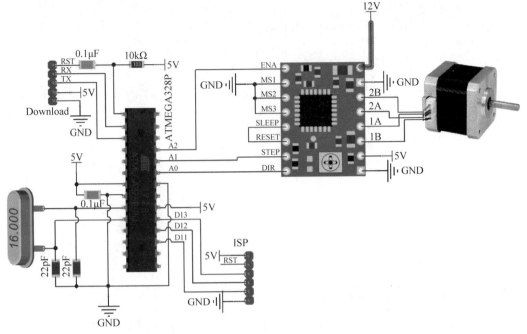

图 15.16　A4988 步进电动机驱动电路

15.5　PWM 直流电动机调速

前面讲到在频率不变的情况下，通过调整 PWM 占空比，可以实现电压等效平均值的变化，而电动机的速度由电压决定，扭矩由电流决定。用 Arduino 结合 H 桥功率驱动芯片 L9110H 搭建驱动直流电动机正反转的电路如图 15.17 所示。Arduino 实现直流电动机调速的代码如下：

```
int motorPin_A = 8;
int motorPin_B = 9;

void setup() {
    pinMode(motorPin_A, OUTPUT);
    pinMode(motorPin_B, OUTPUT);
    Serial.begin(9600);
    while (! Serial);
    Serial.println("Speed 0 to 255");
    digitalWrite(motorPin_A, LOW);
}
int speed = 0;
void loop() {
```

```
        if (Serial.available())
        {
          speed = Serial.parseInt();
          if (speed > 0 && speed <= 255)
          {
              Serial.println(speed);
              analogWrite(motorPin_B, speed);
          }
        }
}
```

其中，analogWrite(motorPin_B,speed)用来调整 PWM 的占空比。上面的代码需要注意的是，电动机的初始启动阻力比较大，电机线圈阻值为固定值，要想获得初始的大启动力矩，就必须加大电压，如果直接发送比较小的占空比，电动机则很有可能启动不了，所以要先发送大的占空比让电动机先启动，然后调整占空比至最终的控制速度。

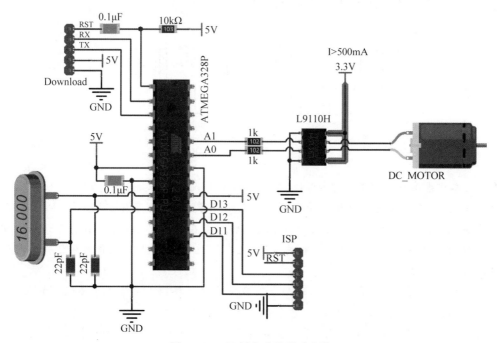

图 15.17　H 桥电动机驱动电路

使用 PWM 脉宽调节出来的电压为脉冲直流电压，如果给该脉冲直流电压加一个储能滤波电路，那么又会达到什么样的效果？一个初级版的可调电源就诞生了，关于开关电源的详细原理读者可以参考其他专业文章或介绍开关电源的书籍。

思考与拓展

（1）PWM 控制方式通过改变脉冲宽度、频率衍生出来的各种波形可应用于生活中的方方面面，这种方式的巧妙之处在于它始终让功率管工作于开关模式下，根据欧姆定律计算可以得到这种方式可以大大降低功率管的发热损耗,产品体积也能做得更小。读者接触到PMW最多的使用场景要属控制方面,但是殊不知 D 类放大器也使用了 PWM 调制方式,否则同等体积下手机或移动设备是不可能塞下传统大功率功放模块的。读者仔细思考下生活中还有哪些地方或产品中运用了 PWM 原理? 用 PWM 模拟正弦波如图 15.18 所示,对此是否有似曾相识的感觉?

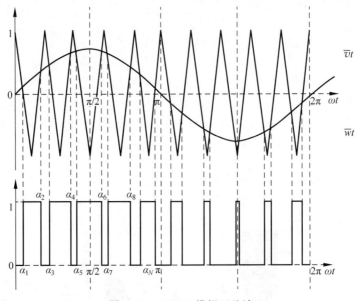

图 15.18　PWM 模拟正弦波

（2）本章很多内容只是简单地介绍了电动机如何驱动起来,但是电动机在实际运用中需要很多技巧,例如步进电动机尽管安装和驱动很简单,但是为了保证它不丢步,需要启停控制算法配合,这方面读者可以自己先去探索,如果实在没有思路,则可以参考开源打印机Marin,里面有很多步进电动机控制相关算法,而在工业控制中 PLC 软件自带了很多步进电动机启停控制算法。

（3）因为 PWM 应用非常广泛,现如今很多单片机直接在内部集成了高级功能的 PWM模块,单片机内部的外设从来不是一成不变的,只要有市场需求,下一代单片机都会将其集成进去。就像最近几年物联网比较火,很多单片机已将蓝牙、红外、WiFi、载波通信等模块集成进去,没有做不到的,只有想不到的。

提 高 篇

第 16 章

学了很多东西，实际项目中如何用——硬件部分

16.1 实际项目电路与单片机入门电路差距

一说到嵌入式电路板，很多读者脑海里立马会浮现出复杂的电路，上面有许许多多没见过的元器件，不知道如何入手，这些电路与在学校学习单片机时的电路差距很大，从而在实际项目中丧失一部分信心，要是接下来做嵌入式项目还碰到点"疑难杂症"，并且没有很好的解决思路，估计这时会对自己的职业生涯感到迷茫。对于初学者来讲，出现这种问题其实很正常，首先在入门阶段读者更多关注的是以实现功能为主，没有其他过多的苛刻性要求，而实际项目或者产品一方面要照顾可靠性与稳定性，另一方面还要考虑实际物料成本等。一款无刷直流电机控制板如图 16.1 所示，如果只考虑实现基础功能，则可以减少很多元器件。

图 16.1 某电机控制板实物

在第一部分入门学习中，笔者通过各种对比方式将单片机项目中常用的硬件模块结合程序给读者介绍了一遍，接下来一起继续详细了解实际商用电路又是怎样的，它到底与入门阶段的实验电路有多大区别。在校期间绝大部分人很少有机会接触到商业项目，而实验室项目主要以实现功能为主，所以在考虑电路和程序实现方面相对来讲也比较简单，商业项目

更需要考虑成本、时间、可靠性、行业标准、认证等诸多因素,但是无论它怎么变,还是有一定思路可循,读者也不要把它想象得太困难。首先对于工程师来讲,一定要有模块化思想意识,也就是说任何一个产品或项目它都可以拆分成多个具备一定功能的模块;就拿嵌入式项目硬件来讲,一个再复杂的电路基本上也可以拆分成这几大功能模块的部分模块,例如供电模块、输入电路模块、输出电路模块、模拟电路模块、通信电路模块、显示电路模块、无线通信电路模块等。亚马逊某款蓝牙无线按键产品的电路原理模块如图 16.2 所示,可以看到围绕在 MCU 周围的电路有供电电路、按键电路、天线电路、Flash 存储电路、时钟电路、LED电路、调试电路。该产品部分与 MCU 相关的电路如图 16.3 所示。

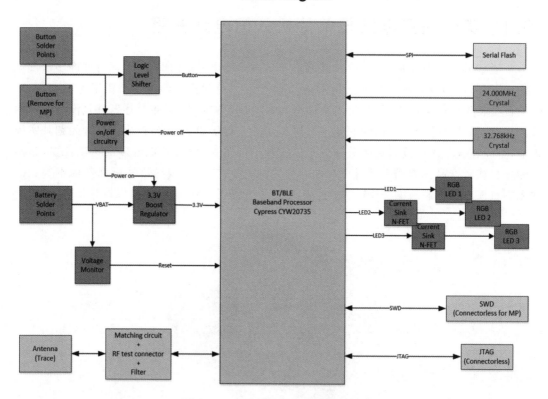

图 16.2　亚马逊某产品电路原理框图

就像单片机拥有最小系统电路一样,它只能说明使用最少元器件单片机能正常工作。例如给单片机添加一个外部独立看门狗电路,当单片机死机时,外部看门狗复位,确保单片机可更可靠地工作。同样地,对于输入电路,使用普通按键它可以工作,如果给它加上一个光耦,开关电压范围可为 5～32V,这种按键输入电路适应性更广,而如果将光耦换成其他芯片呢? 在功能电路上做延伸,使之能更适用于具体场景,这是设计模块电路的常用方式。

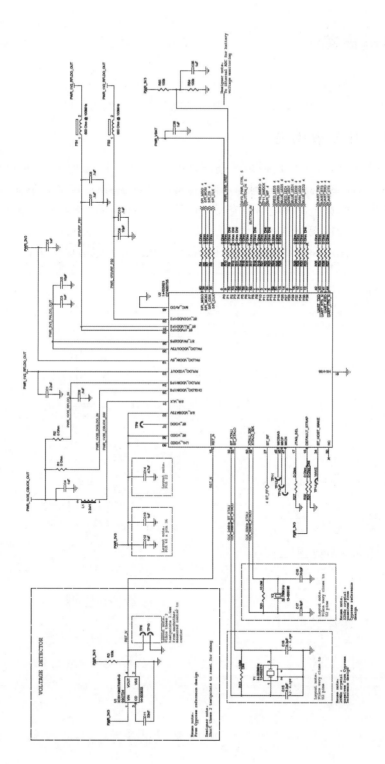

图16.3　亚马逊某产品主控部分原理图

16.2 供电电路

能量是一切设备赖以工作的基础,就像人要吃饭一样,设备、单片机系统要工作,供电是必不可少的,下面一起来看一下实际产品中的供电与普通开发板供电。

16.2.1 开发板供电

初学者使用的开发板上应用最多的电源供电电路如图 16.4 所示,这种电路一般选用 LDO 线性稳压芯片,该电路中的型号为 AMS1117-3.3 和 ASM1117-2.5,其中输出 3.3V 电压为 MCU 提供电源,整个电源电路没有反接保护,在实际使用时要特别注意防止电源正负极接反而引起电路烧坏,另外 ASM1117 在实际使用中当工作电流超过 300mA(芯片手册一般标记最大支持 800mA)时不建议长时间使用,尽管该芯片有过热保护功能。

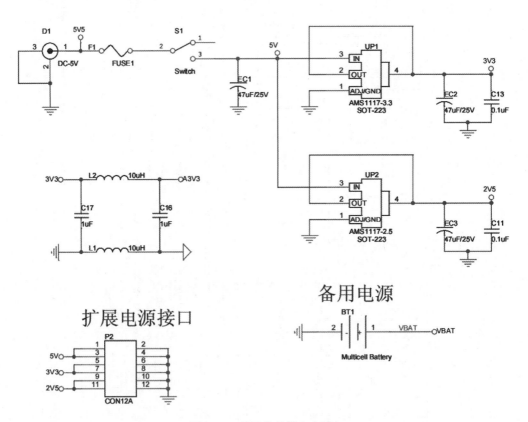

图 16.4 某开发板供电电路

16.2.2　消费电子产品供电

亚马逊量产的某款蓝牙按键产品电池升压电路部分如图 16.5 所示，该电源供电使用型号为 MP3414 的同步开关电源芯片将电池电压升压至 3.3V，也就是蓝牙芯片的工作电压，该电路还受控于按键开关，平时该升压电路不工作，只有当按键按下输出 BOOST_PWR_EN 使能信号时，升压电源芯片才能工作，同步开关电源芯片的优点是体积小，功率密度大，发热量少。

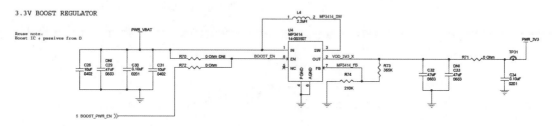

图 16.5　某消费电子产品供电

16.2.3　工业控制器供电

三菱某款 PLC 电源供电，如图 16.6 所示，该电源外部输入电压为 24V，经过由电容 C12、C13 和 L1、L2 电感组成的差模滤波，再经 CH3 共模电感滤波，最后由型号为 ZUW1R52415 科索降压电源模块将 24V 转换成±15V，为什么是±15V？这是因为 PLC 系统中的 A/D 模数转换电路需要用到负电源。使用一颗型号为 UPC1403 的 LDO 降压电源芯片将＋15V 转换成＋5V 来为 MCU 供电。读者注意到没有，整个电路里大容量电容特别多，毫不吝啬。

某工业通信板控制电源供电电路如图 16.7 所示，由于该通信板在整个控制器中的重要性，所以设计了两路供电，分别为 V12_PRI 主供电和 V12_SEC 辅助供电，通过单向二极管

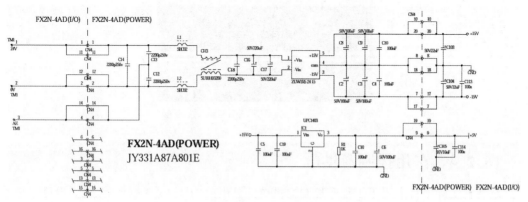

图 16.6　三菱某 PLC 控制器供电电路

D10 组成防逆流电路,实际工作时任意一路供电异常(电压过低或断电),另外一路供电就会不间断地补充上,这种供电方式在工业交换机中用得非常多。V12_IN 经共模滤波电感 L5 输出给 LTC3603 开关降压芯片,将 12V 电压转换成 5V 电压给后级芯片供电。

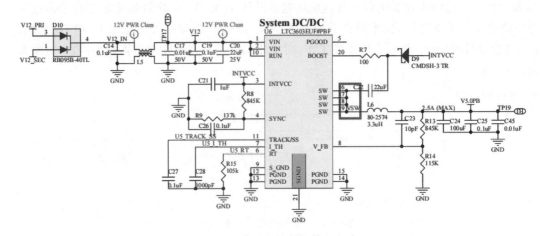

图 16.7　某工业控制板供电电路

S7-200 Smart PLC 实物供电电源的内部如图 16.8 所示,降压电路在后级电路上,该电路板主要负责差模滤波和共模滤波,里面大容量电容数量多且体积大。

图 16.8　西门子 S7-200 Smart 电源实物

16.2.4　车用控制器供电

笔者在实际项目中用于工程车控制器供电部分电路如图 16.9 所示,该电源电路参考芬兰一款型号为 EPEC2024 的电源部分并进行了改动,使其在具备原功能的同时,电路设计更灵活，并且成本更好控制。PTC1 和 Z7 组成突变电压保护电路，两个 P-MOS 管 Q2 与 Q5、稳压二极管 Z9、比较器 LM293 和 2SC1623 组成防反接和过压保护电路，稳压芯片 Z9 稳压值为 8.2V，用于提供基准电压输入给比较器 LM293 的同相端，过压保护电压为 32V，U6 为金升阳宽电压（9～32V）DC-DC 非隔离降压电源模块，该电路在实际项目中经过超过 5 年、数量多于 1000 量产检验。该电路其实还有多个变种，当整个电路板功耗不大时，可以将 Q5 的 P-MOS 管替换成二极管，成本会低一些，同样也能实现反接保护。

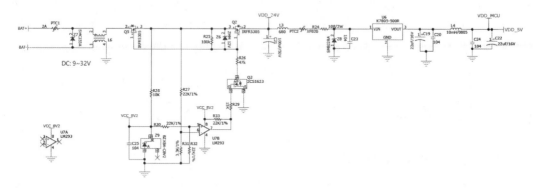

图 16.9 某工程车用控制器供电电路

某大公司研发的自动驾驶域控制器电源部分实物如图 16.10 所示，两个大电感用于供电共模滤波，整个电路中使用了非常多的 TVS 二极管、大容量的滤波电容、功率电感等。

图 16.10 某自动驾驶域控制器供电部分

16.2.5 电源电路总结

（1）开发板供电以实现功能为主，对低功耗和转换效率没有太高要求，对价格比较敏感。

（2）消费电子产品供电对电源转换效率、功率密度（占用面积和体积）有较高要求，一般选用同步 DC-DC 开关电源转换芯片升压或降压。同样移动产品对功耗也有极致的要求，例如亚马逊的这款产品要求待机状态下工作电流＜30μA。

（3）工业控制器 PLC 供电则对抗干扰要求比较高,本身工业现场工作环境也比较复杂,电机、电磁阀都是电磁干扰源。很多 PLC 或工业设备都直接选用市面上成熟的品牌电源模块,当然这类设备对稳定性和可靠性要求也很高,所以一般在其电源电路上可以看到安规电容、大容量滤波电容和滤波电感用料十足。

（4）对于车用控制器设备,笔者没有做过真正意义上的量产产品,但是车用电源对电压范围、电压突变、外部电源异常要求比较高。例如正常家用车电压波动范围在 $10\sim16V$,而车辆发动机启动时,电压瞬间跌落非常大,车辆启动后电压又上升得非常快等,所以其电源电路要求能抵抗这种突变电压,同时能适应宽范围电压,乘用车控制器供电范围为 $9\sim16V$,商用车供电范围为 $18\sim32V$,还要防止反接情况下不能损坏控制器,另外还要承受宽范围工作温度,典型的驾驶室内控制器工作温度要求为 $-40℃\sim80℃$。

16.3　输入电路

16.3.1　开发板输入电路

开发板和消费电子电路中常用的开关输入电路如图 16.11 所示,这种开关一般布置在离 MCU 比较近的位置,开关信号直接与 MCU 引脚相连。如果需要长距离布置开关,不建议直接使用这种形式,可以加一级防护电路或者使用三极管或 MOS 管作一级转换电路。

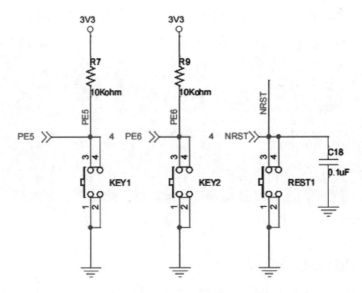

图 16.11　某开发板按键电路

亚马逊的某消费电子产品的开关输入电路如图 16.12 所示,该开关电路看起来比较复杂,由于该产品国内没有上市,其实物为一款蓝牙抢答器,使用一节 5 号电池供电,为了确保待机状态下低功耗,按钮未按下时蓝牙芯片没有供电,待机电流 $<30\mu A$,按键按下时信号分

为两路，一路用来控制升压电源的开启，该路电源开关与蓝牙芯片引脚输出的控制信号组成或逻辑。也就是说当按键按下后电源供电，蓝牙芯片开始工作，此时不管按键是否松开，只要蓝牙芯片内的程序功能未完成，输出自锁控制信号将继续保持电源供电，只有完成程序功能后才会释放该自锁控制信号，设备又回归到断电待机状态。另外一路经由 MOS 管转换后将开关按下的信号输送给蓝牙芯片，即开关信号。这种开关电路在待机功耗要求比较严格的产品中经常出现，例如早期的 MP3 开关机电路和遥控钥匙等。

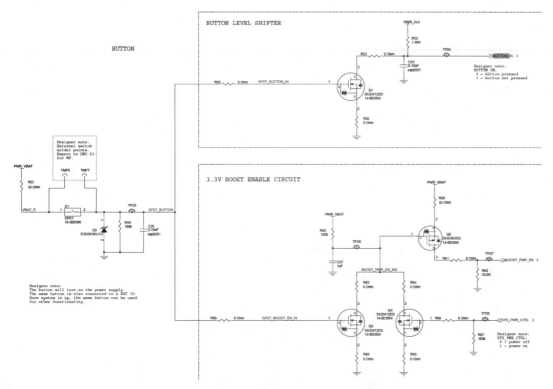

图 16.12　亚马逊某消费电子产品开关输入电路

16.3.2　工业输入电路

三菱某 PLC 输入电路如图 16.13 所示，该电路使用了一个带反向二极管的光耦，当输入反接时，光耦两端反接电压限制在二极管的压降上，从而保护光耦内的发光二极管不受损坏，光耦隔离的输出端上拉电阻至 5V 电源，同时光耦输出端接有 LED 指示灯，只要外部信号输入正确并且有效，当某通道有开关信号输入时，该通道指示灯就会亮起，这种电路是 PLC 开关输入常用的电路形式，光耦主要起隔离作用，因为 PLC 经常工作于强弱电混合的环境。

三菱某 PLC 光耦输入电路的实物如图 16.14 所示，该电路采用四合一光耦，即一个芯片里面集成了 4 个光耦，型号为 PS2805。

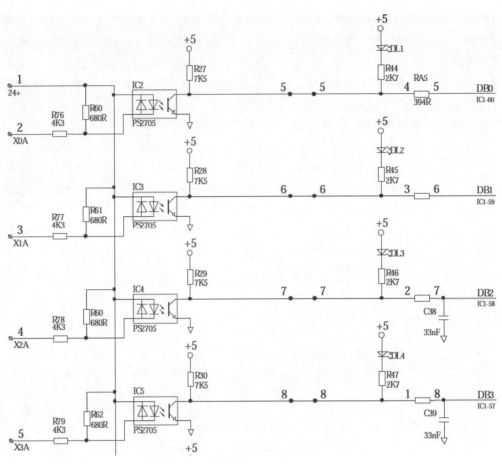

图 16.13 三菱 PLC 的输入端口

图 16.14 三菱某 PLC 输入电路实物

16.3.3　车用输入电路

笔者在实际工程车控制器中使用的一种开关输入电路，如图16.15所示，该电路可以滤除一定的高频杂波，另外也可以根据实际使用情况选择焊接上拉电阻或者不焊接上拉电阻，以满足高电平开关接法和低电平开关接法。在高电平开关接法下，开关信号输入电压范围在9～32V都可以正常工作。

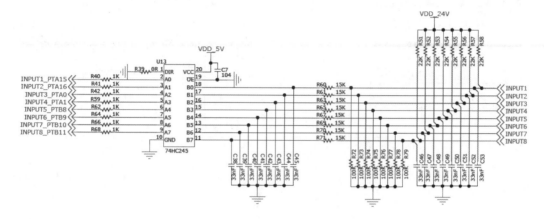

图16.15　某工程车用开关输入电路

16.4　输出电路

16.4.1　工业功率输出电路

三菱某PLC继电器的输出电路如图16.16所示，可以看到该电路使用了TC4094串转并扩展了芯片，使用型号为ULN2804集成芯片模块（内部为达林顿管）作为继电器功率驱动使用，每个继电器上都连接了一颗LED，驱动继电器工作时LED会被点亮，方便在使用过程中出现故障时，可以快速分辨是PLC自身问题还是外部电路问题。

型号为FX3U-48M三菱PLC继电器输出电路的实物如图16.17所示。

16.4.2　车用功率输出电路

笔者在实际项目中给工程车控制器使用的小批量量产功率驱动电路如图16.18所示，该电路参考了芬兰EPEC2024控制器，EPEC2024的外观和实物如图16.19所示，原电路带有故障保护功能，故障保护功能使用74HC245构成的检测电路监控每路功率输出，当外部对应接口短路时电压被急剧拉低，当单片机检测到74HC245的输入信号变化时将短路的那一路功率输出控制断开；可能有读者考虑，使用单片机检测会不会反应速度太慢了？这种故障检测电路笔者在另外一款控制器中使用过，实际效果非常好，因为单片机的执行时间可以达到微秒级,而实际这种短路故障只要在 30ms 以内检测到并做出处理就不会造成器件损坏。

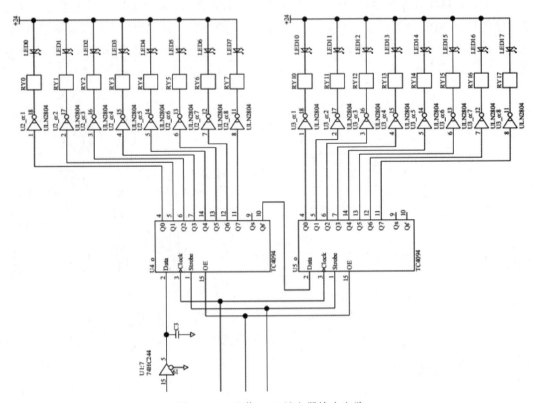

图 16.16　三菱 PLC 继电器输出电路

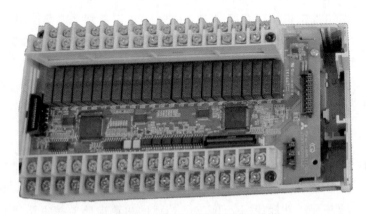

图 16.17　三菱 PLC 继电器输出实物

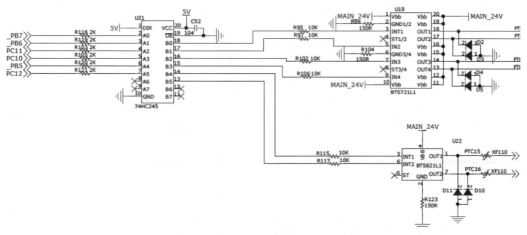

图 16.18　某工程车用高边功率开关输出电路

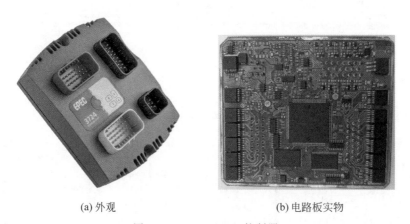

(a) 外观　　　　　　(b) 电路板实物

图 16.19　EPEC2024 控制器

16.5　A/D 采集电路

开发板和消费电子 A/D 采集电路本节就不举例了，这类 A/D 电路一般由传感器与电阻构成分压电路，然后将分压后的电压直接输送到单片机引脚上。

16.5.1　工业 A/D 输入电路

三菱某 PLC A/D 采集电路如图 16.20 所示，该电路支持负电压采集，仔细观察整个 A/D 转换电路，可以找到与单片机内部 A/D 电路相似的设计思想，输入由四路 A/D 负责采集，但是 A/D 转换芯片只有一个，型号为 AD7893，这也就意味着 A/D 转换芯片输入电压也只有一路输入，为了获得更精确的采集电压，参考芯片参考电压采用的型号为 AD680 的专

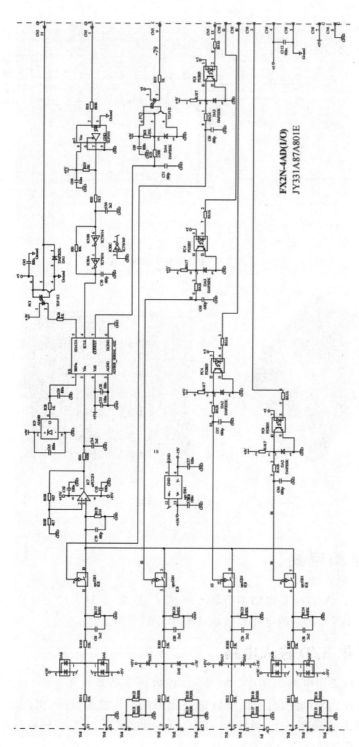

图 16.20 三菱 PLC A/D 采集电路

用基准电压芯片，四路输入均设计了保护电路，多路输入切换采用模拟开关集成芯片 UPC5201，信号电压使用运算放大器放大 1 倍，型号为 UPC1251，该处放大器兼有阻值匹配功能，与单片机端的数据信号连接全部采用光耦进行隔离。

16.5.2　车用 A/D 输入电路

用于工程车上带故障保护功能的 A/D 采集电路如图 16.21 所示，该电路并非笔者原创，参考了芬兰 EPEC2024 控制器，原控制器单片机为 5V 供电，所以原电路没有运放电路，栅极 G 采用稳压二极管电路提供 8.2V 电压。这个电路的巧妙之处在于利用 N-MOS 管的放大特性，Q4～Q6 的栅极 G 输入参考电压为 5V，当外部输入的电压小于 3.3V 时，V_{GS}>$(5-3.3)=1.7V$，此时 NDS7002 的导通电阻比较小，电压可以直接通向 LM2902。随着外部输入的电压继续增大，V_{GS} 的电压越来越小，而 NDS7002 的动态阻值就会越来越大，大到一定程度不可忽略时，就会与内部元器件组成分压电路，将电压限制在 3.6V 附近。细心的读者注意到每一路 A/D 输入端对地连接了一个 150Ω 电阻，该电路是用来将 4～20mA 电流信号转换成电压信号，去掉该电阻就变成了电压测量电路。

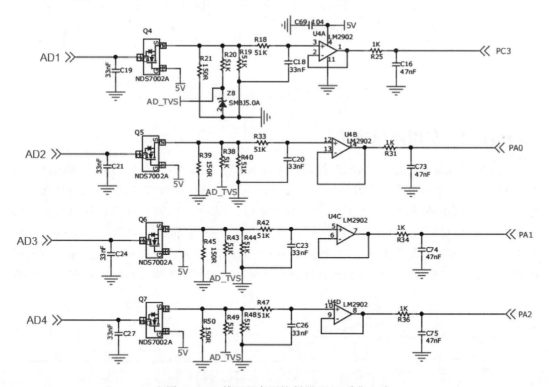

图 16.21　某工程车用控制器 A/D 采集电路

16.6 通信电路

16.6.1 开发板通信电路

开发板上常用的 RS232 参考电路如图 16.22 所示,该电路与官方数据手册上推荐的典型电路几乎一致。

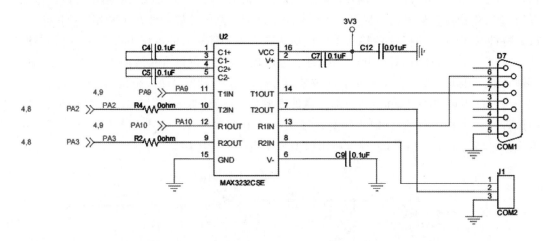

图 16.22 某开发板 RS232 通信电路原理

16.6.2 车用通信电路

工程车和汽车上常用的 CAN 总线通信电路如图 16.23 所示,可以看到在该电路中加入了 TVS 电路、小容量电容滤波电路及共模滤波电路。另外读者可以思考下,为什么车上会用 CAN 总线电路,除了 CAN 总线传输数据实时、可靠外,CAN 总线芯片还自带故障保护功能,也就是 CAN_L 和 CAN_H 接口在外部导线破损的情况下,如果不小心接到电源上,CAN 总线芯片则会自我保护,当故障解除时,通信电路又可以正常工作。车用 RS485 和 RS232 电路如图 16.24 所示,相比开发板通信电路增加了电感滤波和电容滤波;另外,由

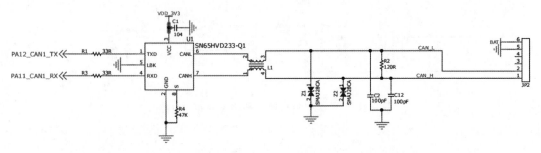

图 16.23 某车用 CAN 总线电路原理

于该电路应用于车上，所以这两个电路的通信芯片都带故障保护功能，价格自然也是普通
RS485 和 RS232 芯片的数十倍。

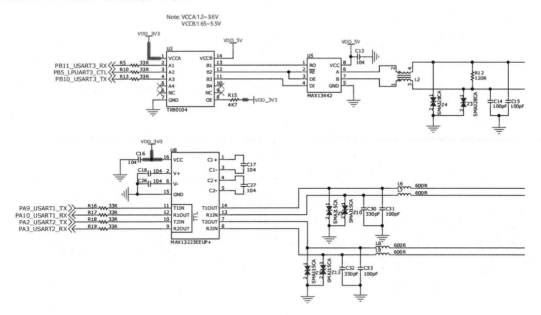

图 16.24　某车用 RS485 和 RS232 通信电路原理

16.7　对比分析总结

看了上面多种电路的对比，读者有没有什么感悟？限于篇幅和笔者对行业的理解有限，
没有将所有相关电路一一举例说明。这些电路之所以这么复杂，一方面要考虑现实的使用
环境，另一方面需要通过业内测试标准。某整车控制器部分测试项目见表 16.1。仔细看第
3 项电源测试内容 28V±0.2V 反接 1min，很多工程师在实际调试过程中经常会碰到电源
反接导致电路烧坏的情况，而这项内容在汽车控制器里则是硬性要求。其实在汽车控制器
上不仅是电源，其他所有对外接口都要带故障保护功能，故障保护功能的目的就是确保在出
现异常时不能损坏控制器，当故障排除后又要能正常工作。读者可能对这种设计不解，其实
这也不是控制器厂商或工程师想花时间和精力这样做，而是实际控制器面对的环境就是这
样，例如一辆车行驶在路上，总不能说接插件进水后由于端口短路控制器就损坏，或者说线
束在汽车行驶过程中由于振动摩擦破损而导致电路短接就把控制器烧坏等诸如此类问题经
常会发生。当然并不是要求读者按照汽车行业的标准去设计控制器，这样的成本太高了，也
是不可取的。本章只是提出一种设计思路，读者在从事相关行业电路设计工作时，要多去了
解行业标准，了解行业的现实情况，然后才能设计出既实用又可靠的电路，最后给各行业电
路标准可靠性要求简单地排个序：汽车电子＞工业电子＞消费电子＞开发板，几种电子设
备典型的工作环境如图 16.25 所示。

表 16.1　某整车控制器部分认证项目截图

序号	项目名称	试验标准	实验内容	试验参数	试验状态
1	产品防异物性能	GB/T4942.2	IP6X		不通电
2	产品防水性能	GB/T4942.2	IPX7		不通电
3	耐电源极性反接性能	QCT413	28V±0.2V 反接 1 分钟		不通电
4	绝缘耐压性能	QCT413	50Hz,550V 正弦电压 1 分钟绝缘不击穿	接插件材料与金属壳体间	不通电
5	电磁辐射抗扰性	GB/T17619	辐射抗扰度和大电流注入 BCI 法	等级 A 判定	通电,监控
6	电瞬变传导抗扰性	ISO7637-2 和 ISO7637-3	瞬态传导抗扰度中电源端口及信号/数据线相关要求	等级 A 判定	通电,监控
7	电磁骚扰性	GB18655	辐射发射和传导发射主-电源端口	等级 4(需要绕磁环)	通电,监控
8	耐低温性能	GB/T243.1Ad		96 小时,−40℃	通电,监控
9	耐高温性能	GB/T243.2Bd		96 小时,85℃	通电,监控
10	温度变化	GB/T2423.22Na	规定转换时间的快速温变	5 个循环,−40℃～+85℃转换时间<10s	不通电

(a) 消费电子工作环境

(b) 工业电子工作环境

(c) 车载电子设备典型工作环境

图 16.25　3 种电子产品典型工作环境

思考与拓展

（1）本章主要从实用的角度出发介绍了单片机控制中常用的电路，不同行业对电路设计的要求不一样，因为绝大部分单片机工程师不可避免地要接触电路，可能不一定要设计电路，但是看到这方面的电路时，可以大致知道它所能使用的环境，否则很多时候在调试程序过程中出现"疑难杂症"时，通过检测最后可能发现是硬件问题。

（2）上面所列举的电路绝大部分是经过实际产品验证的，读者可以放心地借鉴使用，原版电路图笔者也会整理出来放在附件中，并且后期还会继续丰富更多的电路，当然读者有这方面经过验证的电路积累也可以联系笔者。

（3）本章介绍的主要内容想跟读者传达的是学习电子技术的"硬"实力补充，但是关于"硬"实力还有很多东西要学，例如基础的模电、数电知识、基本机械知识和设计能力、电路焊接能力、电路板设计能力等，这些知识在读者精力充沛的情况下都可以一一去补充。

第 17 章

别让单片机学习停留在点亮 LED

17.1　初学者单片机软件能力徘徊不前

很多初学者学了一段时间单片机之后会陷入这样一种状态,不知道接下来该怎么继续学习,基础单片机 I/O 输入、输出、I^2C、SPI 总线、独立数码管驱动和 A/D 采集等外设都会用,但是碰到实际项目时,软件上往往不知道该从何下手。这主要因为前面学习的内容都比较分散。LED 点亮模型如图 17.1 所示,这是一个很简单的逻辑,如 LED 亮→延时→LED 灭→延时,如此循环执行实现 LED 闪烁功能。

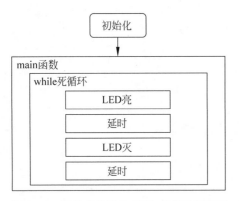

图 17.1　初学者常用的 LED 点亮程序流程

读者在学习了单片机按键读取方法之后,控制模型进一步开始复杂起来,按键控制 LED 程序模型如图 17.2 所示,因为加入按键之后既要检测输入,又要控制输出,输入和输出之间还需要用某种逻辑关系结合。

再后来,读者会发现跑马灯很炫酷、电子钟是每个单片机爱好者的必做项目,但是设计制作这些项目的过程中,会发现使用之前的思路写程序已经难以满足这种项目的需求,并且随着单片机外挂芯片的增多,还要照顾这些“外来者”的感受。于是绞尽脑汁在想,使用原始的延时方式控制任务的执行速度实在太浪费资源了,有没有更好的方式呢? 通过各种途径搜寻资料,会发现用定时器来做基准延时是一种不错的选择,单片机软件模型也开始进化到围绕定时器执行任务模式,如图 17.3 所示。通过这种方式可以驱动多个 LED 以不同的频率闪烁,还能兼顾按键输入检测,另外实现多个数码管驱动或将跑马灯驱动起来也游刃有余。偶尔看到一个炫酷的流星雨,会突发奇想地要用单片机实现该功能,经过不断调试,也可以做到。

经过前面几个阶段的历练,读者在做项目过程中慢慢会发现很多时候自己在做一些重

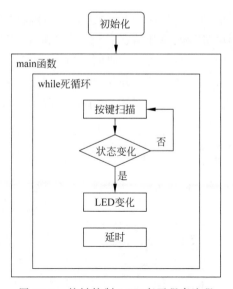

图 17.2 按键控制 LED 亮灭程序流程

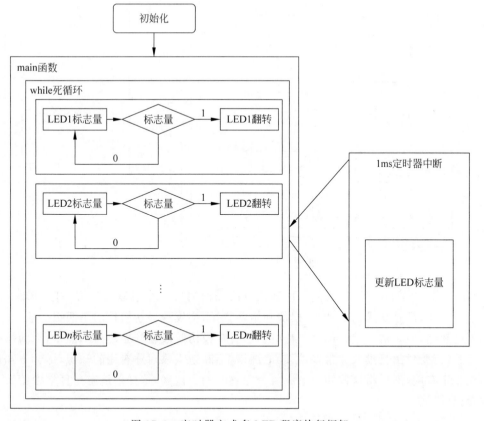

图 17.3 定时器方式多 LED 程序执行框架

复的事情,这样会觉得很不值,所以很多时候会思考,能不能将经常用的一些软件功能封装成标准模块供后期项目重复使用,然后开始着手对图 17.3 这种程序框架进行改进及优化;另外,参考其他有经验工程师的一些做法,渐渐地将其改造成简单的多任务框架,如图 17.4 所示,这样以后写程序时就可以围绕该框架开始,脑海里也有了系统性概念,网上和书本上的一些以前看似高深的理论,也开始慢慢理解,并消化吸收掉一部分,到这个阶段你的单片机能力已经处于比较高阶状态。

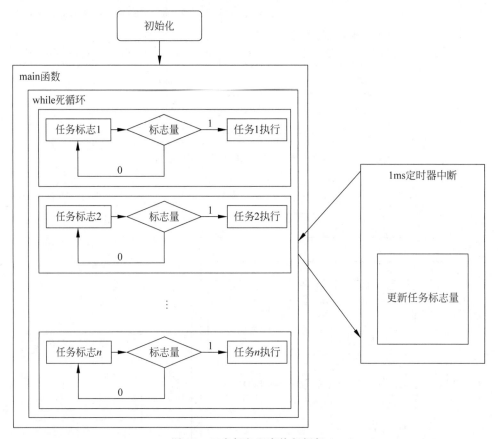

图 17.4　多任务程序执行框架

回顾一下上面的历程,读者便可以确认自己当前对应哪个阶段。学习一门新知识或进入一个新行业,都是从最初的抄袭、模仿开始,到后面会发现最初模仿的东西很一般,然后不断地改进超越,但是对于绝大部分单片机初学者在模仿阶段就开始停滞不前了,因为从初学阶段开始,需要付出且投入非常多,不断地试错,不断地吸收对你有用的知识,尽管不知道哪些知识真正有用,然后将这些知识形成一个完整的知识体系,这样才能有一种空中俯瞰之前零散知识的感觉。

17.2 怎么改变这种现状

一个基本的单片机软件框架如图 17.5 所示,第一部分学习的内容主要围绕单片机外设进行,这也是很多读者能快速学会的阶段,而接下来的学习主要基于应用程序,准确来讲是应用程序框架,纯软件知识相对来讲比较抽象,学起来也有一定的难度。要想提高单片机编程的核心能力,本节总结了以下几方面内容,希望能帮到读者。

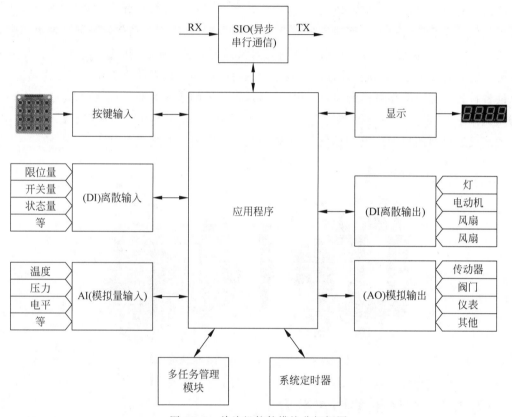

图 17.5 单片机软件模块分解框图

17.2.1 项目分解能力

大部分项目在设计过程中很难找到一模一样的原型产品,就算有原型产品,也仅仅只能提供参考,况且产品的源程序一般情况下也很难获得。一个再复杂的产品也是由基本零部件组成的,如图 17.6 所示,所以当得到一个项目时,读者需要熟悉的基本步骤如下。

第 1 步:首先对项目进行分解,分解的主要目的是确认需要什么样的硬件条件,以及软件上能不能实现。

第2步：根据分解得到的结果确认整个硬件框架和软件框架。

第3步：对硬件框架和软件框架进一步分解，得到具体的硬件单元模块和软件单元模块。

第4步：具体的单元模块进一步验证可行性，即能不能实现及实现过程中可能会碰到的困难，然后找到具体的解决思路。

经过上面的步骤后一般从现有知识体系或现成产品中都能找到对应的参考电路或程序。例如常见的硬件电路有电源电路、输入电路、输出电路、通信电路、复位电路等，而软件对应的也有数字量输入功能模块、数字量输出功能模块、通信模块、软件框架等，当然有些单片机软件还需要算法接入。算法说难也难，说容易也容易，算法的通俗解释就是解决问题的办法。一个完整的项目中并不是所有出现的问题都是第1次遇到，往往经过拆解后，你所需要解决的只有几个核心问题，并且这种核心问题解决成功一次就相当于积累了一次经验，所以读者首先要努力提高自己的项目分解能力，这种能力的建立并非一日之功，是建立在一定的知识体系上，需要对现有很多基础知识有基本的理解，另外还有些知识需要深入理解，这样才能发现里面的技术难点在哪里，以上能力的获取需要不断地去尝试。

图 17.6　复杂的产品也由基本模块组成

17.2.2　程序框架搭建能力

很多车评人介绍一辆汽车时往往会讲到这辆车是基于什么平台开发的，车辆平台可以理解为汽车架构，汽车架构决定这辆汽车的直接体验，是面向越野型、运动型，还是注重舒适性等。至于车辆外壳、座椅、仪表换个不同的套装样式，就可以衍生出不同系列车型，一辆汽车架构的重要性不言而喻，一座房子同样也需要框架。那么单片机程序也不例外，针对不同应用环境的程序框架对于后期项目而言是非常重要的，这么说可能很多读者没什么感觉，这主要因为自己的程序还没有到达一定复杂度，模块间的彼此关联暂时影响不到整体性能。

但是当程序复杂度达到一定程度时，会越发觉得程序框架的重要性。对于绝大部分工程师而言,他们更倾向于使用成熟的软件框架,例如 FreeRTOS、RT-Thread、μCOS 等,这些都是软件框架,RT-Thread 整个软件框架如图 17.7 所示,使用这些软件平台,会发现除了能在上面编写复杂嵌入式应用外,程序可维护性相比之前也好了许多,并且这些框架提供的很多优秀功能有助于项目快速推进,但是每种平台并不是万能的,都有一定的适应范围,所以很多时候读者要学会构建自己的程序框架来适应不同项目。其实 Arduino 也是一个平台,该平台原则上所有单片机都可以使用,它的开发方式基本一致。就像开发一款 Android 应用程序一样,既可以运行在搭载高通芯片的手机上,也能运行在搭载联发科芯片的手机上,当然搭载海思芯片的手机也能运行。安卓应用程序之所以能在不同芯片平台上运行,这主要得益于安卓平台将芯片之间的差异屏蔽了,对于开发工程师来讲,他们所面对的都是一样的接口。

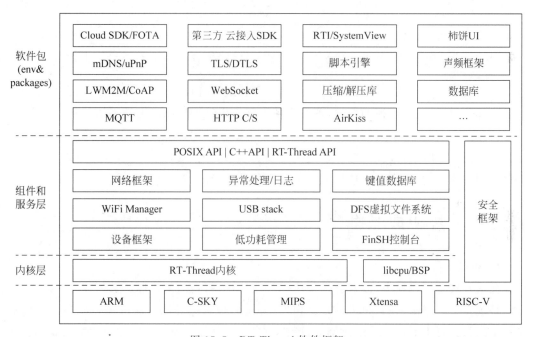

图 17.7　RT-Thread 软件框架

17.2.3　算法能力

算法在程序界称为解决问题的方法,不要认为算法离读者很远,小到一个简单的 LED 闪烁所用到的算法,大到一个复杂操作系统核心调度用到的算法,再例如现阶段炒得火热的人工智能深度学习都有算法存在。只是这些算法面向的具体应用场景不同,LED 闪烁算法解决的是 LED 亮灭问题,调度算法则负责操作系统任务调度。

简单 LED 亮灭实现伪算法如下:

```
LED 亮
延时 500ms
LED 熄灭
延时 500ms
```

通信中用到的校验算法,例如异或校验算法的 C 语言代码如下:

```c
unsigned char calc_nmea_checksum(const char * setence)
{
    unsigned char checksum = 0;
    while( * setence)
    {
        checksum ^ = (unsigned char) * setence++;
    }
    return checksum;
}
```

应用场景不同算法的呈现形式也不一样,并且随着科技的进步,在算法上也提出了新的需求,可能之前不怎么重视的算法,现在重新得到应用。算法原则上是不依赖具体语言而存在的,它更像是一个数学问题,读者在学习数学时不会想到它用什么语言来解决。同样一个算法可以使用汇编语言实现,也可以使用 C 语言实现,当然使用 Java 语言也可以实现,只是面向不同的应用,会在语言的选择上做出更合理的选择。

17.3　单片机成长捷径

1. 多做项目

在单片机学习过程中,读者要想快速成长,多做项目是一条快速成长的捷径。这些项目可以是读者自己想出来的,也可以是公司安排的,但是一定要认真对待每个项目,并且每做完一个项目都要不断地去总结。例如,同样一个项目其他人花一周时间可以完成,而自己却需要花两周时间,这时就要反思自己到底是哪方面不足,是处理项目方式不对,还是对前期项目分析不到位,造成某些问题误判,抑或是自己的拖延症造成的。诸如此类问题,都可以在实施项目的过程中不断被发现。如果读者是一个上进的人,做的项目越多,发现的问题就会越多,然后解决问题的思路自然积累得也会越来越多。前期如果读者考虑到自己掌握的知识做不了复杂的项目,没有关系,可以先从简单的项目着手。

2. 明确目标

光有项目,而没有目标也不行。将要做的每个项目拆分成小目标节点,把完成每个小目标节点作为整个项目的进度。有了具体的目标,项目开展过程中肯定会遇到困难,但是碰到困难不要轻言放弃,一方面运用所学知识对项目进行分解,看一看哪些是自己会的,哪些是自己不会的,不会的知识点再深入去分析,确认哪些知识点是超出自己已有知识范畴,如果没有超出,就要想办法解决问题,如果超出了自己的能力范畴,则要充分发挥资源的力量,如网络途径、学长、前辈等资源,甚至有些时候有偿请有经验的人员帮忙也是可以的。另外就是要勤问,多沟通,不要觉得有些问题不懂去问会丢脸。当你的项目不能按时完成时才是真丢脸,找到解决这些问题的思路、办法对于单片机项目而言是非常重要的,有目标就会驱使自己努力地思考怎么解决问题,怎么将重要的事情进行优先级排序,而不是事情不分轻重缓急就往前冲。这种目标一定是具体的、可执行的,如果目标不够具体,在项目实施过程中则可能自己都不知道具体要做些什么事情,这样反而会导致项目实施过程中出现错觉,一个问题这样处理也可以,那样处理也可以,到最后,发现什么都没做好。

3. 执行力,拒绝拖延

对于很多事情刚开始时可能会保持一段时间的热度,但是在这个过程中有些人稍微遇到点困难就开始泄气,这显然是不可取的。技术型项目是枯燥且孤独的,并且有些灵感往往会一瞬间出现,所以实施项目过程中,要保持强大的执行力,灵感来了一鼓作气整理好思路,将事情坚持处理完。千万不要认为有些事情容易做,一而再、再而三地拖延,这种拖延症对个人成长来讲是非常不利的。

17.4 站在巨人的肩膀上

17.4.1 Arduino 平台

在本书的开始部分就向读者介绍了 Arduino,其本质为一个开源平台,上面集结了全球千千万万开发者的结晶。可以这么说,市面上绝大分硬件驱动代码都可以在 Arduino 平台找到,Arduino 平台支持的部分单片机包括 AVR、RP2040(树莓派旗下)、ESP32(乐鑫旗下)、STM32 等,如图 17.8 所示。

Arduino 一部分开源库如图 17.9 所示,里面包含舵机、幻彩 LED、无刷直流电机等驱动和示例,实际开源库远远不止这些。里面的代码都是经过测试验证后上传的,主要使用 C++语言编写。

HTU21D 部分的 Arduino 驱动源码如图 17.10 所示。在编写 SHT20 的单片机程序时,笔者参考了 Arduino 平台上的 SparkFunHTU21D.cpp 源码,这些源码确实写得很优秀,有许多地方值得读者借鉴。

17.4.2 开源代码托管平台

读者要学会在 GitHub 上寻找优秀开源代码,在 GitHub 上搜索 digital input 会出现863 个相关开源仓库,如图 17.11 所示。很多优秀的开源软件托管于 GitHub 平台,例如RT-Thread、Linux 内核代码、Arduino IDE 代码等,在后面第 28 章中会专门介绍怎么使用

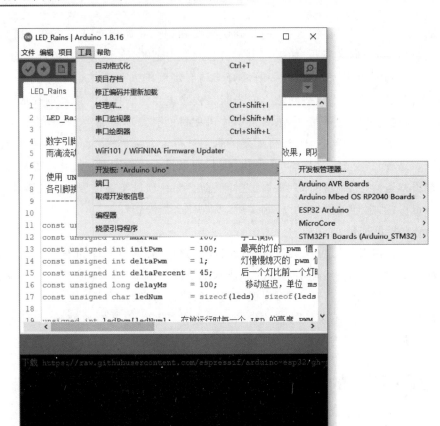

图 17.8　Arduino 支持的单片机

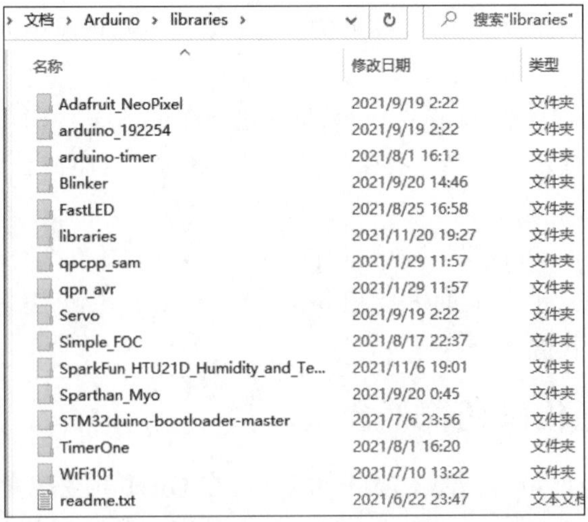

图 17.9　Arduino 一部分开源库

```
#include <Wire.h>

#include "SparkFunHTU21D.h"

HTU21D::HTU21D()
{
  //Set initial values for private vars
}

//Begin
/****************************************************************************/
//Start I2C communication
void HTU21D::begin(TwoWire &wirePort)
{
  _i2cPort = &wirePort; //Grab which port the user wants us to use

  _i2cPort->begin();
}

#define MAX_WAIT 100
#define DELAY_INTERVAL 10
#define MAX_COUNTER (MAX_WAIT/DELAY_INTERVAL)

//Given a command, reads a given 2-byte value with CRC from the HTU21D
uint16_t HTU21D::readValue(byte cmd)
{
  //Request a humidity reading
  _i2cPort->beginTransmission(HTU21D_ADDRESS);
  _i2cPort->write(cmd); //Measure value (prefer no hold!)
  _i2cPort->endTransmission();

  //Hang out while measurement is taken. datasheet says 50ms, practice may call for more
  byte toRead;
  byte counter;
  for (counter = 0, toRead = 0 ; counter < MAX_COUNTER && toRead != 3 ; counter++)
  {
    delay(DELAY_INTERVAL);

    //Comes back in three bytes, data(MSB) / data(LSB) / Checksum
    toRead = _i2cPort->requestFrom(HTU21D_ADDRESS, 3);
  }

  if (counter == MAX_COUNTER) return (ERROR_I2C_TIMEOUT); //Error out

  byte msb, lsb, checksum;
  msb = _i2cPort->read();
  lsb = _i2cPort->read();
  checksum = _i2cPort->read();

  uint16_t rawValue = ((uint16_t) msb << 8) | (uint16_t) lsb;

  if (checkCRC(rawValue, checksum) != 0) return (ERROR_BAD_CRC); //Error out

  return rawValue & 0xFFFC; // Zero out the status bits
}
```

图 17.10　SparkFunHTU21D.cpp 部分代码截图

Git，本书示例参考代码也使用 Git 方式管理。尽管笔者在代码管理熟练程度方面是个二把手，但是不可否认 Git 是一款非常伟大的软件，它最初的版本是为了管理来自全球开发者提交的 Linux 内核代码，由 Linux 内核开发者 Linus 自己动手编写的 Git 管理软件。

相比 GitHub，国内的码云 Gitee 明显逊色些，如图 17.12 所示，但是它的访问速度比 GitHub 要快很多，在上面也可以找到一些开源的优秀单片机代码和硬件，并且它还可以将 GitHub 上的代码同步过来，国内开源实时系统 RT-Thread 在 Gitee 上有开源仓库。

图 17.11　GitHub 上搜索代码

图 17.12　Gitee 上搜索代码

本节只介绍了部分开源平台,还有许多其他优秀的开源平台和论坛,读者要学会充分利用这方面的资源。

思考与拓展

(1) 千里之行始于足下,所有的伟大,源自一个勇敢的开始,勇敢地面对项目,勇敢地面对目标,勇敢地去执行。

（2）很多时候读者往往为了找捷径而找捷径，但是有些问题的解决思路往往使用最纯粹的笨办法就是比较好的捷径，例如刚开始学习单片机，读者什么都不知道，这时只需模仿就行，就不要谈什么捷径了。

（3）随着个人各方面知识和经验的积累，做项目就像搭积木一样，并且越到后面读者越会觉得将更多的时间和精力专注于核心问题才是重中之重，例如算法与软件框架，但是早期入门阶段读者很难有这种体会。

第 18 章

要想路走得远，
编程规范少不了

首先一起看一下两种不同风格的代码书写方式,不规范的代码书写方式如图 18.1 所示,比较规范的代码书写方式如图 18.2 所示。

```
171    void timer0() interrupt 1
172    {
173      TH0=(65535-50000)/256;
174      TL0=(65535-50000)%256;
175      aa++;
176          if(aa==20)
177          {    aa=0;
178             miao++;
179             if(miao==60)
180             {    miao=0;
181                fen++;
182                if(fen==60)
183                {    fen=0;
184                   hour++;
185                   if(hour==24)
186                   {  hour=0;
187                      if(week==7)
188                      week=0;
189                      week++;
190                      if(day>27)                    //年月日核心代码
191                      {
192                        if((year%4==0&&year%100!=0)||(year%400==0))
193                        {
194                          if(month==2)
195                          { if(day==29){ day=0;month++;}}
196                            else
197                            {
198                              if(month==1||month==3||month==5||month==7||month==8||month==10||month==12)
199                                { if(day==31){day=0;month++;}}
200                              else
201                                { if(day==30){day=0;month++;}}
202                            }
203                        }
204                        else
205                        {
206                          if(month==2)
207                          { if(day==28){day=0;month++;}}
208                            else
209                          { if(month==1||month==3||month==5||month==7||month==8||month==10||month==12)
210                              { if(day==31){day=0;month++;}}
211                            else
212                              { if(day==30){day=0;month++;}}
213                          }
214                        }
215                        if(month==12)
216                        {
```

图 18.1 不规范的代码书写方式

```
217                              month=1;
218                              year++;
219                          }
220                      }
221                  day++;
222
223              }
224          }
225      }
226  }
227 }
228
```

图 18.1 （续）

```
15  /************ 本程序功能说明 ************
16
17  驱动LCD1602字符屏.
18
19  显示效果为LCD显示时间.
20
21  第1行显示 ---Clock demo---
22  第2行显示     12-00-00
23
24  ********************************************/
25
26  #define MAIN_Fosc          22118400L    //定义主时钟
27
28  #include    "STC15Fxxxx.H"
29
30
31
32  /************ IO口定义  ************/
33  sbit   P_HC595_SER   = P4^0;  //pin 14   SER     data input
34  sbit   P_HC595_RCLK  = P5^4;  //pin 12   RCLK    store (latch) clock
35  sbit   P_HC595_SRCLK = P4^3;  //pin 11   SRCLK   Shift data clock
36
37  /************ 本地变量声明  ************/
38
39  u8   hour,minute,second;
40
41  void    DisplayRTC(void);
42  void    RTC(void);
43  void    delay_ms(u8 ms);
44  void    DisableHC595(void);
45  void    Initialize_LCD(void);
46  void    Write_AC(u8 hang,u8 lie);
47  void    Write_DIS_Data(u8 DIS_Data);
48  void    ClearLine(u8 row);
49  u8      BIN_ASCII(u8 tmp);
50  void    PutString(u8 row, u8 column, u8 *puts);
51  void    WriteChar(u8 row, u8 column, u8 dat);
52
53
54
55  //=============================================
56  // 函数: void main(void)
57  // 描述: 主函数。
58  // 参数: none.
59  // 返回: none.
60  // 版本: VER1.0
61  // 日期: 2013-4-1
62  // 备注:
63  //=============================================
64  void main(void)
65  {
66      P0M1 = 0;    P0M0 = 0;    //设置为准双向口
67      P1M1 = 0;    P1M0 = 0;    //设置为准双向口
68      P2M1 = 0;    P2M0 = 0;    //设置为准双向口
69      P3M1 = 0;    P3M0 = 0;    //设置为准双向口
70      P4M1 = 0;    P4M0 = 0;    //设置为准双向口
71      P5M1 = 0;    P5M0 = 0;    //设置为准双向口
72      P6M1 = 0;    P6M0 = 0;    //设置为准双向口
73      P7M1 = 0;    P7M0 = 0;    //设置为准双向口
74
75      Initialize_LCD();
76      ClearLine(0);
77      ClearLine(1);
78      P2M1 &= ~(1<<4);    //P2.4设置为推挽输出
```

图 18.2　规范的代码书写方式

对比上面两份代码,读者有什么感想?说到编程规范,很多初学者非常不理解,认为用自己的方式写代码效率挺高,程序运行起来也没什么问题,为什么要花这么多的精力学习编程规范?阅读或借鉴过其他人代码的读者应该有体会,有些代码一看就懂,一用就会,可以非常方便地移植到其他项目中,并且仅通过注释就能快速理解并优化代码,而有些人写的代码阅读起来相当费劲,注释没有,逻辑也很混乱,与其花大量时间来读懂代码,还不如重新写一遍。如果读者学习单片机或者从事嵌入式行业多年,则更应该好好去看一下自己三年前写的代码,是否还能快速理解并对其进行修改。之所以介绍代码规范,其实笔者想表达的是,一方面嵌入式项目不是你一个人在战斗,需要多人配合才能完成,既然是配合作战那就需要建立良好的"沟通语言",代码规范也是一种"沟通语言";另一方面每个人的精力和时间都是有限的,要是知道自己每天加班都是将之前写过的代码再重新写一遍,那会觉得干这份工作很没意思,同时在收入方面也会比别人少很多,在技术能力提升上的道路也会变窄。说了这么多其实都是为了提高效率,将有限时间利用得更好。

说明:本章只列出常用的代码规范,代码规范为系统性工程,如果全部列举出来,对于入门阶段的读者来讲需要消耗大量精力理解,反而会起到事倍功半的效果。所以建议初学者先学习简化版,后期根据自身的需要再补充更专业的代码规范,循序渐进。

18.1　组织结构

18.1.1　工程文件组织结构

整个工程按照功能模块划分子目录,每个子目录再划分头文件和源文件目录,以便让整个工程结构看起来清晰、易懂。STM32 点亮一颗 LED 的工程组织结构如图 18.3 所示,工程结构中 Startup 文件夹用来存放 STM32 启动代码文件,CMSIS 文件夹用来存放 STM32 中与 CPU 内核相关的核心代码,StdPeriph_Driver 文件夹用来存放标准外设接口(GPIO、UART、DMA、Timer 等)代码,User 文件夹则用来存放用户实际编写的功能代码。整个结构一目了然,一眼看过去可以快速获知整个工程包含哪些内容。

18.1.2　文件夹代码组织结构

图 18.3　STM32 点亮一颗 LED 的工程组织结构

文件夹代码组织结构与工程文件组织结构一样,要做到见名知意,文件夹命名要能概括里面文件所包含的内容,达到通俗易懂的目的。STM32 点亮一颗 LED 代码文件的存放组织如图 18.4 所示,Libraries 下面存放的是每个工程都需要用到的标准库和核心文件,该部分内容由 ST 官方提供,MDK-ARM 文件夹下存放的是编译输出文件和工程文件,USER 文件夹下存放的则是读者创建和经常需要修改的代码文件。

Libraries	2021/7/21 0:21	文件夹	
MDK-ARM	2021/11/23 1:43	文件夹	
USER	2021/10/26 23:00	文件夹	
keilkill.bat	2021/10/26 23:26	Windows 批处理...	1 KB
readme.md	2019/12/21 17:33	Markdown File	1 KB

图 18.4　点亮一颗 LED 的文件目录

18.1.3　程序结构

（1）有 main()函数的 C 语言文件应将 main()放在最前面，并明确用 void 声明参数和返回值。

main 函数的示例代码如下：

```
/ * * * * * * * * * * * * * * * * * * * * * * * * * * * * * * * * * * * * * * * * * * * * *
    *   name        :   main
    *   Description :主函数
    *   param       :   none
    *   retval      :   none
* * * * * * * * * * * * * * * * * * * * * * * * * * * * * * * * * * * * * * * * * * * * * * /
int main(void)
{
    / * 系统时钟初始化 * /
    SystemInit();

    / * 端口初始化 * /
    GPIO_Configuration();

    / * 系统时钟滴答初始化 * /
    SysTick_Init();

    / * 1ms 定时器初始化 * /
    TIM3_Configuration();

    / * CAN 总线初始化 * /
    CAN_HMI_Config();

    / * temp adc 初始化 * /
    Temp_ADC1_Init();

    / * USART1 初始化 * /
    USART1_Configuration(115200);

    / * USART2 初始化 * /
    USART2_Configuration(115200);
```

```
/* 输出版本号 SN */
printf("\\r\\n *** SN: CLGC - C - WLS - 008 ****** \\r\\n");
printf("\\r\\n *** NAME: CAN - 232 - 485 - 2V0 *** \\r\\n");
printf("\\r\\n *** DATE: 12/12/2019 ******** \\r\\n");

/* HMI 人机界面参数初始化 */
HMI_Para_Init();

/* 铁电存储器初始化 */
fm25cl64_init();

while (1)
{
    /* system LED 200ms period */
    SYSTEM_LED_TASK(SYSTEM_LED_TIME);

    /* CAN 总线接收任务 500ms */
    CAN_HMI_RECEIVE_TASK( 500 );
}
}
```

(2) 由多个.c 文件组成的模块程序或完整监控程序应建立公共引用头文件,将需要引用的库头文件、标准寄存器定义头文件、自定义的头文件、全局变量等均包含在内,供其他文件引用。通常,标准函数库头文件采用尖角号<>标志文件名,自定义头文件采用双引号" "标识文件名,参考代码如下:

```
# include "OS.H"
# include "LED.h"
# include "SMG.h"
# include "ds1302.h"
# include "key.h"
# include < stdio.h>
# include < reg52.h>
```

(3) 每个.c 文件有一个对应的.h 文件,.c 文件的注释之后首先定义唯一的文件标识,并在对应的.h 文件中解析该标识。

在.c 文件中文件标识的定义如下:

```
# define FILE_FLAG
```

在.h 文件中防重复包含的定义如下:

```
# ifdef FILE_FLAG
# define XXX
# else
# define XXX extern
# endif
```

（4）对于确定只被某个.c文件调用的定义可以单独列在一个头文件中单独调用。

18.2　标识符命名

18.2.1　命名基本原则

（1）命名要求清晰明了，有明确含义，使用完整单词或约定俗成的缩写。通常，较短的单词可通过去掉元音字母形成缩写；较长的单词可取单词的头几个字母形成缩写，做到"见名知意"的效果。

参考示例命名如下：

temp 可缩写为 tmp；

flag 可缩写为 flg；

statistic 可缩写为 stat；

increment 可缩写为 inc；

message 可缩写为 msg。

（2）命名风格要自始至终保持一致。除非特殊情况，一般不要用数字或较奇怪的字符来定义标识符。

让人产生疑惑的命名示例如下：

```
uint8_t dat01;
void Set00(uint_8 c);
```

有意义的命名示例如下：

```
uint8_t ucWidth;
void SetParam(uint_8 _ucValue);
```

（3）命名中若使用特殊约定或缩写，则要有注释说明。

说明：应该在源文件开始之处，对文件中所使用的缩写或约定，特别是特殊的缩写，进行必要的注释说明。

（4）变量命名，禁止使用单个字符（如 i、j、k 等），建议除了要有具体含义外，还能表明其变量类型、数据类型等，但 i、j、k 作局部循环变量是允许的。

说明：变量，尤其是局部变量，如果用单个字符表示，则很容易输错（如将 i 写成 j），而编译出错时又很难检查出来,很多时候为了这种小小的失误花费了大量时间排查。

局部变量名定义的参考示例如下:

```
int liv_Width
```

变量名解释:l代表局部变量(Local),g代表全局变量(Global),这样可以防止局部变量与全局变量重名;i代表数据类型(Interger),v代表变量(Variable),其他代表常量(Const)。

(5)在同一软件产品内,应规划好接口部分标识符(变量、结构、函数及常量)命名,防止编译、链接时产生冲突。

说明:对接口部分的标识符应该有更严格限制,防止冲突。如果可规定接口部分的变量,则可以考虑在常量之前加上"模块"标识或使用其他方式区分等。

(6)用正确的反义词组命名具有互斥意义的变量或相反动作的函数等。一些在软件中常用的反义词组参考如下:

add / remove,begin / end,create / destroy,insert / delete,first / last,get / release,increment / decrement,put / get,add / delete,lock / unlock,open / close,min / max,old / new,start / stop,next / previous,source / target,show / hide,send / receive,source / destination,cut / paste,up / down。

变量和函数反义词命名的参考代码如下:

```
int min_sum;
int max_sum;
int add_user(BYTE * user_name );
int delete_user(BYTE * user_name );
```

(7)命名规范必须与所使用的系统风格保持一致,并在同一项目中保持统一,例如采用UNIX全小写加下画线的风格或大小写混排的方式,就不要使用大小写与下画线混排的方式,用作特殊标识,如标识成员变量或全局变量的 m_和 g_,其后加上大小写混排的方式是允许的,参考例子如下:

```
Add_User                    //不允许
add_user、AddUser、m_AddUser    //允许
```

(8)定义数据类型应尽量使用统一的方式命名,可以参考STM32工程下的stdint.h文件,这样做的好处是无论使用什么单片机只要修改该文件,免得到处改来改去,花费大量的时间。前面章节考虑到是入门部分,并没有全部采用这种方式定义数据类型,后面章节中都会沿用该数据类型命名方式。stdint.h文件中数据类型命名,代码如下:

```
typedef signed char              int8_t;
typedef short                    int16_t;
typedef int                      int32_t;
typedef long long                int64_t;
typedef unsigned char            uint8_t;
typedef unsigned short           uint16_t;
typedef unsigned int             uint32_t;
typedef unsigned long long       uint64_t;
```

18.2.2　宏与常量命名

宏与常量全部用大写字母来命名，词与词之间用下画线分隔。程序中用到的数字均应该用有意义的枚举或宏来代替。STM32 串口私有宏定义，命名参考如下：

```
#define CR1_UE_Set        ((uint16_t)0x2000) /* !< USART Enable Mask */
#define CR1_UE_Reset      ((uint16_t)0xDFFF) /* !< USART Disable Mask */
#define CR1_WAKE_Mask     ((uint16_t)0xF7FF) /* !< USART WakeUp Method Mask */
#define CR1_RWU_Set       ((uint16_t)0x0002) /* !< USART mute mode Enable Mask */
#define CR1_RWU_Reset     ((uint16_t)0xFFFD) /* !< USART mute mode Enable Mask */
#define CR1_SBK_Set       ((uint16_t)0x0001) /* !< USART Break Character send Mask */
#define CR1_CLEAR_Mask    ((uint16_t)0xE9F3) /* !< USART CR1 Mask */
#define CR2_Address_Mask  ((uint16_t)0xFFF0) /* !< USART address Mask */
```

圆周率常量宏定义，命名参考如下：

```
#define PI 3.1415926
```

18.2.3　变量命名

变量名用小写字母命名，推荐使用微软的匈牙利命名法，即开头字母用变量的类型，其余部分用变量的英文意思或其英文意思缩写，尽量避免用中文拼音。要求单词的第 1 个字母应大写，即变量名=变量类型+变量的英文意思（或缩写），对非通用的变量，在定义时应加入注释说明，变量定义尽可能放在函数的开始处。类型前缀（u8\s8 etc.）全局变量另加前缀 g_。局部变量应简明扼要，局部循环体控制变量优先使用 i、j、k 等；局部长度变量优先使用 len、num 等，临时中间变量优先使用 temp、tmp 等。

变量命名，参考代码如下：

```
gLED_flag,Time_Count;
```

18.2.4　函数命名

函数的命名应该尽量用英文表达出函数实现的功能。遵循动宾结构的命名法则，函数名中动词在前,并在命名前加入函数的前缀,函数名的长度尽量不少于 8 个字母。函数名用小写字母命名,每个词的第 1 个字母大写,并将模块标识加在最前面,STM32 官方库函数命名的参考示例如下:

```
void RCC_HSEConfig(uint32_t RCC_HSE);
void USART_Init(USART_TypeDef * USARTx, USART_InitTypeDef * USART_InitStruct);
void SysTick_Handler(void);
```

18.2.5　文件命名

一个文件包含一类功能或一个模块的所有函数,文件名称应清楚地表明其功能或性质。每个.c 文件应对应同名的.h 文件作为头文件,STM32 官方提供的标准外设库文件命名如图 18.5 所示。

图 18.5　STM32 库函数.c 文件和.h 文件

18.3　代码排版

18.3.1　代码缩进

代码的每一级均往右缩进 4 个空格位置,不建议直接使用 Tab 键,不同的软件 Tab 键缩进格式不完全一样,在其他软件中打开时可能出现代码错位的情况。绝大部分单片机开发软件里面可以设置 Tab 键自动插入空格,Keil 软件设置 Tab 键插入空格的方式如图 18.6 所示。

相对独立的程序块之间、变量说明之后必须加空格,函数中代码缩进的示例如下:

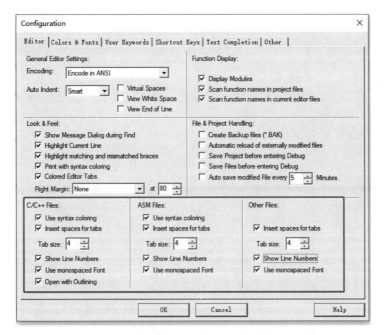

图 18.6 Keil 软件里设置 Tab 键插入空格

```
void Send_595( uint8_t dat )
{
....uint8_t i;
....for( i = 0; i < 8; i++)
....{
........dat << = 1;
........P_HC595_SER    = CY;
........P_HC595_SRCLK = 1;
........P_HC595_SRCLK = 0;
....}
}
```

18.3.2 代码分行

（1）每行语句如果超过 80 个字符，则要分成多行书写，长表达式要在低优先级操作符处划分新行，操作符放在新行之首，划分出的新行要适当缩进，使排版整齐，语句可读，避免把注释插入分行中，分行的参考代码如下：

```
perm_count_msg.head.len = NO7_TO_STAT_PERM_COUNT_LEN
                 + STAT_SIZE_PER_FRAM * sizeof( _UL );
act_task_table[frame_id * STAT_TASK_CHECK_NUMBER + index].occupied
                 = stat_poi[index].occupied;
```

```
act_task_table[taskno].duration_true_or_false
                    = SYS_get_sccp_statistic_state( stat_item );
report_or_not_flag = ((taskno < MAX_ACT_TASK_NUMBER)
                    && (n7stat_stat_item_valid (stat_item))
                    && (act_task_table[taskno]. result_data != 0));
```

操作符划分行的参考代码如下：

```
if ((ucParam1 == 0) && (ucParam2 == 0) && (ucParam3 == 0)
    || (ucParam4 == 0))//长表达式需要换行书写
{
....//program code
}
```

（2）循环、判断等语句中若有较长的表达式或语句，则要进行适应划分，长表达式要在低优先级操作符处划分新行，操作符放在新行之首，参考代码如下：

```
if ((taskno < max_act_task_number)
&& (n7stat_stat_item_valid (stat_item)))
{
....//program code
}
for (i = 0, j = 0; (i < BufferKeyword[word_index].word_length)
&& (j < NewKeyword.word_length); i++, j++)
{
....//program code
}
for (i = 0, j = 0;
(i < first_word_length) && (j < second_word_length);
i++, j++)
{
....//program code
}
```

18.3.3　头文件

（1）为了防止头文件被重复引用，应当用 ifndef/define/endif 结构产生预处理块，参考代码如下：

```
#ifndef      __FILENAME_H__
#define      __FILENAME_H__
/* 其中 FILENAME 为头文件名字 */
...
```

```
...
#endif
```

（2）头文件中只存放"声明"而不存放"定义"，通过这种方式可以避免重复定义，这种用法使用起来非常方便，但很多读者一时半会儿弄不清楚，需要在实际使用中慢慢体会，参考代码如下：

```
/*模块 1 头文件: module1.h */
extern uint8_t g_ucPara; /*在模块 1 的 .h 文件中声明变量 g_ucPara */

/*模块 1 实现文件: module1.c */
uint8_t g_ucPara; /*在模块 1 的 .h 文件中定义全局变量 g_ucPara */
```

18.3.4 注释排版

注释时应与所描述内容进行同样的缩排。

排版不整齐，阅读稍感不方便的代码如下：

```
Void example_fun( void )
{
..../* code one comments */
....CodeBlock One
..../* code two comments */
....CodeBlock Two
}
```

更改布局后的代码的参考如下：

```
//应改为如下布局
Void example_fun( void )
{
..../* code one comments */
....CodeBlock One

..../* code two comments */
....CodeBlock Two
}
```

18.3.5 代码可读性

（1）不允许把多个短语句写在一行中，即一行只写一条语句。

不正确的写法如下：

```
rect.length = 0; rect.width = 0;
```

调整后的正确写法如下：

```
rect.length = 0;
rect.width  = 0;
```

（2）函数或过程的开始、结构的定义及循环、判断等语句中的代码都要采用缩进风格，case 语句下的情况处理语句也要遵从语句缩进要求。

（3）程序块的分界符（如大括号｛和｝）应各独占一行并且位于同一列，同时与引用它们的语句左对齐。在函数体的开始、类的定义、结构的定义、枚举的定义及 if、for、do、while、switch、case 语句中的程序都要采用如上的缩进方式。对于与规则不一致的现存代码，应优先保证同一模块中的风格一致性。

不规范的大括号排版如下：

```
for (...) {
....//...    /* program code */
}

if (...){
....//...    /* program code */
}
```

规范的大括号排版如下：

```
for (...)
{
....//...    /* program code */
}

if (...)
{
....//...    /* program code */
}
```

说明：关于上面两种写法一直存在争议，例如在 μC/OS-Ⅱ 和 Arduino IDE 代码中默认使用不规范排版方式，笔者认为无论使用哪种写法，应该自始至终保持同一种代码书写风格。

（4）对两个以上的关键字、变量、常量进行对等操作时，它们之间的操作符之前、之后或者前后要加空格；进行非对等操作时，如果是关系密切的立即操作符（例如 ->），则其后不应加空格。采用这种松散方式编写代码的目的是使代码更加清晰，由于留空格所产生的清晰性是相对的，所以在已经非常清晰的语句中没有必要再留空格，如果语句已足够清晰，则括号内侧(左括号后面和右括号前面)不需要加空格，多重括号间不必加空格，因为在 C 语言中括号已经是最清晰的标志了。在长语句中，如果需要加的空格非常多，则应该保持整体清晰，而在局部不加空格，并且在给操作符留空格时不要连续留两个以上空格。

逗号、分号只在后面加空格，参考代码如下：

```
uint16_t a, b, c;
```

比较操作符，赋值操作符(=、+=)，算术操作符(+、%)，逻辑操作符(&&、&)，位域操作符(<<)、等双目操作符的前后加空格，参考代码如下：

```
if (current_time >= MAX_TIME_VALUE)
a = b + c;
a * 2;
a = b ^ 2;
```

!、~、++、--、&(地址运算符)等单目操作符前后不加空格，参考代码如下：

```
*p = 'a';                /* 内容操作"*"与内容之间    */
flag = !isEmpty;         /* 非操作"!"与内容之间      */
p = &mem;                /* 地址操作"&"与内容之间   */
i++;                     /* "++","--"与内容之间    */
```

->、. 前后不加空格，参考代码如下：

```
p->id = pid;             /* "->"指针前后不加空格 */
```

(5) 去掉不必要的公共变量，一般将变量的作用域尽量放在具体使用的模块中，然后在对应模块的.h 文件中进行外部声明，其他模块需要使用该变量，包含该模块头文件就可以调用变量。模块内公共变量使用方式的参考代码如下：

```
/* USART.c 文件中定义了 */
uint8_t Rx_Buf[10] = "";

/* USART.h 文件中进行外部声明 */
extern uint8_t Rx_Buf[10];
```

应仔细定义并明确公共变量的含义、作用、取值范围及公共变量间的关系。公共变量是增大模块间耦合的原因之一，故应减少不必要的公共变量以降低模块间的耦合度。

明确公共变量与使用此公共变量的函数或过程的关系，如访问、修改及创建等。在对变量声明的同时，应对其含义、作用及取值范围进行注释说明，同时若有必要还应说明与其他变量的关系。明确过程操作变量的关系后,将有利于程序的进一步优化、单元测试、系统联调及代码维护等,这种关系的说明可在注释或文档中描述。

(6) 注意运算符的优先级,并用括号明确表达式的操作顺序,避免使用默认优先级。

语句中表达式的运算符的正确写法如下:

```
word = (high << 8) | low;
if ((a | b) && (a & c))
if ((a | b) < (c & d))
```

错误的写法如下:

```
word = high << 8 | low;
if (a | b && a & c)
if (a | b < c & d)              /* 造成判断条件出错 */
```

说明: 主要用于防止阅读程序时产生误解,同时防止因默认的优先级与设计思想不符而导致程序出错。

(7) 不要使用难懂的技巧性很高的语句,除非很有必要时。如果考虑不周就可能出问题,也较难理解,高技巧性语句的参考代码如下:

```
* stat_poi ++ += 1;
* ++stat_poi += 1;
```

优化后便于理解的代码如下:

```
/* 应分别改为如下 */
* stat_poi += 1;
stat_poi++;                    /* 这两个语句的功能相当于" * stat_poi ++ += 1; " */

++stat_poi;
* stat_poi += 1;               /* 这两个语句的功能相当于" * ++stat_poi += 1; " */
```

说明: 高技巧语句并不等于高效率的程序,实际上程序的效率关键在于算法与程序框架。

18.4 注释

18.4.1 注释基本原则

注释有助于对程序的阅读理解,说明程序在"做什么",解释代码的目的、功能和采用的方法。源程序的有效注释量应控制在 30% 左右,注释语言必须准确、易懂、简洁。边写代码边注释，在修改代码的同时修改相应的注释，无须用到的注释要删除。

18.4.2　文件注释

文件注释必须说明文件名、文件功能、创建人、创建日期及版本信息等相关信息。修改文件代码时应在文件注释中记录修改日期、修改人员，并简要说明此次修改的目的。所有修改记录必须保持完整。文件注释放在文件顶端，用/*****/格式包含。注释文本每行缩进4个空格，每个注释文本的分项名称应对齐，参考文件注释如下：

```
/***********************************************************
 * 文件名称:module1.h
 * 作    者:
 * 版    本:
 * 说    明:
 * 修改记录:
 ***********************************************************/
```

18.4.3　函数与代码注释

1.函数注释

函数注释应包括函数名称、函数功能、入口参数、出口参数等内容。如有必要还可增加作者、创建日期、修改记录（备注）等相关项目。函数头部注释放在每个函数的顶端，用/****/的格式包含，其中函数名称应简写为 Name()，不添加入口、出口参数信息，参考函数注释如下：

```
/***********************************************************
 * 函数名称:
 * 函数功能:
 * 入口参数:
 * 出口参数:
 * 备    注:
 ***********************************************************/
```

2.代码注释

代码注释应与被注释的代码紧邻，放在其上方或右方，不可放在下面。如放于上方，则需与其上面的代码用空行隔开。一般少量注释应该添加在被注释语句的行尾，一个函数内的多个注释靠左对齐，较多注释则应加在上方，并且注释行与被注释的语句保持靠左对齐。

示例1，不规范注释的写法如下：

```
/* 获取子系统索引和网络指示器 */
<---- 不规范的写法,此处不应该空行
repssn_ind = ssn_data[index].repssn_index;
repssn_ni = ssn_data[index].ni;
```

示例 2,不规范注释的写法如下:

```
repssn_ind = ssn_data[index].repssn_index;
repssn_ni = ssn_data[index].ni;
/* 获取子系统索引和网络指示器 */      <---- 不规范的写法,应该在语句前注释
```

示例 3,代码更改后的规范注释的写法如下:

```
/* 获取子系统索引和网络指示器 */
repssn_ind = ssn_data[index].repssn_index;
repssn_ni = ssn_data[index].ni;
```

示例 4,代码显得过于紧凑的不规范写法如下:

```
/* code one comments */
program code one
/* code two comments */          <---- 不规范的写法,两段代码之间需要加空行
program code two
```

示例 5,代码更改后的注释的写法如下:

```
/* code one comments */
program code one

/* code two comments */
program code two
```

通常,分支语句(条件分支、循环语句等)必须编写注释。其程序块结束行}的右方应添加表明该程序块结束的标记 end of……,尤其在多重嵌套时,参考代码如下:

```
/************************************************************

   LED_Flash.h (v1.00)


   ----------------------------------------------------------------


   - See LED_Flash.c for details.



   COPYRIGHT
   ----------

   This code is from the book:

   PATTERNS FOR TIME - TRIGGERED EMBEDDED SYSTEMS by Michael J. Pont
```

```
    [Pearson Education, 2001; ISBN: 0 - 201 - 33138 - 1].

    This code is copyright (c) 2001 by Michael J. Pont.

    See book for copyright details and other information.

    *************************************************************** /
//user code here
/ ********************* end of file ***************************** /
```

对于 switch 语句下的 case 语句，如果因为特殊情况需要处理完一个 case 后进入下一个 case，则必须在该 case 语句后，下一个 case 语句前加上明确的注释。这样能比较清楚地表达程序编写者的意图，有效防止无故遗漏 break 语句，参考代码如下：

```
case CMD_FWD:
....ProcessFwd();
..../ *  now jump into c ase CMD_A  * /
case CMD_A:
    ProcessA();
    break;
//对于中间无处理的连续 case,已能较清晰地说明意图,不强制注释
switch (cmd_flag)
....{
........case CMD_A:
........case CMD_B:
........{
............ProcessCMD();
............break;
........}
    //… …
}
```

3. 变量、常量、宏的注释

同一类型的标识符应集中定义，并在定义之前的一行对其共性加以统一注释。对单个标识符的注释加在定义语句的行尾，函数集中定义的参考代码如下：

```
/ ************* Public function prototypes ****************** /

void LED_Flash_Init(void);
void LED_Flash_Update(void);
```

全局变量一定要有详细的注释，包括其功能、取值范围、哪些函数或过程存取，以及存取时的注意事项等。注释应考虑程序易读及外观排版的因素，使用的语言若是中、英文兼有的，建议多使用中文，除非能非常流利准确地用英文表达。

18.6 变量、结构、常量、宏

1. 变量定义

为了方便书写及记忆,变量类型应采用同一方式定义,参考代码如下:

```
typedef unsigned      char uint8_t;
typedef unsigned      short uint16_t;
typedef unsigned      long int uint32_t;
typedef signed        char int8_t;
typedef signed        short int16_t;
typedef signed        long int int32_t;

#define __IO volatile
```

2. 类型前缀定义

对于一些常见类型的变量,应在其名字前标注表示其类型的前缀。前缀用小写字母表示,对于几种变量类型组合,前缀可以叠加。

3. 变量作用域

为了清晰地标识变量的作用域,减少发生命名冲突,应该在变量类型的前缀之前再加上表示变量作用域的前缀,并在变量类型前缀和变量作用域前缀之间用下画线_隔开。具体的规则如下:

(1) 全局变量(Global Variable),在其名称前加 g 和变量类型符号前缀,参考定义如下:

```
uint32_t g_ulParaWord;
uint8_t g_ucByte;
```

(2) 静态变量(Static Variable),在其名称前加 s 和变量类型符号前缀,参考定义如下:

```
static uint32_t s_ulParaWord;
static uint8_t s_ucByte;
```

(3) 函数内部等局部变量前不加作用域前缀。

(4) 对于常量,可能会发生作用域和名字冲突问题,以上几条规则对于常量同样适用。另外需要注意的是,虽然常量名的核心部分全部大写,但此时常量的前缀仍然用小写字母,以保持前缀的一致性。

4. 结构体与枚举命名

对于结构体命名类型,表示类型的名字,所有名字以小写字母 tag 开头,之后每个英文单词的第 1 个字母大写(包括第 1 个单词的第 1 个字母),其他字母小写,结尾用_T 标识。单词之间不使用下画线分隔,结构体变量以 t 开头,命名的参考代码如下:

```
/*结构体命名类型名 */
typedef struct tagBillQuery_T
{
.../...
}BillQuery_T;

/*结构体变量定义 */
BillQuery_T tBillQuery;

//对于枚举定义全部采用大写,结尾用_E标识
typedef enum
{
...KB_F1 = 0,        /* F1 键代码 */
...KB_F2,            /* F2 键代码 */
...KB_F3             /* F3 键代码 */
}KEY_CODE_E;
```

5. 常量、宏、模板命名规则

常量、宏、模板的名字应该全部大写。如果这些名字由多个单词组成,则单词之间用下画线分隔。宏为所有用宏形式定义的名字,包括常量类和函数类;常量也包括枚举中的常量成员,宏定义的参考代码如下:

```
#define LOG_BUF_SIZE 8000
```

6. 位域

不推荐使用位域,有些开发软件支持位域,有些则不支持,实际使用时非常不方便,例如在实际单片机中 MPLAB 支持使用位域,而在 8051 单片机中则不能使用。

18.7　函数规范

18.7.1　函数命名

函数命名规则：每个函数名的前缀需包含模块名,模块名的第 1 个字母使用大写字母,其余使用小写字母,与函数名区别开。例如串口接收函数命名 UartReceive()（备注：对于非常简单的程序可以不加模块名）。

说明：关于函数命名有很多技巧,这里只是推荐了其中的一种用法,但是无论采取何种方式命名,自始至终应该保持一致。

18.7.2　函数参数

（1）函数的形参需另启一行,在后面给予说明,形参都以下画线"_"开头,以便与普通变

量进行区分,对于没有形参(为空)的函数(void)括号应紧跟函数后面,参考代码如下:

```
/ ****************************************************
 * 函数名:UartConvUartBaud
 * 功   能:波特率转换
 * 输   入:_ulBaud : 波特率
 * 输   出:无
 * 返   回:uint32 - 转换后的波特率值
 **************************************************** /
uint32_t UartConvUartBaud(uint32_t _ulBaud)
{
...uint32_t ulBaud;
...ulBaud = ulBaud * 2;              / *计算波特率 * /
...//......
...return ulBaud;
}
```

(2)一个函数仅完成一个功能,函数名应准确描述函数的功能。避免使用无意义或含义不清的动词为函数命名,应使用动宾词组为执行某操作的函数命名。

说明:避免用含义不清的动词(如 process、handle 等)为函数命名,因为这些动词并没有说明要具体做什么。

命名函数的参考代码如下:

```
void PrintRecord(uint32_t _RecInd);
int32 InputRecord(void);
uint8_t GetCurrentColor(void);
```

(3)检查函数所有参数输入的有效性。如果约定由调用方检查参数输入,则应使用 assert()之类的宏,来验证所有参数输入的有效性。

(4)检查函数所有非参数输入的有效性,如数据文件、公共变量等。函数的输入主要有两种:一种是参数输入;另一种是全局变量、数据文件的输入,即非参数输入。函数在使用输入之前,应进行必要的检查。

(5)防止将函数的参数作为工作变量。当将函数的参数作为工作变量时,有可能错误地改变参数内容,所以很危险。对必须改变的参数,最好先用局部变量代之,最后将该局部变量的内容赋给该参数。

(6)避免设计拥有 5 个以上参数的函数,不使用的参数从接口中去掉。主要目的是减少函数间接口的复杂度,复杂的参数可以使用结构体的方式传递。

(7)在调用函数填写参数时,应尽量减少没有必要的默认数据类型转换或强制数据类型转换。因为数据类型转换或多或少存在危险。

(8)避免使用 BOOL 参数。原因有二,其一是 BOOL 参数值无意义,TURE/FALSE 的含义是非常模糊的,在调用时很难知道该参数到底传达的是什么意思;其二是 BOOL 参数值不利于扩充。还有 NULL 也是一个无意义的单词。

（9）函数的返回值要清楚、明了。除非必要，最好不要把与函数返回值类型不同的变量以编译系统默认的转换方式或强制的转换方式作为返回值返回。

（10）防止把没有关联的语句放到一个函数中。

说明： 主要目的是防止函数或过程内出现随机内聚。随机内聚是指将没有关联或关联很弱的语句放到同一个函数或过程中。随机内聚给函数或过程的维护、测试及以后的升级等造成了不便，同时也使函数或过程的功能不明确。使用随机内聚函数，常常容易出现在一种应用场合需要改动此函数，而在另一种应用场合又不允许这种改动，从而陷入困境。在编程时，经常会遇到在不同函数中使用相同的代码，许多开发人员都愿把这些代码提取出来，并构成一个新函数。若这些代码的关联较大并且用于实现一个功能，则这种构造是合理的，否则这种构造将产生随机内聚的函数。

一种随机内聚函数的代码如下：

```
void InitVar( void )
{
...Rect.length = 0;
...Rect.width = 0; / * 初始化矩形的长与宽 */
...Point.x = 10;
...Point.y = 10;    / * 初始化点的坐标 */
}
```

矩形的长、宽与点的坐标基本没有任何关系，故以上函数是随机内聚。

调整后分为两个函数的代码如下：

```
void InitRect( void )
{
...Rect.length = 0;
...Rect.width = 0; / * 初始化矩形的长与宽 */
}

void InitPoint( void )
{
...Point.x = 10;
...Point.y = 10;    / * 初始化点的坐标 */
}
```

（11）减少函数本身或函数间的递归调用。递归调用特别是函数间的递归调用（如 A→B→C→A），影响程序的可理解性；递归调用一般占用较多的系统资源（如栈空间）；递归调用对程序的测试有一定影响。故除非考虑某些算法或功能的实现方便，否则应减少没必要的递归调用。

（12）改进模块中函数的结构，降低函数间的耦合度，并提高函数的独立性及代码可读

性、执行效率和可维护性。优化函数结构时,应遵守以下原则:

① 能影响模块功能的实现;

② 仔细考查模块或函数出错处理及模块的性能要求并进行完善;

③ 通过分解或合并函数来改进软件结构;

④ 考查函数的规模,过大的函数要进行分解;

⑤ 降低函数间接口的复杂度;

⑥ 不同层次的函数调用要有较合理的扇入、扇出;

⑦ 函数功能应可预测;

⑧ 提高函数内聚(单一功能的函数内聚最高),对初步划分后的函数结构应进行改进、优化,使之更为合理。

18.8 变量和结构规范

(1) 一个变量只有一个功能,不能把一个变量用作多种用途,即当同一变量取值不同时,其代表的意义也不同。

具有两种功能的反例,错误示例代码如下:

```
WORD DelRelTimeQue( void )
{
...WORD Locate;
...Locate = 3;
...Locate = DeleteFromQue(Locate); /* Locate 具有两种功能:位置和函数 DeleteFromQue 的返回值 */
...return Locate;
}
```

使用两个变量,正确做法的代码如下:

```
WORD DelRelTimeQue( void )
{
...WORD Ret;
...WORD Locate;
...Locate = 3;
...Ret   = DeleteFromQue(Locate);
...return Ret;
}
```

(2) 结构功能单一,不要设计面面俱到的数据结构。相关的一组信息才是构成一个结构体的基础,结构的定义应该可以明确地描述一个对象,而不是一组相关性不强数据的集合。设计结构时应力争使结构代表一种现实事务的抽象,而不是同时代表多种。结构中的各元素应代表同一事务的不同侧面,而不应把描述没有关系或关系很弱的不同事务的元素放在同一结构中。结构不太清晰、不合理的错误示例代码如下:

```
typedef struct STUDENT_STRU
{
...unsigned char name[32];              /* 学生的姓名 */
...unsigned char age;                   /* 学生的年龄 */
...unsigned char sex;                   /* 学生的性别 */
.../* 0 - FEMALE; 1 - MALE */
...unsigned char teacher_name[32];      /* 学生老师的姓名 */
...unsigned char teacher_sex;           /* 学生老师的性别 */
} STUDENT;
```

更改后的代码如下:

```
typedef struct TEACHER_STRU
{
...unsigned char name[32];              /* 老师的姓名 */
...unsigned char sex;                   /* 老师的性别 */
.../* 0 - FEMALE; 1 - MALE */
...unsigned int teacher_ind;            /* 老师的编号 */
} TEACHER;
```

```
typedef struct STUDENT_STRU
{
...unsigned char name[32];              /* 学生的姓名 */
...unsigned char age;                   /* 学生的年龄 */
...unsigned char sex;                   /* 学生的性别 */
.../* 0 - FEMALE; 1 - MALE */
...unsigned int teacher_ind;            /* 学生老师的编号 */
} STUDENT;
```

(3) 不用或者少用全局变量。单个文件内部可以使用 static 的全局变量,可以将其理解为类的私有成员变量;全局变量应该是模块的私有数据,不能作用于对外的接口使用,使用 static 类型定义,可以有效地防止外部文件的非正常访问,建议定义一个 STATIC 宏,在调试阶段,将 STATIC 定义为 static,在版本发布时,改为空,以便于后续打补丁等操作。

(4) 防止局部变量与全局变量同名。尽管局部变量和全局变量的作用域不同而不会发生语法错误,但容易使人误解。

(5) 通信过程中使用的结构必须注意字节序;通信报文中,字节序是一个重要的问题,很多公司设备使用的 CPU 类型复杂多样,大小端、32 位/64 位的处理器都有,如果结构会在报文交互过程中使用,则必须考虑字节序问题。由于位域在不同字节序下看起来差别更大,所以更需要注意对于这种跨平台的交互,数据成员发送前,都应该进行主机序到网络序的转换;接收时,也必须进行网络序到主机序的转换。

（6）严禁使用未经初始化的变量作为右值；在首次使用前初始化变量，初始化的地方离使用的地方越近越好。

（7）构造应仅有一个模块或函数可以修改、创建，而其余有关模块或函数只能访问全局变量，防止多个不同模块或函数都可以修改、创建同一全局变量的现象，降低全局变量的耦合度。

（8）使用面向接口编程思想，通过 API 访问数据：如果本模块的数据需要对外部模块开放，则应提供接口函数设置、获取，同时注意全局数据的访问互斥；避免直接暴露内部数据给外部模型使用是防止模块间耦合最简单有效的方法。定义的接口应该有比较明确的意义，例如一个风扇管理功能模块，有自动和手动工作模式，那么设置、查询工作模块就可以将接口定义为 SetFanWorkMode、GetFanWorkMode；查询转速就可以定义为 GetFanSpeed；风扇支持节能功能开关，可以定义为 EnableFanSavePower 等。

（9）明确全局变量的初始化顺序，避免跨模块的初始化依赖；系统启动阶段，使用全局变量前，要考虑该全局变量在什么时候初始化，使用全局变量和初始化全局变量，两者之间的时序关系谁先谁后，一定要分析清楚，否则后果往往是低级而且是灾难性的。

（10）尽量减少没有必要的数据类型默认转换与强制转换；当进行数据类型强制转换时，其数据的意义、转换后的取值等都有可能发生变化，而这些细节若考虑不周，就很有可能留下隐患。

错误示例赋值代码如下：

```
char ch;
unsigned short int exam;
ch = -1;
exam = ch;                    //编译器不产生告警,此时 exam 为 0xFFFF
```

上面赋值代码在编译时多数编译器不产生告警，但值的含义还是稍有变化。

18.9　宏表达式与常量规范

（1）用宏定义表达式时，要使用完备的括号，因为宏只是简单的代码替换，不会像函数一样先将参数计算后再传递。

错误示例代码如下：

```
#define RECTANGLE_AREA(a, b) a * b
#define RECTANGLE_AREA(a, b) (a * b)
#define RECTANGLE_AREA(a, b) (a) * (b)
```

正确示例代码如下：

```
#define RECTANGLE_AREA(a, b) ((a) * (b))
```

在上面的代码中定义的宏都存在一定的风险，这是因为如果定义 ♯define RECTANGLE_AREA(a,b) a×b 或♯define RECTANGLE_AREA(a,b)(a×b)，则 c/RECTANGLE_AREA(a,b)将扩展成 c/a×b，c 与 b 本应该是除法运算，结果变成了乘法运算，造成错误。

如果定义 ♯define RECTANGLE_AREA(a,b)(a×b)，则 RECTANGLE_AREA(c+d,e+f) 将扩展成(c+d×e+f)，d 与 e 先运算，造成错误。

(2) 宏所定义的多条表达式应放在大括号中。

(3) 使用宏时，不允许参数发生变化。

错误示例代码如下：

```
♯define SQUARE(a) ((a) * (a))
int a = 5;
int b;
b = SQUARE(a++);          //结果:a = 7,即执行了两次增
```

正确示例如下：

```
b = SQUARE(a);
a++;                      //结果:a = 6,即只执行了一次增
```

同时也建议即使调用函数，也不要在参数中做变量变化操作，因为可能引用的接口函数，在某个版本升级后，变成了一个兼容老版本所做的一个宏，结果可能不可预知。

(4) 不允许直接使用魔鬼数字。使用魔鬼数字代码难以理解，如果一个有含义的数字多处被使用，一旦需要修改这个数值，代价惨重。使用明确的物理状态或物理意义的名称能增加信息，并能提供单一的维护点。解决方法是对于局部使用的唯一含义的魔鬼数字，可以在代码周围增加说明注释，也可以定义局部 const 变量，变量命名自注释。对于广泛使用的数字，必须定义 const 全局变量/宏；同样变量/宏命名应是自注释的。0 作为一个特殊的数字，当其被作为一般默认值使用而没有歧义时，不用特别定义。

(5) 除非必要，应尽可能地使用函数代替宏。宏对比函数，有一些明显的缺点。宏缺乏类型检查，不如函数调用检查严格，宏展开可能会产生意想不到的副作用，例如♯define SQUARE(a)(a)×(a)这样的定义，如果是 SQUARE(i++)，就会导致 i 被加两次；如果是函数调用 double square(double a) {return a×a;}，则不会有此副作用；以宏形式写的代码难以调试且难以打断点，不利于定位问题；宏如果调用得很多，则会造成代码空间的浪费，不如函数空间效率高。下面的错误示例代码无法得到想要的结果：

```
♯define MAX_MACRO(a, b) ((a) > (b) ? (a) : (b))

int MAX_FUNC( int a, int b) {
```

```
...return ((a) > (b) ? (a) : (b));
}

int testFunc()
{
...unsigned int a = 1;
...int b = -1;
...printf("MACRO: max of a and b is: %d\\n", MAX_MACRO(++a, b));
...printf("FUNC : max of a and b is: %d\\n", MAX_FUNC(a, b));
...return 0;
}
```

在上面的宏代码调用中,由于宏缺乏类型检查,a 和 b 的比较变成无符号数的比较,结果是 a<b,所以 a 只加了一次,最终的输出结果如下:

```
MACRO: max of a and b is: -1
FUNC : max of a and b is: 2
```

(6) 常量建议使用 const 定义代替宏,代码如下:

```
#define ASPECT_RATIO 1.653
```

编译器会永远看不到 ASPECT_RATIO 这个符号名,因为在源码进入编译器之前,它会被预处理程序去掉,于是 ASPECT_RATIO 不会加入符号列表中。如果涉及这个常量的代码在编译时报错,就会很令人费解,因为报错信息指的是 1.653,而不是 ASPECT_RATIO。如果 ASPECT_RATIO 不是在读者自己写的头文件中定义的,就会弄不明白 1.653 是从哪里来的,甚至会花时间跟踪。这个问题也会出现在符号调试器中,因为所写的符号名同样不会出现在符号列表中。解决这个问题的方案很简单,就是不用预处理宏,定义一个常量,示例代码如下:

```
const double ASPECT_RATIO = 1.653;
```

这种方法很有效,但有两个特殊情况要注意。首先,定义指针常量时会有点不同。因为常量定义一般是放在头文件中(许多源文件会包含它),除了指针所指的类型要定义成 const 外,重要的是指针也经常要定义成 const。例如,要在头文件中定义一个基于 char * 的字符串常量,读者要写两次 const,示例代码如下:

```
const char * const authorName = "Scott Meyers";
```

(7) 宏定义中应尽量不使用 return、goto、continue、break 等改变程序流程的语句,如果在宏定义中使用这些改变流程的语句,则很容易引起资源泄露问题,使用者很难自己察觉。

在某头文件中定义宏 CHECK_AND_RETURN，错误示例代码如下：

```
#define CHECK_AND_RETURN(cond, ret) {if (cond == NULL_PTR) {return ret;}}
//然后在某函数中使用(只说明问题,代码并不完整)
pMem1 = VOS_MemAlloc(...);
CHECK_AND_RETURN(pMem1 , ERR_CODE_XXX)
pMem2 = VOS_MemAlloc(...);
CHECK_AND_RETURN(pMem2 , ERR_CODE_XXX) /* 此时如果 pMem2 == NULL_PTR,则 pMem1 未释放函数就返
回了,造成内存泄漏. */
```

所以说，类似于 CHECK_AND_RETURN 这些宏，虽然能使代码简洁，但是隐患很大，须谨慎使用。

18.10　表达式规范

（1）表达式的值在标准所允许的任何运算次序下都应该是相同的。
（2）函数调用不要作为另一个函数的参数使用，否则对于代码的调试、阅读都不利。
错误的示例代码如下：

```
int g_var;

int fun1()
{
...g_var += 10;
...return g_var;
}

int fun2()
{
...g_var += 100;
...return g_var;
}

int main(int argc, char * argv[], char * envp[])
{
...g_var = 1;
...printf("func1: % d, func2: % d\\n", fun1(), fun2());
...g_var = 1;
...printf("func2: % d, func1: % d\\n", fun2(), fun1());
}
```

上面的代码不合理，仅用于说明当函数作为参数时，由于参数压栈次数不是代码可以控制的，所以可能造成未知的输出，使用断点调试起来也比较麻烦，阅读起来不舒服，所以不要

为了节约代码行,而写这种代码。

(3)赋值语句不要写在 if 等语句中,或者作为函数的参数使用。因为在 if 语句中,会根据条件依次判断,如果前一个条件已经可以判定整个条件,则后续条件语句不会再运行,所以可能导致期望的部分赋值没有得到运行。

错误的示例代码如下:

```
int main(int argc, char * argv[], char * envp[])
{
...int a = 0;
...int b;
...if ((a == 0) || ((b = fun1()) > 10))
...{
......printf("a: % d\\n", a);
...}
...   printf("b: % d\\n", b);
}
```

在上面的代码中,赋值语句作为函数参数来使用,参数的压栈顺序不同可能导致结果未知。

(4)用括号明确表达式的操作顺序,避免过分依赖默认优先级。使用括号强调所使用的操作符,防止因默认的优先级与设计思想不符而导致程序出错;同时使代码更为清晰可读,然而过多的括号会分散代码使其降低了可读性。

(5)赋值操作符不能使用在产生布尔值的表达式上。

参考代码如下:

```
x = y;
if (x != 0)
{
...foo ();
}

/* 错误写法 1 */
if (( x = y ) != 0)
{
...foo ();
}

/* 错误写法 2 */
if (x = y)
{
...foo ();
}
```

思考与拓展

（1）毁掉一个好习惯很容易，养成一个好习惯却需要长期坚持，代码规范是持续性的，需要长期不懈地坚持下去。

（2）本章只是介绍了一些常用的规范，在完成实际项目过程中还有许多其他具体的规范，希望读者遵循规范这条发展思路慢慢去积累。当然，规范也是活学活用的知识，切不可死搬硬套，适合团队高效运作的规范才是好的规范。

第 19 章

模块化程序编写

在入门篇中,所有项目代码都写在了一个.c 文件中,当然入门篇中每个实验的代码都很少,几十上百行就能实现所需的功能,而绝大部分商业项目代码动辄成千上万行,如果将全部代码还放在一个.c 文件中,可想而知阅读起来会很费时费力。虽然大部分开发工具带有代码跳转和检索功能,但是一个项目的代码往往是由多个工程师共同开发与维护的。在第 18 章中介绍了代码规范,因为考虑篇幅又加上模块化程序的编写,主要以实操为主,这样印象才会更深刻,所以本章以实例的形式介绍如何编写模块化程序。

读者非常熟悉的乐高积木如图 19.1 所示,相信很多人都玩过,有限的模块可以发挥无限的想象空间,模块化的积木搭建起来非常方便。

图 19.1　乐高积木(来自乐高公司官网)

19.1　点亮 LED 模块化程序改造

参考第 1 章中 8051 单片机 LED 点亮的例子,将其改造成模块化程序,整个程序包含 3 个文件,分别为 main.c、LED.c 和 LED.h 文件。首先打开工程熟悉一下模块化改造后的内容,LED 模块化的完整工程可参考附件 Chapter19/51_LED_Blink_Module。

19.1.1　.h 文件编写

LED.h 文件的代码如下:

```
#ifndef __LED_H
#define __LED_H

#include < reg52.h >

sbit LED = P0^0;

void LED_Init( void );
void LED_Togle( void );

#endif
```

头文件代码解释:

(1) 防重复包含定义。在.h 文件中都可以看到 #ifndef __LED_H、#define __LED_H、#endif 这种用法,一个模块通常可以被多个文件调用,当出现重复包含时,编译器可以通过重复包含判断是否编译该模块。

(2) 与本模块相关的变量和头文件包含。本节用到了 8051 单片机端口的定义,所以需要包含 #include < reg52.h > 头文件。

(3) 函数声明。当其他文件要调用本模块函数时,需要在头文件中声明函数,不然调用时会出错;其中 void LED_Init(void)和 void LED_Togle(void)为函数声明。

19.1.2　.c 文件编写

(1) 在.c 文件中如果要调用其他模块函数,则需要包含该模块相应.h 头文件,如果不需要调用其他模块函数,则只需包含本模块头文件,例如在 main.c 文件中需要调用 LED 控制相关函数,所以包含了 LED.h 文件。

(2) 函数原型实现,所有函数功能都是在.c 文件中实现具体内容。示例中 LED 初始化函数 LED_Init()和 LED 翻转函数 LED_Togle()都是在 LED.c 文件中实现的。

LED.c 文件的代码如下:

```
#include "LED.h"

void LED_Init( void )
{
    LED = 0;
}
void LED_Togle( void )
```

```
{
    LED = !LED;
}
```

给读者解答一个小疑问,delayMs 函数为公共函数,放在 main.c 文件中,很多初学者会问,为什么有些工程师将延时函数写在 main() 函数的后面? 这里简单解释下,这样写主要是为了使程序看起来更简洁,代码阅读、分析都是从 main() 函数开始的,所有单片机程序的执行默认都是从 main 函数开始的(除非有人改了入口函数名字)。这样无论是谁打开代码,在 main.c 文件中第一眼就可以看到入口主函数,而不是每次打开文件将代码拉到底才能看到主函数,这对于代码阅读来讲非常不方便。

delayMS 延时函数放在 main() 函数前面的写法如下:

```
# include "LED.h"

void delayMS( unsigned int nTime)
{
    unsigned char i;
    while(nTime -- )
    {    for(i = 114; i > 0; i -- ); }
}
void main()
{
    LED_Init();

    while(1)
    {
        LED_Togle();
        delayMS(500);
    }
}
```

将 delayMS 函数放在 main() 函数后面也是可以的,但是必须先进行 void delayMS(unsigned int nTime)函数声明,否则编译时就会出错。当然也可以单独创建 main.h 头文件,将函数声明放在头文件中,灵活处理即可。

delayMS 延时函数放在 main() 函数后面的写法如下:

```
# include "LED.h"

void delayMS( unsigned int nTime);

void main()
{
```

```
    LED_Init();

    while(1)
    {
        LED_Togle();
        delayMS(500);
    }
}
void delayMS( unsigned int nTime)
{
    unsigned char i;
    while(nTime -- )
    {    for(i = 114; i > 0; i -- ); }
}
```

19.2　模块化程序编写进阶

在 19.1 节中,对 LED 点亮工程的代码进行了模块化改造,相信读者对模块化程序编写有了基本的理解。接下来跟随笔者的步伐进一步来学习模块化程序编写。本节改造的项目为按键控制 LED,按键控制 LED 工程的代码结构如图 19.2 所示,Proteus 仿真电路的原理如图 19.3 所示。

由于整个工程的代码量有点大,如果全部放在文章中,则占用版面会比较多,所以本节只挑选重要部分进行解释。参考第 18 章中的代码规范,将相应的命名规范、注释规范、

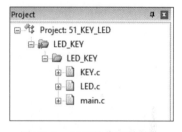

图 19.2　工程的代码结构

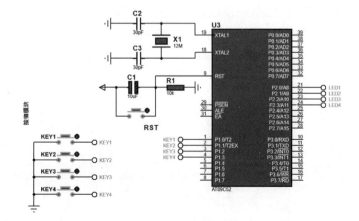
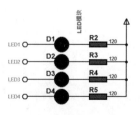

图 19.3　模块化按键和 LED Proteus 仿真电路

排版规范等全部用上,供读者参考。

main.h 文件为公共调用头文件,里面包含数据类型定义和公共函数定义,代码如下:

```
/ ************* (C) COPYRIGHT 2021 wllis ***************
*
* 文件名: main.h
* 描    述:主函数模块
* 作    者: wllis
* 日    期: 2021/11/24
*
*
*************************************************** /

# ifndef __MAIN_H_
# define __MAIN_H_

# include < reg52.h >

/ **********************************
* 定义变量类型
********************************** /

typedef unsigned char uint8_t;
typedef unsigned int uint16_t;

void delayMS( uint16_t nTime);      //毫秒延时函数

# endif
/ **************** end of file ************** /
```

KEY.h 和 KEY.c 为按键模块,其中 KEY.h 模块需要用到的按键值定义、端口定义及本模块函数声明都放在 KEY.h 文件中,而 KEY.c 文件负责实现函数具体内容与 19.1 节介绍的方法没有太大区别。

KEY.h 文件的代码如下:

```
/ ************* (C) COPYRIGHT 2021 wllis ***************
*
* 文件名: KEY.h
* 描    述: 按键处理模块
* 作    者: wllis
* 日    期: 2021/11/24
*
*************************************************** /
```

```
#ifndef __KEY_H_
#define __KEY_H_

#include"main.h"

/ ********************************
*         独立按键键值
******************************** /
#define KEY_VALUE1   0x01
#define KEY_VALUE2   0x02
#define KEY_VALUE3   0x03
#define KEY_VALUE4   0x04
#define KEY_NULL     0x00


/ ********************************
*         独立按键端口定义
******************************** /
sbit key1 = P1^0;
sbit key2 = P1^1;
sbit key3 = P1^2;
sbit key4 = P1^3;

void KEY_Init( void );     //独立按键端口初始化
uint8_t KEY_Scan( void ); //独立按键扫描

#endif
/ **************** end of file ************** /
```

KEY.c文件的代码如下：

```
/ ************ (C) COPYRIGHT 2021 wllis **************
*
* 文件名：KEY.c
* 描   述：按键处理模块
* 作   者：wllis
* 日   期：2021/11/24
*
*       key1 -> P1.0
*       key2 -> P1.1
*       key3 -> P1.2
*       key4 -> P1.3
*
***************************************************** /
#include "KEY.h"
```

```
/****************************************************
 * 函数名:void KEY_Init( void )
 * 描   述:独立按键端口初始化
 * 输   入:无
 * 输   出:无
 ****************************************************/
void KEY_Init( void )
{
    //按键上拉输入
    key1 = 1;
    key2 = 1;
    key3 = 1;
    key4 = 1;
}
/****************************************************
 * 函数名:uint8_t KEY_Scan( void )
 * 描   述:独立按键端口扫描
 * 输   入:无
 * 输   出:uint8_t
 ****************************************************/
uint8_t KEY_Scan( void )
{
    if ( key1 == 0 ) return KEY_VALUE1;        //键值 0
    if ( key2 == 0 ) return KEY_VALUE2;        //键值 1
    if ( key3 == 0 ) return KEY_VALUE3;        //键值 2
    if ( key4 == 0 ) return KEY_VALUE4;        //键值 3

    return KEY_NULL;                           //无
}
/***************** end of file ***************** /
```

按键控制 LED 模块化工程的完整代码可参考附件 Chapter19/51_KEY_LED_Module。

19.3　打造可重复利用的软件模块

在前面两节内容中,从点亮一颗 LED 模块化改造着手,让读者近距离接触模块化编程方法。在 19.2 节中加入按键处理模块,同时重新整理了主程序模块和 LED 驱动模块,模块化程序的写法开始发挥作用。如果说模块化程序写法只起这么点作用,读者则肯定不太愿意使用。有些读者可能在思考,19.2 节中 LED 驱动模块、按键处理模块如果移植到其他单片机上能不能使用呢?

一直以来很多读者认为代码移植这种事情是初学者遥不可及的,其实移植代码离大家也很近,只是感受不到而已。单片机代码移植的本质就是消除单片机硬件本身的差异,从使用者的角度看使用方式都是一样的,即接口函数不变,这样可以极大地提高模块的重复利用率。例如将 LED 模块移植到 STM32 平台,在 LED.h 文件中将相应的内容替换成 STM32 的硬件代码驱动方式。

8051 单片机平台下 LED 宏定义的代码如下:

```
sbit LED1 = P2^0;
sbit LED2 = P2^1;
sbit LED3 = P2^2;
sbit LED4 = P2^3;
```

STM32 单片机平台下 LED 宏定义的代码如下:

```
#define LED1 GPIO_Pin_0
#define LED2 GPIO_Pin_1
#define LED3 GPIO_Pin_2
#define LED4 GPIO_Pin_3

#define LED_PORT GPIOA
#define LED_RCC RCC_APB2Periph_GPIOA

#define LED1_TOGLEGPIO_WriteBit(LED_PORT,LED1, (BitAction)((1-GPIO_ReadOutputDataBit(LED
_PORT,LED1))))
#define LED2_TOGLEGPIO_WriteBit(LED_PORT,LED2, (BitAction)((1-GPIO_ReadOutputDataBit(LED
_PORT,LED2))))
#define LED3_TOGLEGPIO_WriteBit(LED_PORT,LED3, (BitAction)((1-GPIO_ReadOutputDataBit(LED
_PORT,LED3))))
#define LED4_TOGLEGPIO_WriteBit(LED_PORT,LED4, (BitAction)((1-GPIO_ReadOutputDataBit(LED
_PORT,LED4))))
```

而在 LED.c 文件中,使用 STM32 库函数操作方式,LED 初始化的代码如下:

```
void LED_Init( void )
{
    GPIO_InitTypeDef GPIO_InitStructure;

    RCC_APB2PeriphClockCmd( LED_RCC, ENABLE);

    /* PA 口 0、1、2、3 脚设置 GPIO 输出,推挽 2MHz   */
    GPIO_InitStructure.GPIO_Pin = LED1 | LED2 | LED3 | LED4;
    GPIO_InitStructure.GPIO_Mode = GPIO_Mode_Out_PP;
    GPIO_InitStructure.GPIO_Speed = GPIO_Speed_2MHz;
    GPIO_Init(LED_PORT, &GPIO_InitStructure);

    /* LED1~LED4 OFF */
    GPIO_ResetBits(LED_PORT,LED1 | LED2 | LED3 | LED4);
}
```

将 LED 翻转函数更改成宏定义方式 LEDx_TOGLE，代码如下：

```
void LED_Togle( uint8_t led_num )
{
    switch( led_num )
    {
        /***** LED1 翻转 *****/
        case LED1_NUM:
            LED1_TOGLE;
        break;

        /***** LED2 翻转 *****/
        case LED2_NUM:
            LED2_TOGLE;
        break;

        /***** LED3 翻转 *****/
        case LED3_NUM:
            LED3_TOGLE;
        break;

        /***** LED4 翻转 *****/
        case LED4_NUM:
            LED4_TOGLE;
        break;
    }
}
```

对比 STM32 和 8051 单片机平台下 LED 实现相同功能的差异，而在主函数中还使用原来的 LED 控制函数，不用进行任何修改。Arduino 平台其实也是这种思路，读者现在回过头看第 1 章中的例子会发现在 Arduino 平台下 STM32、AVR 和 MSP430 控制 I/O 接口函数都是一样的，3 种单片机在 Arduino 平台下的初始化函数和 I/O 输出控制函数的使用方式如下：

```
pinMode(13,OUTPUT)              /*   ATMEGA328P 引脚模式设置 */
pinMode(RED_LED,OUTPUT)         /*   MSP430 引脚模式设置 */
pinMode(PB1,OUTPUT)             /*   STM32 引脚模式设置 */

digitalWrite(13,HIGH);          /*   ATMEGA328P 引脚输出高电平 */
digitalWrite(RED_LED,HIGH);     /*   MSP430 引脚输出高电平 */
digitalWrite(PB1,HIGH);         /*   STM32 引脚输出高电平 */
```

为了使读者能够将所学到的东西快速吸收，本章采用的模块化程序都相对比较简单，但是模块化的内容基本覆盖全了，可以满足绝大部分模块化程序编写。有些读者可能会想，这总共才几行代码,移植工作所写的代码比实际功能函数的代码还多,是不是有点浪费时间。如果你是一位长期从事嵌入式行业的工程师,今天你将 LED 控制的代码写了一遍,明天将 I^2C 程序写了一遍,但是过了半个月后,做其他项目时还要将 LED 和 I^2C 驱动程序写一遍,那么前期的积累就白白浪费了,如果将平常使用的 LED 驱动函数和 I^2C 驱动函数规范成统一的接口,然后写个基本说明文档,这样每次使用 I^2C 和 LED 功能时,只需学习这些函数如何调用,并且如果在使用的过程中代码出现 Bug,则只需优化接口背后的代码,而接口本身不用改动,随着使用过的项目越来越多,这些代码会越来越可靠,这就是标准化和模块化真正的魅力所在。

无论读者是业余还是全职从事单片机、嵌入式或者软件开发行业,希望读者能将模块化思想自始至终贯彻其中,因为这种工作方式会极大地提高工作效率。STM32 官方 HAL 抽象底层硬件库如图 19.4 所示,STM32 标准外设库头文件如图 19.5 所示,STM32 标准外设库.c 文件如图 19.6 所示,两者一一对应,这也是为什么 STM32 比较容易上手的原因,这些库免去了烦琐的寄存器操作,并且经过多年优化和实际项目的检验,现阶段已经非常稳定。不断积累自己的模块库是提升核心竞争力的一种方式,当其他人还在将之前的代码重写一遍时,你的项目早已完工。如果读者长期使用某几种单片机、软件或硬件电路,则这种模块化方式能给你节约不少时间。

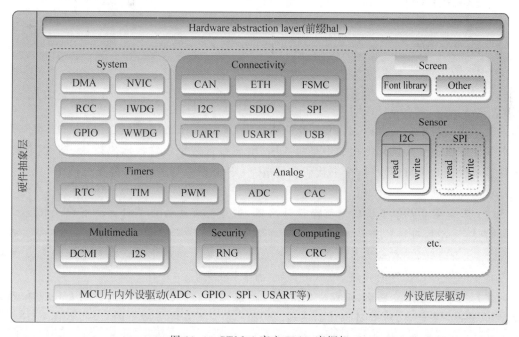

图 19.4　STM32 官方 HAL 库框架

给读者推荐《嵌入式系统构件》中文第 2 版,这本书你可能没有听说过,但是如果提到 $\mu C/OS$-Ⅱ那你一定非常熟悉,早些年很多人 RTOS 入门都是从 $\mu C/OS$-Ⅱ开始,该系统可

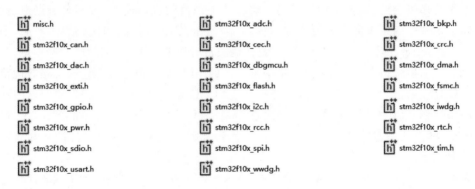

图 19.5　STM32 官方库头文件

图 19.6　STM32 官方库头文件

以说是国内实时系统的鼻祖，μC/OS-Ⅱ的作者 Jean J. Labrosse 同时也是该书的作者，在这本书里详细讲述了模块化编程的中高级应用，里面包含数字量输入输出模块、按键模块、数码管显示模块和串口模块等，全书代码按照 μC/OS-Ⅱ框架打造，并且都是可移植的。

思考与拓展

（1）本章主要介绍了模块化程序设计思路，但是笔者认为很多行业都有模块化思想存在，特别是大型项目协作开发，模块化设计在其中发挥了重要的作用。例如一辆汽车，有外观设计、底盘设计，还有动力系统设计、电气系统设计等。模块化设计有利于各行各业工程师各自专注于自己设计的模块，而不会出现"打架"的现象。

（2）程序本身比较抽象，而模块化编程就更抽象了，对初学者来讲，特别是还没有形成这种模块化观念之前，所看到的只是代码，就算使用了很多技巧写出的代码，也感觉不出多大差异，这种思想需要在实战中不断练习才能慢慢理解。

第 20 章

多功能电子钟——项目开发基本流程

相信很多工程师在做嵌入式项目过程中都遇到软硬件 Bug 永远解决不完的苦恼,尽管硬件已经迭代了多个版本,软件也升级了多个版本,但是发现自己挖了一堆"坑",怎么填也填不完。对于绝大部分读者来讲,无论你是刚步入社会的读者,还是已经在社会上工作多年,不是每个人都有机会进入流程比较完善,同时还提供不定期技能培训的公司,就算进入了这些流程完善的公司,很多人还没干两年就跳槽了,就连整个研发流程怎么走完的都没弄明白。大部分工程师任职于几个人,甚至几十个人规模的公司,这种小公司基本上在流程上不完善,以结果为导向,怎么快速达到目的怎么来,怎么方便怎么来。如果运气好碰到一个熟悉开发流程方面的师傅领你进门还好,但是如果运气差,则很大可能你混迹了好几年,发现自己没什么进步,反而对未来产生了迷茫。刚毕业时笔者也遇到过同样的问题,那一年多的时间里每天不是在解决问题就是在解决问题的路上,感觉问题永远解决不完。拥有一套适合自己的基本项目流程对于做嵌入式项目的工程师来讲是非常重要且很有必要的,本章从一个实例的角度来梳理一下嵌入式项目的基本流程。麻雀虽小,五脏俱全,通过熟悉一个基本项目的研发流程,然后在实际研发过程中总结一套适合自己的方法,对个人项目实施效率和成长来讲还是非常有利的。每个公司都有自己的一套项目研发流程,但没有哪套项目流程是适合所有公司的,所以读者可以选择适合自己的流程开发方式。

本章介绍的开发流程适用于嵌入式开发。笔者通过这种方法,做过很多嵌入式项目,在相同的时间或者赶时间的情况下,也能确保项目的成功,如果你长期从事某个行业的研发工作,这种科学的流程方法积累就显得尤为重要。科学的流程会让你研发项目越来越得心应手,从而腾出更多的时间去思考更重要的事情。

另外还有一点想说的是,在很多创业公司,对这种流程不是很在乎,所以在实际项目实施过程中经常会出现能力强的工程师占公司主导地位,有时老板都对这些工程师没有办法。还有就是如果某工程师做的项目,他自己忙不过来,其他工程师去帮忙需要花大量的时间熟悉,因为没有说明文件,而更糟糕的是如果负责该项目的工程师离职,则后期的交接工作量也相当大,很多项目持续两三年交接都很正常。

本章介绍的流程适用于小规模嵌入式或研发类项目,未达到产品量产级别,嵌入式产品开发方式的流程更多、更复杂,感兴趣的读者可以参考更专业的产品开发流程。本案例中以多功能电子钟为例来详细介绍整个研发流程是如何执行的,一个基本的嵌入式项目软硬件开发流程如图 20.1 所示。

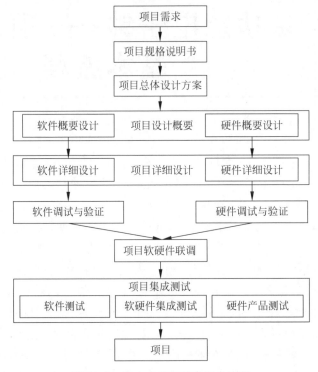

图 20.1　嵌入式项目基本开发流程

20.1　项目需求

　　项目需求一般来讲比较模糊,因为提出项目需求的人很多情况下不太懂技术,因此他也不太可能会站在技术的角度考虑能不能实现,如果完全按照客户提出的要求去做,则很多时候项目要么完不成,要么完成的最终结果差强人意,至于工期那就更不好把握了,所以前期通过对接项目需求,一方面为了详细了解客户的需求点,另一方面为了适当地引导客户怎样做才能实现、节约成本和时间。当然如果在技术条件能实现的情况下,客户不在乎成本,那又是另外一回事,但是项目需求阶段还是很有必要将这些问题提出来。如果项目需求者是实施工程师本人,则项目需求可以考虑省略。后期的工作开展主要围绕这些需求来开发,功能整理得越细,后期项目在推进过程中就越顺利。一般项目需求主要围绕使用环境、实现功能、关键电气参数、机械参数、是否需要通过某些行业标准等展开讨论,与客户对接完项目需求后要及时整理成文档,然后与客户校对一遍,以防双方理解偏差,现场交流可及时修正。

1. 客户描述

　　(1) 制作一个多功能电子钟,成本控制在 20 元左右。

（2）可以调整时间，有闹钟功能，能显示年、月、日、时、分、秒，走时精准，可以设置闹钟，能显示温度和湿度。

（3）整体简约大方，外观不能太大，方便携带，尺寸大概控制在单手可以握住即可。

（4）能自动调整亮度，晚上自动变暗，白天可以自动变亮。

2．需求整理

（1）显示时、分、秒功能。

（2）触摸按键调整时间功能。

（3）闹钟功能。

（4）数码管、闹钟和温度显示能随着环境光照强度变化而自动调整亮暗。

（5）断电走时功能。

（6）尺寸：120×50×50（单位：mm）。

（7）温度显示精确到小数点后 1 位，显示范围-9.9～99.9℃，精度±5％（湿度显示两位数，最大值 0～99％RH，精度±5％），由于湿度显示占用成本较大，暂时不考虑。

（8）总体成本控制在 20±20％（单位：元）。

根据客户描述，整理了不同状态下多功能电子钟的 UI 效果图，所有符号和数码管都显示出来的效果如图 20.2 所示，其中 M 为模式调整触摸按键、<为时间调整减按键，>为时间调整加按键，这 3 个按键平时正常工作时处于隐藏模式，只有触摸时才会显示。

图 20.2　所有数码管和背光灯图标显示

平时正常工作时设置闹钟后的效果，如图 20.3 所示，该模式下闹钟功能启用，闹钟符号显示在主界面上。

图 20.3　正常工作闹钟模式

无闹钟正常工作时效果如图 20.4 所示,该模式下只显示时间和温度,隔一段时间会自动短暂切换至日期显示。

图 20.4 正常工作无闹钟模式

20.2 项目规格说明

项目需求阶段为项目负责人对接客户,客户来自各行各业,有懂技术的也有不太懂技术的。通过将项目需求整理成项目规格书,主要目的是将来自客户的需求进一步转换成可供技术人员交流用的资料,方便下一步项目的具体实施,主要包含以下内容:

(1)产品外观。

(2)产品支持的操作系统。

(3)产品的接口形式和支持的规范。

(4)考虑该产品需要哪些硬件接口。

(5)产品用在哪些环境下,要做多大,耗电量如何;如果是消费类产品,则还需要考虑设计外观,产品是否便于携带,IP 等级要求。

(6)产品成本控制。

(7)产品性能参数说明(例如交换机,如果是百兆的速率,用于家庭和一般公司;如果是用于整个省的交换,则设计的速率在数十万兆以上),所以,产品性能参数的不同,就会影响到工程师设计考虑的不同,产品的规格自然就不同。

(8)产品需要适应和符合的国家标准、国际标准或行业标准。

多功能电子钟整理后的产品功能如下。

(1)按键功能:3 个触摸按键功能,占用 3 个 I/O 口。

(2)温度显示功能:普通 NTC 温度传感器,一路 A/D 实现。

(3)显示功能:6 个 5.6 寸数码管+3 个 0.3 寸数码管,闹钟符号显示,时间显示数码管中间隔断点显示,℃符号显示。

(4)语音提示功能:蜂鸣器提示或语音模块+扬声器。

(5)人体感应功能:热释电红外传感器或毫米波人体感应模块,占用 1 个 I/O 端口。

（6）自动亮度调整功能：普通光敏电阻传感器，一路 A/D 实现。

（7）隐藏童锁功能，长按 M 按键解锁童锁，＞3s 不适用按键自动添加童锁。

20.3 项目总体方案

有了产品规格说明后，读者需要针对该项目进一步了解当前有哪些可行的方案，通过几个方案对比，从成本、性能、开发周期、开发难度等多方面进行综合考虑，最终选择一种最适合自己实施的项目总体设计方案。

在这一阶段，读者除了要确定大体实施的方案外，还需要综合考虑产品开发周期，人员的工作量估算，需要协调哪些内部资源和外部资源，以及在开发过程中可能会遇到的风险及应对措施，形成整个项目计划，指导整个项目开发。

多功能电子钟项目的总体方案如图 20.5 所示，人员需求、职责和时间统计见表 20.1。

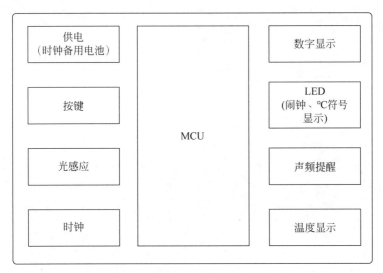

图 20.5 多功能电子钟项目总体方案

表 20.1 多功能电子钟项目人员时间统计

人员角色	人数	时间/天	主 要 职 责
项目负责人	1	—	负责整个项目的资源协调和会议召开主持工作
结构工程师	1	2	负责整个多功能电子钟机械结构相关设计工作
硬件工程师	1	15	负责项目所有的硬件开发与输出文档编写
软件工程师	1	15	负责项目软件功能开发、软件开发文档编写、协助硬件工程师测试硬件
工业设计师	1	4	项目外观整体设计

20.4 项目概要设计

在项目总体方案中,只是简单地对项目进行粗略框架评估,接下来要将该粗略框架具体化,具体到要使用什么软件方案、芯片方案来设计制作。

20.4.1 硬件概要方案

有了功能需求,针对要实现的功能确定硬件方案,整个硬件方案主要包括主控选型、供电方案,实现具体功能外围芯片选型,最终确定整个硬件框架。如果客户或者项目本身需求方指定了具体硬件,那就要按照客户指定方案进行。整个多功能电子钟硬件设计概要如图 20.6 所示,对比图 20.5,硬件概要方案内容具体到主要芯片型号。

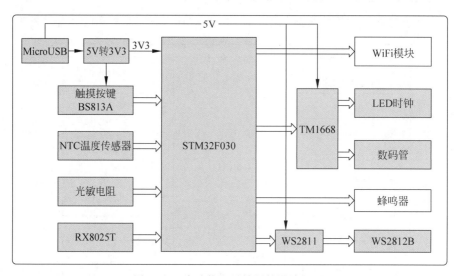

图 20.6 多功能电子钟硬件设计概要

硬件模块概要设计主要从硬件的角度出发,确认整个系统的架构,并按功能来划分各个模块,确定各个模块的大概实现方式。依据需要哪些外围功能及产品要完成的功能来选型主控,然后进一步选型外围芯片,例如选择外接 A/D 还是用片内 A/D,A/D 转换精度要求,采用什么样的通信方式,需不需要留外部调试下载接口,还要考虑电磁兼容性。

注意:主控一旦确定,周围硬件电路就要参考该主控厂家提供的电路方案进行设计。

一款 CPU 的生存周期为 5~8 年,考虑选型时需要注意不要选用快停产的 MCU,以免出现这样的结局,产品辛辛苦苦开发了一两年,刚开发出来,还没赚钱,MCU 就停产了,又得重新开发,很多公司就遇到过这种问题,如果能选择那种 pin to pin 可以更换的 MCU,那样最好。在 2021 年疫情中,市面上非常火的 STM32 芯片就出现过严重短缺,国内很多公司有 pin to pin 直接替换的单片机,甚至软件代码都兼容,给替换工作节约了大量的时间。

多功能电子钟硬件选型:主控可选的有 STM8S003、NE76003AT20、STM32F030 等,触摸按键芯片、数码管或液晶模块、时钟芯片、高精度晶振、充放电管理芯片。硬件设计分 3 次迭代,其中初始版本设计花费 4 天时间,这个阶段会设计很多冗余项,一方面为了调试;另一方面防止前面有些问题没考虑周全,可及时补救,硬件设计工作时间安排见表 20.2。

表 20.2 多功能电子钟硬件设计时间安排

硬件版本	时间安排	工作内容
初版	4+2+1	4 天设计第一版硬件,2 天为 PCB 打样时间,找软件工程师协助编写硬件测试代码,并整理硬件设计文档,1 天用来调试硬件,测试初版功能
第一版	2+2+1	2 天用来修改初版存在的问题并进行评估,2 天时间在初版硬件上编写后期测试代码并及时整理文档,1 天用来调试第一版硬件,并做各项功能测试,然后进一步进行异常测试
第二版	1+2	1 天时间用来焊接多块电路板并测试,2 天时间用来对这些电路板硬件结合软件代码进行压力测试

20.4.2 软件概要设计

软件设计主要涉及使用什么框架,分成哪些模块,整个软件执行流程,需要使用哪些算法,以及时间安排等。软件概要设计阶段主要根据系统的要求,将整个系统按功能划分模块,定义好各个功能模块接口及模块内主要数据结构等。

多功能电子钟的软件概要设计如图 20.7 所示,整个软件采用时间片轮询框架,分成 5 个任务,分别是按键任务、显示任务、温湿度读取任务和亮度自动调整任务,这些任务直接调用底层驱动完成最终功能。

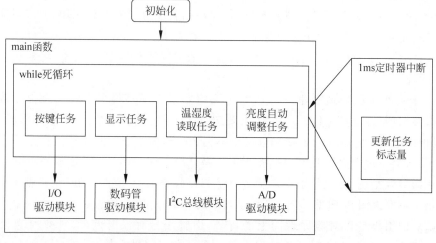

图 20.7 多功能电子钟软件概要设计

20.5　项目详细设计

1. 硬件详细方案

硬件详细方案具体到电路原理图和 PCB 设计,包括配合机械工程师进行外壳设计,以及 PCB 机械尺寸。接下来,需要依据硬件模块详细设计文档的指导,完成整个硬件设计工作。包括原理图、PCB 的绘制工作。PCB 绘制前需要与机械工程师确定元器件的布局,PCB 的板框尺寸,是否会有干涉要提前沟通清楚,这一步很重要。例如,在多功能电子钟中需要使用具体的主控、电源芯片、按键型号、数码管型号、板子机械尺寸,如果有多个硬件方案,则需要将多个方案的详细信息整理出来,多功能电子钟的参考电路原理如图 20.8 所示。

笔者分享几点在实际项目中的硬件经验:

(1) 如果硬件工程师只有一个人,则需要考虑该怎么将初版设计出现的问题降到最低。

(2) 重视积累,尽量复用以往使用过的模块电路,每次项目做完后,要及时将成熟的电路模块整理好,并附上说明、使用场景及注意事项。

(3) 当在项目中引入新器件时,如果时间充裕,可以先购买成品模块进行硬件和软件调试,摸清状况后再放入具体项目中,或者自己先设计一块测试板,尽量将所有引脚都引出来,方便软硬件调试。

(4) 在实际非标项目实施过程中,很少有充裕的时间,也经常会碰到新器件的使用,在这种情况下引入新器件秉着"先加法后减法"的原则。什么是"先加法后减法"原则呢?该方法是将新器件的所有引脚或可能需要用到的关键引脚全部引出,无论实际调试是否用到。做过项目的工程师经常会碰到那种调试了半天调试不通的情况,到最后阅读手册时才发现需要将其中的一个引脚在硬件上进行配置,但是该引脚刚好没有对外引出,所以只能在芯片引脚上飞线,而如果碰到引脚在芯片底下时,需要花费大量时间来飞线。在初版中使用"加法"的方式,在第二版时就可以根据实际项目调试的情况进行"减法"操作,将不必要的引脚和元器件去掉。

(5) 只有一个工程师画原理图和 PCB 怎么将错误率降到最低呢?笔者曾经接手过别人的项目,整个项目的电路其实很简单,主要包含 USB 转串口功能、DC/DC 降压电路、外加几个光耦的电路,所有 PCB 连线加起来还不到 20 条,但是在实际调试过程中却飞了十几条线。为什么会飞这么多线呢?究其原因主要是低级错误太多了,原理图和 PCB 封装引脚对不上,从而导致割线、飞线特别多。笔者总结的经验是单个工程师同时负责整个硬件项目设计时,每次将原理图和 PCB 设计完后,以归零的心态,对照着数据手册一个一个引脚认真检查一遍,对照引脚是否对应原理图上的符号,引脚编号有没有问题,如果是自己设计的PCB 封装,则 PCB 封装也要对照着数据手册一个一个引脚进行检查,看一下实物引脚号是否正确。这种检查方式尽管很笨、很烦琐,但是做这件事千万不要嫌麻烦,在后期 PCB 调试阶段能节约好几倍的故障排查和飞线时间,而且有利于项目如期交付。

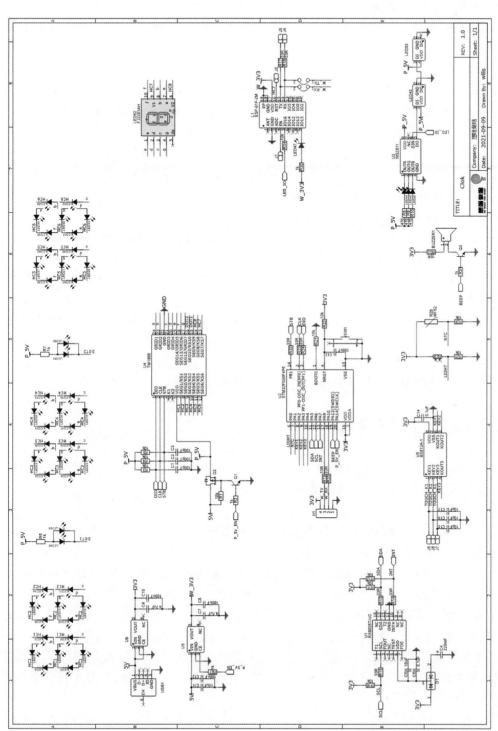

图20.8 多功能电子钟参考电路原理图(未经验证，原理图仅供参考)

（6）互检并及时评估，很多时候项目出问题，不是因为技术问题，而是因为犯了低级错误，所以在流程完善的公司中都会在每个阶段进行项目互检和评估，这样能在硬件设计初期阶段就将个人容易犯错的地方及时避免。

2．软件详细方案

软件详细方案的主要内容为功能函数接口定义、函数完成功能、数据结构、全局变量、完成任务时各个功能函数接口调用流程。在完成了软件模块概要设计以后进入具体编码阶段，在软件模块详细设计文档指导下完成整个系统的软件编码。

一定要注意需要先完成模块详细设计文档以后，软件才进入实际的编码阶段，这样能在设计之初将问题考虑周全，避免在设计过程中反复修改而不利于开发效率的提高，不要为了图一时之快，在没有完成详细设计之前，就开始编写代码工作。

软件设计过程中笔者总结的几点经验如下：

（1）参照前面章节采用分模块化方式对每个模块先进行代码编写和调试，确认每个模块功能没有问题之后再合并到主程序中。

（2）遇到新的芯片时，为了加快开发速度，优先使用现成模块结合示例代码先调试，然后整理成模块。

（3）新芯片且没有参考代码时，特别是 I^2C 和 SPI 总线，很多读者遇到这类问题时常常无从下手。笔者采用得方法是，先使用 Arduino 对新芯片进行功能调试，然后参照 Arduino 的代码进行移植，这种方法屡试不爽。

（4）尽量使用熟悉的软件框架编写代码，这样能极大地提高开发效率。

20.6　项目调试与验证

该阶段的主要工作为调试硬件和测试代码，修正其中存在的问题，确保项目的软硬件功能正常，达到需求规格说明中的项目功能要求。

1．硬件调试

（1）上电前：目测焊接后的 PCB 板是否存在短路现象，元器件是否焊错、漏焊。测试电源对地电阻是否存在短路现象。

（2）使用带限流功能可调电源供电，先预估电流大小，然后将电流限制在其附近并上电，观察工作电流是否正常，当工作电流正常时，测量各电源电压是否在正常范围内。

（3）烧录测试程序，分模块调试硬件，可借助示波器、逻辑分析仪协助调试等，某产品的硬件测试部分内容如图 20.9 所示。

2．软件部分

将编写好的代码烧录到主控单片机中，按照项目对功能一一进行测试，验证每个功能是否能正常工作。

Test #	Level	Station	Test Item	LSL	Typ	USL	Unit	Test Procedure
1	SMT	V&I	Off current	0.003		20	uA	1. Apply 1.5V to VBAT Test Point TMF1. 2. Measure off current at VBAT TMF1
2	SMT	V&I	PWR_3V3 voltage	30	50	70	ms	1. Apply 1.5V to Test Point TMF7 to simulate button press, leave at 1.5V. 2. Monitor RST_N TMF5 voltage at 1ksps until voltage transitions through 2.0V. Record time.
		V&I		3.135	3.3	3.465	V	3. Measure voltage of PWR_3V3 at TMF22. 4. Measure current at VBAT TMF1. 5. Set VBAT TMF1 to 1V.
		V&I		0		1	mA	6. Measure voltage of PWR_3V3 at TMF22. 7. Measure current at VBAT TMF1. 8. Set VBAT TMF1 to 1.5V.
3	SMT	V&I	BT_VADDC voltage check	1.14	1.20	1.26	V	Measure voltage of TMF3
4	SMT	V&I	PWR_1V35_CBUCK_OUT voltage check	1.30	1.35	1.50	V	Measure voltage of TMF4
5	SMT	V&I	PWR_1V2_RFLDO_OUT voltage check	1.14	1.20	1.26	V	Measure voltage of TMF6
6	SMT	V&I	Download Diag Image to SOC	NA		NA	Pass/Fail	1.Flash SOC over UART test points UART_TXD, UART_CTS, UART_RXD, UART_RTS. If dow nioading diag image to SOS is not successful: 1. Set VBAT TMF1 to 0V and wait 100ms. 2. Drive RECOVERY TMF8 to 0V. 3. Set VBAT TMF1 to 1.5V and wait 10ms. 4. Set RECOVERY to high-z. 5. Apply 1.5V to Test Point TMF7 to simulate button press, leave at 1.5V. Wait 100ms 6. Flash SOC over UART. 7. Set TMF7 to 0V.
7	SMT	V&I	Write PCBA S/N	NA		NA	Pass/Fail	TBC Note: Need keep JTAG of test point for fixture.
8	SMT	V&I	Write BT MAC address	NA		NA	Pass/Fail	TBC Note: Need keep JTAG of test point for fixture.

图 20.9　某产品硬件部分调试内容

20.7　项目测试

1．功能测试

测试正常条件下，前面定义的功能是否都能正常工作。在多功能电子钟里需要测试的功能有按键功能、数码管显示功能、温度显示功能、闹钟功能、不同光照强度下 LED 和数码管自动亮度调整功能、电池充放电功能，如果这些基本功能测试不通过，则肯定存在 Bug。

2．压力测试

压力测试主要测试异常条件下设备会不会出现工作不正现象，读者经常会看到有些设备给它输入一些特殊代码或者哪几个按键同时按下后设备会出现异常情况。以多功能电子钟为例，需要测试这些异常情况：单个随机触摸按键、随机组合将触摸按键及所有按键按下、光照强度快速变化，以及温度正常范围内突变等条件下观察实际功能。如果测试过程中出现功能异常现象，则应及时将产生该问题的条件记录下来方便后期复现并优化软硬件。

3．外界环境测试

环境测试主要包括温度、湿度、盐雾、IP 防护等级、震动、静电、冲击、电磁等环境下设备会不会出现异常或损坏。

有些电子设备部分元器件在特殊温度下会出现工作异常状况，从而导致整个产品出现故障或设备失灵，还有些设备在零下几十摄氏度条件下，启动不了或开不了机，而在高温条件下，电容或电阻值发生物理变化，这些外界环境参数都会影响产品的质量。工业级产品通过前期测试可避免实际投放市场时这些问题带来严重的后果。有些产品工作于深海中或在海拔很高的山洞中工作，或工作于炎热的沙漠中，或者在颠簸的设备上工作，例如汽车，或者需要防止雷击，所以工业级产品与消费类产品的区别主要在这些严苛的可靠性测试上，而消费类产品所做的外界环境测试相对来讲宽松很多。

20.8 项目批量阶段

顺利通过 20.7 节中完整测试验证,到这里得到开发成功的项目。对于小批量的产品或项目,整个开发工作基本完成了,但是这并不意味着工作做完了,一方面有些问题通过前面的种种测试没有办法暴露,但是在实际使用中,可能会出现一些问题,所以还需要及时地进行售后服务,并根据实际情况进行项目优化,产品交付使用,自然是客户使用越方便越好,所以有必要编写说明和指导手册。

确定最终的软硬件方案:软硬件方案没有问题了,接下来就可以对软硬件方案进行定稿,确定 1.0 版本。

思考与拓展

(1)不同公司,不同团队所采用的项目研发流程会有一定的差异。无论是团队也好,公司也罢,内部都有知识面广、执行力强的同事,同时也有"浑水摸鱼"的同事,制定合适的研发流程可以极大地提高项目研发效率,同时也可以避免很多低级问题的产生。

(2)项目研发流程读者要活学活用,即使是一个人的项目,也可以遵循基本的研发流程,这样研发思路才会比较清晰,做起事来才会有事半功倍的效果。

第21章

网红楼梯灯

21.1 项目需求

项目功能如下：

(1) 楼梯和扶手感应亮灯。

(2) 行人感应阶梯逐级亮起。

(3) 可以实现"多人闯入"工作模式，例如第 1 个人进入后楼梯灯一个踏步一个踏步亮起来，然后熄灭，第 2 个人进入后第 1 个人的当前效果保持变，而第 2 个人进入后实现与第 1 个人的效果相同；同理第 3 个、第 4 个人进入楼梯后也能实现同样功能。

(4) 模式切换，例如一次亮一个阶梯模式、一次亮三个阶梯模式、全亮模式、律动模式、间歇模式等。

(5) 延时可调整：感应到人进入后，每个踏步点亮的时间可调。

(6) 程序升级。

(7) 红外遥控输入。

(8) 白天、夜间自动调整亮度。

(9) 控制器尺寸要小，12V 或 24V 电压下都可以工作，现场接线施工方便。

(10) 成本控制，目前市面上网红楼梯灯全套(21 阶梯)价格普遍在 1500 元左右，尺寸太大，希望将控制器成本控制在 100 元左右。

21.2 项目规格说明

根据项目需求整理后的功能如下。

(1) 按键功能：一个按键用于切换模式，占一个 I/O 端口。

(2) 红外遥控功能：红外遥控数据输入，占用一个 I/O 端口。

（3）程序升级功能：使用单片机自带的串口升级功能，占用一个串口，一个升级按键，占用代码升级专用 I/O 端口。

（4）模式显示功能：一个 7 段数码管，占用 7 个 I/O 端口。

（5）传感器开关输入功能：4 个光耦隔离输入数字检测端口，占用 4 个 I/O 端口。

（6）自动灯光亮暗调整功能：普通光敏电阻传感器，由单片机 A/D 实现。

（7）单总线 LED 驱动功能：两路单总线驱动，占用两个定时器 PWM 驱动端口。

（8）数据保持功能：FLASH 数据保持，占用一个 SPI 接口。

21.3　项目总体方案

结合 21.2 节整理的功能需求，整个楼梯踏步灯控制器选用总线型驱动方案，考虑到使用 RS485 总线方式控制每一级踏步灯驱动控制板设计相对较复杂，成本过高，最终采用市面上现有的单总线级联驱动方案，该项目的主控制器总体方案如图 21.1 所示。另外，结合现场施工方便性要求和实际客户需求，有两种接线方案，只有楼梯踏步灯的方案如图 21.2 所示，扶手灯和楼梯踏步灯都有的接线方案如图 21.3 所示。两种接线方式的主要区别为接或不接扶手灯，这样便完美地解决了现有控制器需要将每一级阶梯线接入控制器的问题。开发人员及时间安排见表 21.1。

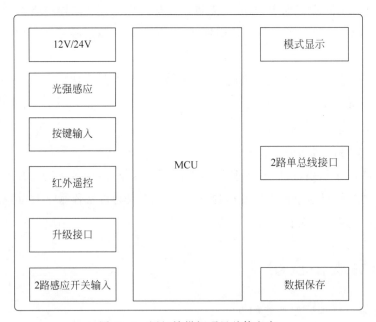

图 21.1　网红楼梯灯项目总体方案

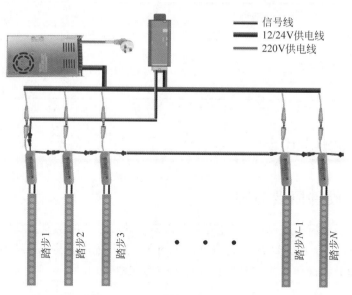

图 21.2　只接楼梯踏步灯连接方式

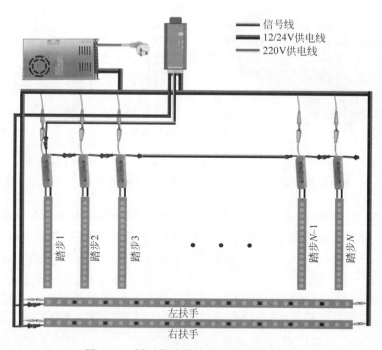

图 21.3　同时接楼梯踏步和扶手连接方式

表 21.1　网红楼梯灯项目人员时间统计

人员角色	人数	时间/天	备　　　注
项目负责人	1	—	负责整个项目的资源协调和会议召开主持工作
结构工程师	1	2	负责整个控制器的外壳结构设计并跟踪加工
硬件工程师	1	15	负责项目所有的硬件开发与输出文档编写
软件工程师	1	15	负责项目的软件功能开发、协助硬件工程师测试硬件

21.4　项目概要设计

21.4.1　硬件概要方案

考虑到整个项目需要控制成本,外壳采用市面上现有尺寸的铝盒方案,如图 21.4 所示,外壳尺寸如图 21.5 所示。这种铝壳加工比较简单,量大时可以将加工费用控制在 5 元以内。机械工程师最终设计好的控制器铝壳加工模型如图 21.6 所示。

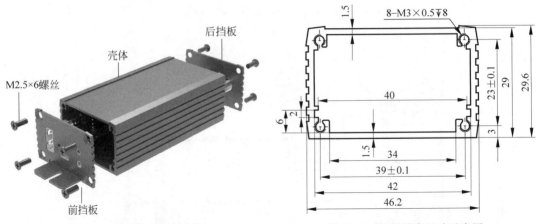

图 21.4　铝制外壳参考实物　　　　　　图 21.5　铝制外壳尺寸示意图

固件升级按钮、数码管、模式切换按键、光感灵敏度调节电阻及外部接线端口的位置如图 21.7 所示。外壳顶端透明部分采用半透明黑色亚克力工艺,图案使用向量 UI 设计软件 AI(Adobe Illustrator)绘制,当然读者也可以采用其他向量设计软件,最终设计出来的效果如图 21.8 所示。

控制器外部接口功能的定义如图 21.9 所示,方便后期测试和维修使用,成品控制器直接制作线束,并且对外连接端子有防呆处理(每个端子的插入方式是唯一的,避免插错),每个接插件导线上进行打码处理,直接对照连接就行,在实际施工过程中非常方便。

整个控制器的概要设计方案如图 21.10 所示,MCU 选用 STM32F103C8T6,主要有以下几点考虑:

图 21.6　控制器外壳

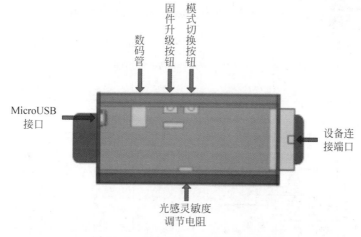

图 21.7　设备外部接口位置及功能

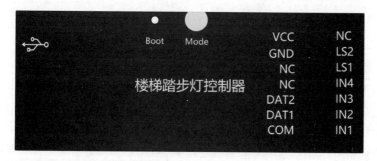

图 21.8　使用 AI 设计的亚克力面板外观

（1）该芯片资源丰富，自带串口 1 升级功能。

（2）笔者比较熟悉 STM32 系列芯片，并且该芯片支持 Arduino 方式开发。

（3）该芯片支持许多国产 pin to pin 替换，甚至在代码上都兼容，方便后期优化替代。

序号	名称	定义	序号	名称	定义
1	VCC	12~24V 电源供电	2	IN1	高电平输入有效接口1
3	GND	电源负极	4	IN2	高电平输入有效接口2
5	NC	闲置,不接线	6	IN3	高电平输入有效接口3
7	NC	闲置,不接线	8	IN4	高电平输入有效接口4
9	DAT2	灯带数据驱动2	10	LS1	光线亮暗传感器1
11	DAT1	灯带数据驱动1	12	LS2	光线亮暗传感器2
13	COM	数据驱动信号地	14	NC	闲置,不接线

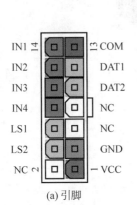

(a) 引脚   (b) 功能

图 21.9　接插件引脚位置和功能定义

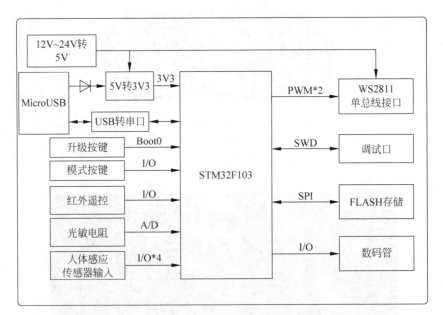

图 21.10　控制器硬件设计概要

　　每个阶梯 LED 驱动板的概要设计如图 21.11 所示,采用市面上现成的单总线驱动芯片 WS2811,由于该芯片没有大功率驱动能力,所以在后级添加了功率 MOS 管驱动 LED 带。该芯片支持 R、G、B 三路输出,并且每路亮度可调,为后期多样化拓展提供了方便。

图 21.11　LED驱动板硬件设计概要

21.4.2 软件概要方案

软件概要方案的设计框图如图 21.12 所示,整个软件框架采用时间片轮询方式处理多任务,使用定时器作为系统任务时钟,总共包含 5 个任务,其中按键输入与红外遥控任务负责处理按键、传感器开关信号及红外遥控输入数据,数据存储任务用来保持当前控制器工作模式和程序灯带模式控制数组,模式显示任务用来处理数码管显示,灯带驱动任务则根据当前工作的模式调用具体数组处理灯带如何工作,亮度自动调整任务则根据读取的传感器值来调整白天与黑夜状态下灯带的亮度。

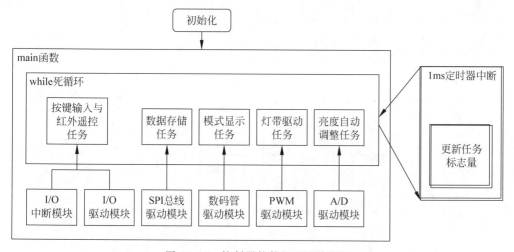

图 21.12　控制器软件概要设计框图

21.5　项目详细设计

21.5.1 硬件详细方案

由于整个控制器的电路原理图有好几页,本节只截取控制器 CPU 部分局部电路原理,如图 21.13 所示,LED 带功率驱动板原理图如图 21.14 所示。

最终设计好的控制器 PCB 板如图 21.15 所示,图中数字对应的单位为 mm,PCB 布局和布线需要结构工程师协助,以防设计出的尺寸与外壳装配存在偏差,包括亚克力板向量图的设计也需要结构工程师的配合。最终设计好的 LED 驱动板如图 21.16 所示。

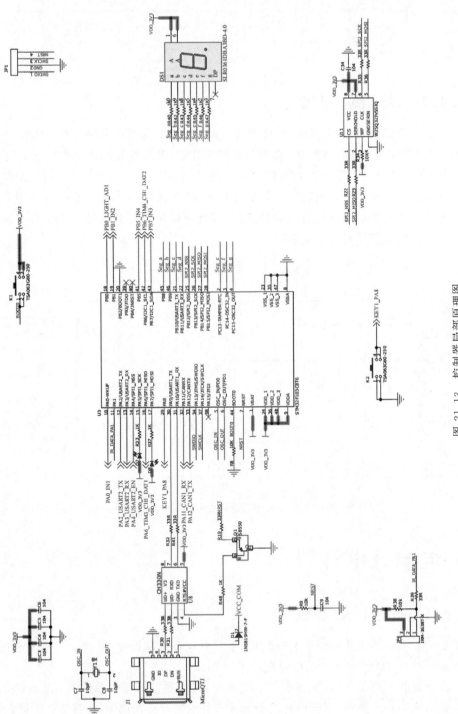

图 21.13 控制器局部原理图

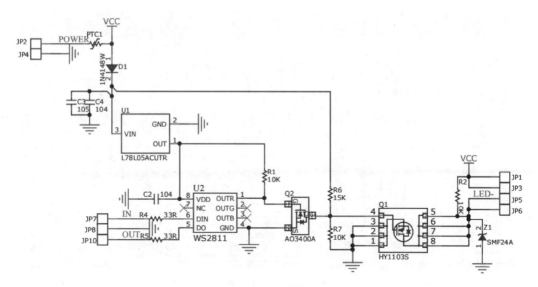

图 21.14　LED 驱动板原理图

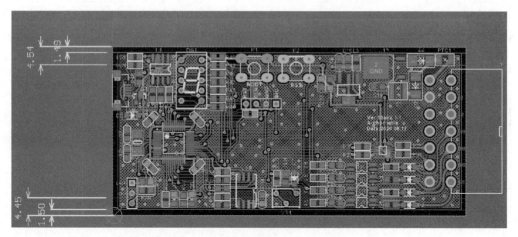

图 21.15　控制器 PCB 布线完成效果

21.5.2　软件详细方案

控制器的整个软件详细设计框架如图 21.17 所示,主要包括 3 层,分别为 ST 官方库、自写硬件驱动模块和应用程序层,其中硬件层采用第 23 章中的时间片轮询框架,任务系统基准时钟使用 SysTick 定时器调用 ST 官方的标准定时器库函数的方式,最终规划的任务如下。

(1) 红外遥控处理任务:调用红外遥控解码模块,然后将解码后的指令转换成实际定义的控制指令。

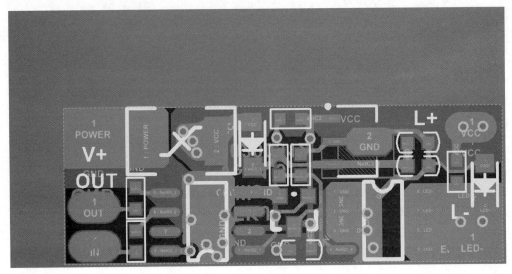

图 21.16   LED驱动板布线完成效果

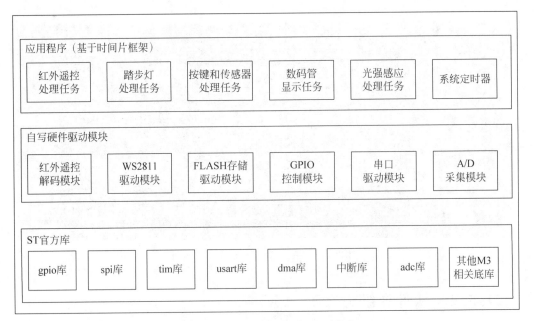

图 21.17   控制器软件详细设计框架

　　（2）踏步灯任务：调用 WS2811 驱动模块，根据传感器感应的实际状态和当前的模式驱动踏步灯点亮或熄灭。

　　（3）按键和传感器处理任务：调用 GPIO 控制模块，采用状态机方式读取按键并切换模式，将调整后的模式保存在 FLASH 中，另外还需要读取人体感应传感器的开信号，并进行状态标记，以便踏步灯处理任务根据状态做出相应动作。

（4）模式显示任务：调用 GPIO 控制模块，驱动数码管显示当前模式，只有每次切换模式时才会短暂显示（3s），平常数码管不显示。

（5）光强感应处理任务：调用 A/D 采集模块，读取光线感应传感器的值，并与标定好的亮度值对比，改变当前踏步灯的亮度。

21.6 项目调试与验证

1. 控制器调试

如果自己动手焊接电路板，则建议采用边焊接边调试的方式进行，以防全部焊接完后出现需要拆掉部分元器件才能解决的问题；通过手工焊接，最终焊接好的控制器电路板如图 21.18 所示，控制器电路板背面无元器件，硬件手工焊接参考步骤如下：

（1）首先焊接 STM32 的最小系统和 USB 转串口部分电路，焊接好后用万用表测试芯片供电是否有短路情况，如果没有短路情况，则用调试器下载程序，看是否能正常下载程序并工作。

（2）焊接 12～24V 降压电源转换电路部分并测试短路情况，然后接入 12V 或 24V 供电，测试是否能正常工作。

（3）将数码管、红外遥控输入、光耦隔离输入、FLASH 存储、单总线驱动电路部分电路一一焊接上，每焊接一部分电路都要先进行测试才继续进行后面功能电路的焊接工作，一旦测试有异常，要及时找出该部分电路异常的原因直到排除问题为止，防止问题继续扩大。需要软件配合测试局部功能的电路，可以先使用 Arduino 平台环境验证。

（4）全部焊接完并且每部分电路功能验证没有问题，第一阶段硬件功能才算完整。

（5）测试控制器硬件全部工作起来后是否正常，将事先编写好的硬件测试代码全功能地运行起来，仔细观察、触摸元器件有没有发热或硬件异常现象。

图 21.18 控制器实物

2. LED 驱动板调试

由于该驱动板没有几个元器件，所以可以将上面所有的元器件焊接完成后再调试，调试前用万用表测试是否有短路情况，如果无短路问题，则可以继续进行软件驱动板子测试，由于 STM32 程序用起来相对比较烦琐，为了节约调试时间，可以采用 Arduino UNO 板直接驱动验证方式，焊接好的 LED 驱动板如图 21.19 所示，背面没有元器件。

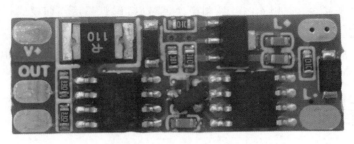

图 21.19　LED 驱动板实物

3. 软件验证

将软件工程师编写的代码烧录到控制器中,然后按照实际工作的场景要求将外围的传感器和光电开关都连接上,参考图 21.2 和图 21.3 所示的连接方式,测试各项功能是否能正常工作。

21.7　项目测试

1. 硬件测试

控制器全部组装完后的成品实物如图 21.20 所示。由于该控制器没有进入产品量产级别,所以只进行常规的高低温和老化测试,如果需要进行大规模量产,则建议进行电磁兼容性测试和有毒物质检测认证等。成品测试内容如下:

(1) 固件升级测试。

(2) 按键功能测试。

(3) 传感器输入功能测试。

(4) 单总线信号线传输长度与抗干扰测试。

(5) 控制器电源反接测试。

(6) 高低温测试,按照测试标准模拟高低温测试,检查控制器是否工作异常或损坏。

(7) 老化测试,给控制器下载正常工作的程序,然后模拟正常工作条件下的信号输入,进行 24h 老化测试。

(a)　　　　　　　　　　　　(b)

图 21.20　控制器组装好后的实物

2．软件测试

软件测试主要针对正常状态和异常状态下的软件功能测试，不是代码层面测试。

1）正常功能测试

（1）按键模式切换功能测试。

（2）模拟人体感应传感器功能测试，单人进入模式，多人进入模式，检查软件功能是否正常。

（3）红外遥控功能测试。

（4）光线强度亮暗感应功能测试，调节灵敏度控制电阻，测试不同亮度条件下 LED 带发光亮度是否有变化。

（5）数据保存功能测试，测试模式切换断电后能否正常保存模式。

2）异常功能测试

按键、遥控、光线传感器、人体感应传感器随机模拟数据，然后模拟正常输入数据，检查控制器功能是否正常。

第 22 章

状态机编程，不止于按键

22.1 状态机实现按键功能

先来一起来看一个简单状态机按键例子，单个按键状态转移模型如图 22.1 所示，单个按键按下的理想波形如图 22.2 所示，整个按键处理包括 3 种状态，程序首先进入初始状态 0 检测按键是否被按下，如果没有被按下，则一直周期性地循环检测，当检测到按键按下时进入状态 1，在状态 1 中继续检测按键按下状态，如果按键松开，则回到状态 0，如果按键继续保持按下状态，则执行 LED 翻转，同时进入状态 2，在状态 2 中检测按键是否松开，如果松开，则进入状态 0，否则继续检测按键松开状态。单个按键状态机 8051 单片机的实验代码可参考附件 Chapter22/51_KEY_State。

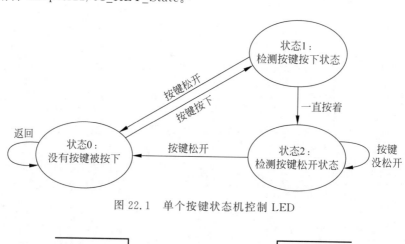

图 22.1　单个按键状态机控制 LED

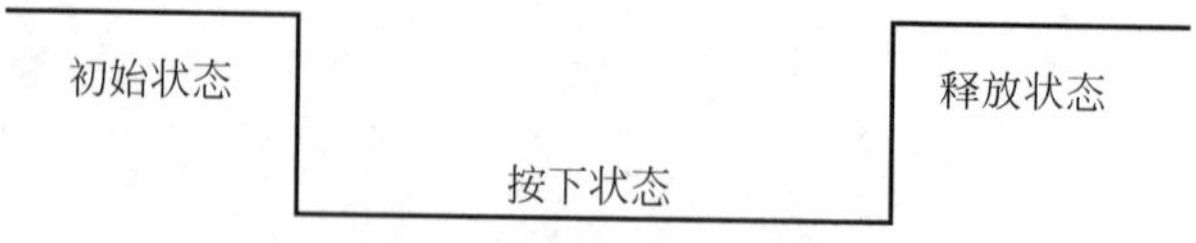

图 22.2　实际按键工作状态

前面章节中所有按键都采用简单阻塞延时检测读取，这种处理方式非常不方便，因为用到的是阻塞延时方式，什么意思呢？就是延时过程中其他任务都只能等待，只有等待当前延时结束才能继续执行其他任务，对于寸土寸金的单片机来讲这显然是一种资源浪费。而使用状态机方式处理按键程序有一个优势，即不需要使用阻塞式延时，可以纯粹地使用计数或状态转移方式就能实现，大大提高了单片机的资源利用率。

22.2　状态机基本原理与实现

1. 状态机原理

在了解状态机之前，读者首先思考一下，LED 闪烁程序中，LED 什么时候点亮？什么时候熄灭？无论是点亮还是熄灭，它都在等待一个条件，也就是说 LED 亮状态和熄灭状态都在等待能让其执行的条件，而这个条件就是延时时间完成，如图 22.3 所示。如果此时执行的是一个其他任务呢？该任务牵涉的条件比较多，例如串口发送任务，首先需要判断串口是否被其他任务占用条件及串口延时条件，只有延时条件完成和其他任务不占用该串口资源时，串口才可以执行发送任务。从某方面来讲，单片机执行任何一个动作都在等待某些条件，只要这些条件满足，它就可以进入执行状态，否则它就进入休眠状态、挂起状态或其他状态等，如图 22.4 所示。这是状态机的基本原理，弄懂状态机的核心原理，在任何编程中都可以使用状态机方式。

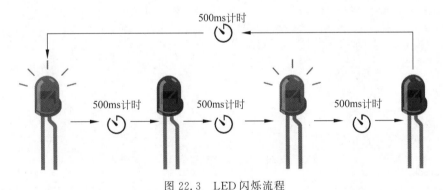

图 22.3　LED 闪烁流程

2. 状态机实现

在实际项目中，状态机实现的常用方式是使用 switch…case 逻辑，当然读者也可以使用 if 条件方式。关于其他实现方式，本节不展开介绍，此处主要介绍 switch…case 方式。使用 switch 语句是最简单也是最直接的一种方式，其基本思路是状态机中的每种状态都是一个 case 分支。一个按键基本的几种状态的实现代码如下：

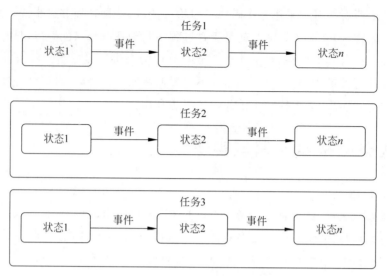

图 22.4　不同的任务等待不同的事件

```
switch(KEY_STATUS)
{
    /*状态 0:没有按键被按下 */
    case KEY_NULL:
    break;
    /*状态 1:按键状态确认 */
    case KEY_SURE:
    break;
    /*状态 2:按键被按下 */
    case KEY_DOWN:
    break;
    /*状态 3:按键长按 */
    case KEY_LONG:
    break;
    /*状态 4:弹起 */
    case KEY_UP:
    break;
}
```

在每个 case 分支中对当前条件进行判断,如果满足条件,则进入下一种状态,否则一直停留在该状态,如图 22.5 所示。结合第 19 章模块化编程思想,本节给读者整理了一种更完整的多按键状态机程序,8051 单片机多按键状态机的详细代码可参考附件 Chapter22/51_MULTI_KEY_LED_State。

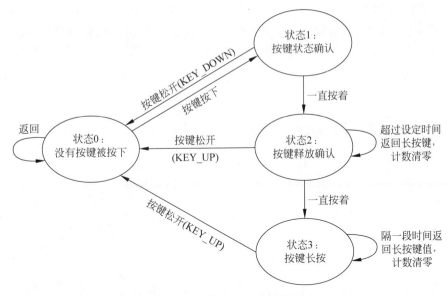

图 22.5 模块化状态机模型

22.3 状态机串口接收协议

经常有相关读者在网上提问关于串口通信方面的问题,串口发送数据读者都知道怎么使用,但是串口接收数据的处理方式,有些读者一直没有好的解决思路,常用的串口指令由起始标志字符、数据长度、数据主体(命令＋数据)组成,有些对通信要求较高(不允许出错)的场合相应地还需要校验位(常用的校验方式有累加校验、异或校验、CRC 校验等)。一种常用的简单版串口传输数据方式见表 22.1,完整数据为 5A 05 82 10 01 00 00,其中 5A 为指令起始标志字符。在串口通信章节中介绍了起始位,表 22.1 中的起始标志字符相当于串口通信中的起始位,当接收到起始标志字符时程序开始接收串口指令数据,数据长度 05 是用来告诉程序需要接收多少字节数据,超过的数据则不能接收,命令和数据为具体的数据内容(表格中所有数据都采用十六进制表示)。

表 22.1 常用的简单版串口指令

起 始 标 志	数 据 长 度	命 令	数 据
5A	05	82	10 01 00 00 00

22.3.1 简单版串口协议

接下来先从简单的串口协议着手,一起熟悉怎么使用状态机接收串口指令,以串口指令数据 5A 01 02 03 04 05 FF 为例讲解串口接收指令状态机是如何实现的,串口指令的起始字符位为 0x5A,结尾字符为 0xFF,中间是数据主体。接收方式为首先在串口中断函数中一直检测 0x5A 起始字符,如果检测到就进入接收数据状态,接收数据的过程中不断地检测结尾字符 0xFF,如果出现 0xFF,则说明数据接收完成,接收转移状态如图 22.6 所示。

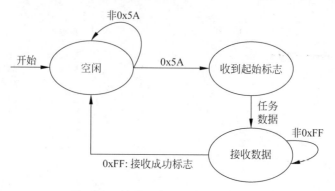

图 22.6　简单版串口指令接收状态机

8051 单片机简单版串口指令接收的完整代码可参考附件 Chapter22/51_USART_REV_State,经过串口助手测试,该代码串口数据接收正常,如图 22.7 所示。

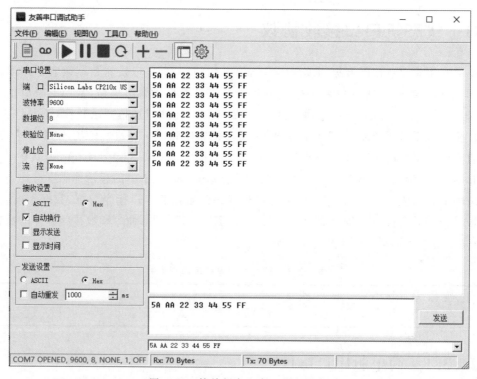

图 22.7　简单版串口串口收发指令

22.3.2　实用串口协议

简单版串口指令可以解决基本的串口指令通信问题,但是在实际使用中还是存在一些问题。串口在实际传输数据的过程中,很多时候数据是随机或者有些时候数据与起始字符0x5A会相等,例如传输数据过程中,第5个数据出现0x5A,显然如果采用22.3.1节中的数据接收方式,接收的数据会与发送端的数据不一致,即数据错乱。这种现象笔者在实际项目中经历过,经过仔细研究后发现可以将起始字符使用两字节方式解决数据与起始字符相等的问题,从概率上来讲确实会大大降低出错的概率。如果实际通信过程中传输的数据不会出现这两个数据(0x5A,0xA5)的连续组合,则可以采用这种方式,使用起来也方便。实用型串口具体数据指令格式见表22.2,这种方式在串口屏中用得非常多,接下来一起看一下如何实现接收功能。

表 22.2　实用型串口指令格式

起始标志 1	起始标志 2	数 据 长 度	命　　令	数　　据
5A	A5	05	82	10 01 00 00 00

实用版串口指令接收状态机的模型如图22.8所示,相比图22.6简单版串口数据接收,只是中间多了一个检测起始标字符0xA5状态,接收到起始标志2后才开始进入数据接收环节,判断接收的数据长度是否满足要求,如果满足要求,则退出,同时设置接收完成标志,此时其他任务通过判断接收完成标志调用接收的串口数据,串口助手实测试效果如图22.9所示。8051单片机实现实用版串口指令接收的代码可参考附件Chapter22/51_USART_CMD_REV。

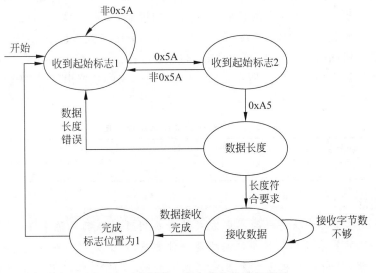

图 22.8　实用串口指令接收状态机模型

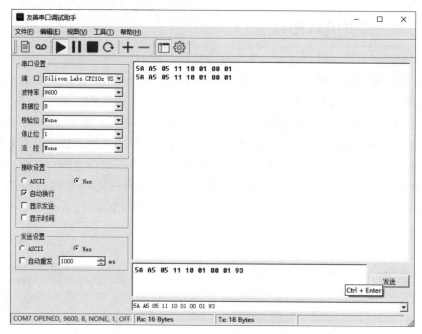

图 22.9 实用型串口接收指令收发

无论使用上面何种串口传输数据的方式,总会出现数据出错的情况,只是这种概率有大有小,那有没有一种方式可以确保几乎毫无差错地接收完整的数据呢? 答案是肯定的,带校验的串口数据指令格式见表 22.3,在发送端对数据进行发送校验,然后将校验字符放在传输的数据末尾一并发送出来,接收端将数据接收完后,同样采用发送端算法对数据进行校验,再将校验的结果与发送过来的校验字符进行比对,如果比对通过,则认为接收数据成功,否则直接丢弃数据。表 22.3 中的校验方式为累加校验,即校验位 = 0x82 + 0x10 + 0x01 = 0x93。当然累加校验并不是唯一的校验方式,也可以采用异或校验、CRC 校验等。带校验串口的指令状态机如图 22.10 所示,接收数据过程中多了一个校验环节。串口助手发送带校验字符的实测效果如图 22.11 所示,当发送端发送过来的数据出错时,接收端会将接收的错误数据丢弃。

表 22.3 带校验的串口数据指令格式

起 始 标 志 1	起 始 标 志 2	数 据 长 度	命　　令	数　　据	校 验 位
5A	A5	05	82	10 01 00 00 00	93

思考与拓展

(1) 如果说本章两种状态机的实现方式读者都用过并且已熟练掌握,则恭喜你已经学会了状态机编程的基本技巧。状态机编程是一种方法,例如大名鼎鼎的 Quantum Leaps 是一种状态机框架,使用状态机方式来开发嵌入式程序,整个状态机框架原理如图 22.12 所示。读者思考一下在实际单片机编程中,还有哪些地方用到状态机方式编程?

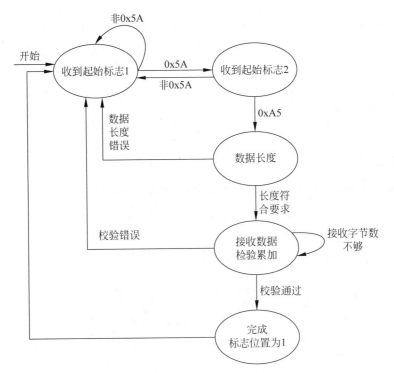

图 22.10　带校验串口指令状态机

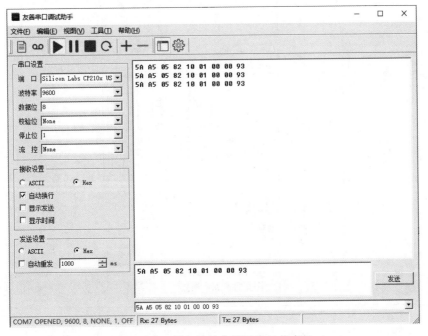

图 22.11　添加校验位测试串口状态机

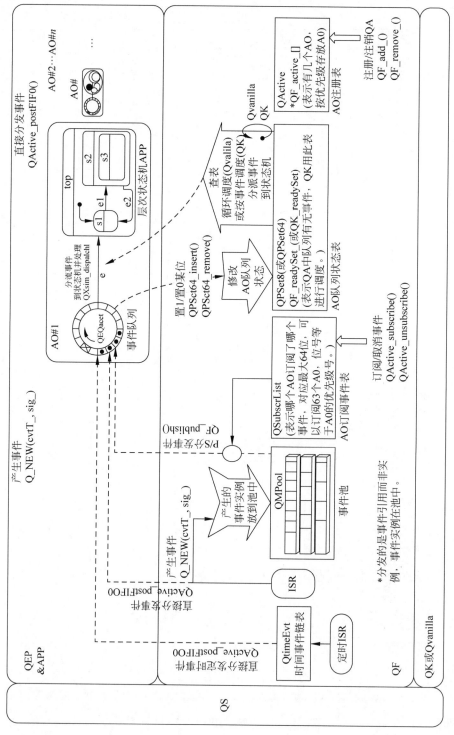

图 22.12　Quantum Leaps 状态机框架

（2）串口通信状态只简单地介绍了累加校验，读者可以思考一下这种校验会存在什么问题。笔者给点提示，假如传输的数据中刚好一个数据增大 1，另外一个数据减少 1。异或校验存在什么问题呢？这种校验方式又有哪些优劣？感兴趣的读者可以好好去研究下，这样可能就不难理解为什么在很多场合推荐使用 CRC 校验。

第 23 章　可以不用操作系统，但是要会操作系统方式编程

23.1　不要被操作系统吓到，其实它也可以很简单

　　一想到操作系统，读者脑海中会立马浮现出 RTOS、Linux、Windows、iOS 等系统，常用的几种嵌入式实时系统如图 23.1 所示。读者能想到这些操作系统也没什么问题，就好比入门单片机一样，绝大部分时候不需要这种功能完备的操作系统。必须承认操作系统给编程带来方便性的同时也对个人的知识积累提出了更高的要求。还没开始使用就要学习一大堆东西，如任务调度、信号量、消息、邮箱、临界状态等。与之相对应的还有一大堆数据结构方面的知识，如链表、队列和堆栈等。总之，看起来是一个庞大的工程，想用起来太难了。这也是很多读者一谈操作系统就闻之色变的原因，其实很多时候并不需要用到这么复杂的系统。本章一起来解剖能实实在在用到的操作系统编程方式。

(a) RT-Thread实时系统

(b) FreeRTOS实时系统

(c) 华为LiteOS

Micrium OS

(d) μC/OS

图 23.1　各种各样的实时系统

　　在多功能电子钟项目中，如果将操作系统的信号量、消息、邮箱、队列等添加进来意义有多大？假如读者花了几个星期的功夫把操作系统搭建好了，最后发现需要实现的功能只用到时间片轮询，而复杂的调度器根本用不上，是不是觉得有点杀鸡用宰牛刀？另外，并不是所有项目用到的单片机的资源都是非常充裕的，很多项目中使用的单片机的 RAM 不到

1KB，少得可怜，而 ROM 同样也少得可怜，才 4KB 左右。如果什么事情都没做，就在上面运行一个 RTOS，那剩下的资源什么事情都不用干了，所以使用操作系统并非必需，但是操作系统这种编程思想却值得借鉴。另外笔者感触比较深的是，最近几年，单片机的硬件成本在不断下降，以后的单片机说不定出厂就固化了操作系统与底层接口驱动，所以为了以后做准备，熟悉操作系统这种编程思想还是非常有意义的。

读者平时需要用到的任务基本上也就这些，如图 23.2 所示。对于绝大部分初学者来讲，习惯上使用阻塞延时方式来解决任务等待问题。当面对多任务时，显然传统的阻塞延时很难满足读者编程的需求，如图 23.3 所示。

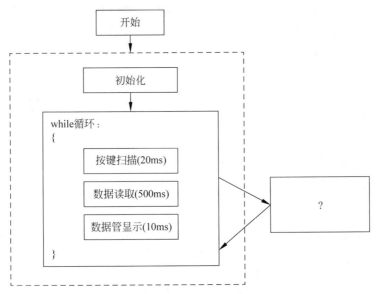

图 23.2 平时使用的程序框架

读者可能会想到，既然普通延时解决不了问题，那么可不可以对时间进行最小片段划分呢？例如将数码管刷新延时的 10ms 作为最小延时单位，然后其他任务在单位时间的基础上使用变量作为计数器计时，计时时间到了后就执行其他任务，这样就可以解决一部分阻塞延时问题了。基础延时为 10ms，按键扫描任务周期为 20ms，当 Time_Count1 计数到 2 时，就执行按键扫描任务；数据读取任务周期为 500ms，使用 Time_Count2 计数，当计数到 50 时，就执行数据读取任务，如图 23.4 所示。

既然读者能想到划分最小时间片，那可不可以更进一步地将最小单位的阻塞延时也取消掉，直接在 while 循环中使用计数器来解决呢？如图 23.5 所示，答案是可以的，但是这里又带来了一个新问题，细心的读者可能会发现每个计数器的数值都会变得非常大；并且还有个问题，随着每个任务执行的内容不断地变化，以及中断的产生，while 循环中的时间也会跟随着变化，这就给任务执行的时间带来很大不确定性，每次搭建不同软件工程时每个任务计数时间不好把握。有没有其他办法呢？相信早期的计算机科学家也碰到过同样的问题,这里正式提出系统定时器解决思路,也不要把它想得多高大上,因为定时器是单片机独立的内部外设,所以它不受执行任务多少的影响(优先级高于定时器的中断会受到影响),而高级一点的单片机直接自带系统定时器,例如 STM32 的 SysTick 就是作为系统定时器来使用的,它的优先级也是最高的。读者回忆一下第 9 章末尾提出的定时器用法,本章其实就是定时器的另外一种高级用法。

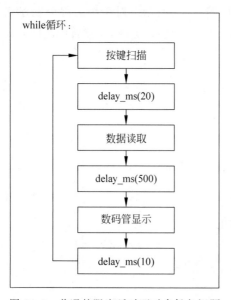

图 23.3　普通的阻塞延时面对多任务问题

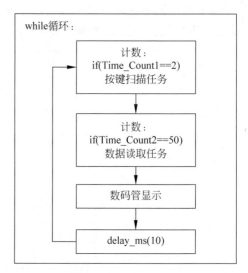

图 23.4　通过划分最小延时时间片方式执行多任务

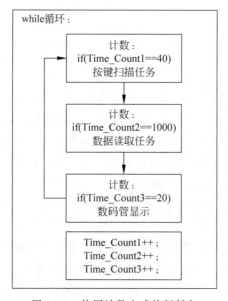

图 23.5　使用计数方式执行任务

使用定时器方式，可以为每个任务提供比较精确的定时功能，这样即使任务执行时间发生变化或者任务数量发生增减，每个任务还是可以按照它固有的时间节拍来运行，如图 23.6 所示。

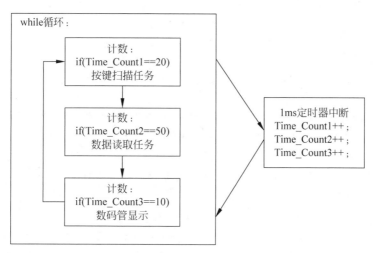

图 23.6　使用定时器方式给任务提供精确的时间片

使用定时器提供基准时钟的多任务延时的参考代码如下：

```
void main( void )
{
    /* 定时器 0 初始化 */
    SYSTEM_T0_Init();

    /* 使能总中断,这样定时器 0 才会启动 */
    EA = 1;

    while (1)
    {
        /* LED1 100ms 闪烁任务 */
        if(100 == LED_Task_Count1)
        {
            LED_Task_Count1 = 0;
            LED1 = ~LED1;
        }

        /* LED2 200ms 闪烁任务 */
        if(200 == LED_Task_Count2)
        {
            LED_Task_Count2 = 0;
            LED2 = ~LED2;
```

```
        }

        /* LED3 500ms 闪烁任务 */
        if(500 == LED_Task_Count3)
        {
            LED_Task_Count3 = 0;
            LED3 = ~LED3;
        }
    }
}
```

以完整定时器方式实现多任务的代码可参考附件 Chapter23/Time_Multi_Blink_51。

通过前面一步一步分析传统延时带来的资源浪费,以及多任务问题,然后对任务划分时间片的方式来执行多任务,这样诞生了一个最简单的多任务操作系统,即以时间片轮询法执行多任务。相信很多读者在书本中或网上论坛上也经常看到这两个关键词,多任务、时间片轮询法,就连大名鼎鼎的 μC/OS 也支持时间片轮询法执行多任务。这样梳理后,读者是不是感觉操作系统原来也能这么简单。是的,通过剖开表面现象看到事物的本质,操作系统也就那么回事。读者在学习技术知识时要善于抓住问题的主要矛盾和次要矛盾,把主要矛盾解决了,剩下的次要矛盾就可以迎刃而解了。

23.2 动手写一个简单操作系统

在 23.1 节的入门知识中,读者大致了解了一个简单的操作系统的由来,但是显然这种操作系统实际使用起来还比较麻烦,不便于多任务管理。本节跟随笔者的步伐一起见证一个基础版的多任务操作系统是如何诞生的。

23.2.1 构造一个简单的调度器

要实现时间片轮询法操作系统,首先对 23.1 节中的系统雏形代码进行改造,让其使用起来更方便。

1. 定义一个任务结构体

结构体中包含任务函数指针、任务延时、任务执行周期及任务执行标志,任务结构体的代码如下:

```
typedef data struct
{
    void (code * pTask)(void);      //任务函数指针
    uint16_t Delay;                 //任务延时时间
    uint16_t Period;                //任务延时周期
    uint8_t RunFlg;                 //任务执行标志
}sTask;
```

void(code * pTask)(void)为任务指针函数：用来指向具体执行任务的函数。

uint16_t Delay 为任务延时时间：每个任务是否需要将任务执行标志位加 1 取决于延时时间是否为 0。

uint16_t Period 为任务执行周期：每个任务执行的时间周期，该周期与系统定时器有关，也就是与系统时间片相关联。

uint_t RunFlg 为任务执行标志：用于存储每个任务当前需要执行的次数，延时时间每次减到 0，该标志就加 1，而任务每执行一次，该标志就减 1。当任务执行标志为 0 时，该任务将不能继续执行。

例如项目规划 3 个任务，可以通过定义任务数组 sTask SCH_tasks_G[SCH_MAX_TASKS]的方式进行，其中 SCH_MAX_TASKS 的宏定义，其值为 3，即定义 3 个任务数组。

2. 构造任务添加函数

任务添加函数的主要功能是将任务添加到任务数组中，方便后面的调用执行，任务添加函数的参考实现代码如下：

```
uint8_t SCH_Add_Task(void (code * pFunction)(),
                  const uint16_t DELAY,
                  const uint16_t PERIOD)
{
    uint8_t Index = 0;

    /* 判断任务不为空及 Index 的值小于最大任务数 */
    while ((SCH_tasks_G[Index].pTask != 0) && (Index < SCH_MAX_TASKS))
    {
        Index++;
    }

    /* 如果添加任务到达最大,则返回最大任务数   */
    if (Index == SCH_MAX_TASKS)
    {
        return SCH_MAX_TASKS;
    }

    /* 添加任务正常,将任务指针函数指向具体任务,延时和延时间隔都进行赋值 */
    SCH_tasks_G[Index].pTask  = pFunction;

    SCH_tasks_G[Index].Delay  = DELAY;
    SCH_tasks_G[Index].Period = PERIOD;

    /* 这里将任务运行标志设置为不执行 */
    SCH_tasks_G[Index].RunFlg  = 0;

    return Index; /* 返回任务位置 */
}
```

例如在 main 函数中添加了 3 个 LED 闪烁任务,3 个任务的代码添加方式如下:

```
SCH_Add_Task(LED1_Flash_Task, 0, 100);
SCH_Add_Task(LED2_Flash_Task, 0, 500);
SCH_Add_Task(LED3_Flash_Task, 0, 1000);
```

函数指针分别指向 void LED1_Flash_Task(void)、void LED2_Flash_Task(void)和
void LED1_Flash_Task(void),3 个任务对应的当前延时和延时周期分别为 0、100 个时间
片,0、500 个时间片及 0、1000 时间片,延时为 0 也就意味着该任务初始化完成,启动任务时
就会立马执行。

3. 构造调度执行函数

调度执行函数主要用于检查任务数组中的任务执行标志 RunFlg 是否大于 0,如果大于
0,则执行该任务,否则不执行该任务。每执行完一次任务,将该任务的 RunFlg 进行减 1 处
理,调度函数的参考实现代码如下:

```
void SCH_Dispatch_Tasks(void)
{
    uint8_t Index;

    /* 调度任务 */
    for (Index = 0; Index < SCH_MAX_TASKS; Index++)
    {
        if (SCH_tasks_G[Index].RunFlg > 0)
        {
            /* 运行任务 */
            (* SCH_tasks_G[Index].pTask)();

            /* 每运行一次任务,将 RunFlg 减 1 */
            SCH_tasks_G[Index].RunFlg -= 1;
        }
    }
}
```

23.2.2 任务更新与启动

1. 任务更新函数

任务更新函数也是系统定时器中断函数,在 8051 单片机中使用定时器 0 以 1ms 的周
期中断作为系统时间片,然后在定时器中断 0 中不断地检测任务延时 Delay。如果任务延
时为 0,则将任务执行标志 RunFlg 加 1,同时将延时周期 Period 重新赋值给该任务的延时
变量 Delay;如果任务延时不为 0,则对任务延时 Delay 进行减 1 处理。任务更新函数的参
考实现代码如下:

```
void SYSTEM_Tick_Update( void ) interrupt 1
{
    uint8_t Index;

    /* 关闭定时器 T0 */
    TR0 = 0;

    /* 设置定时器重装值 */
    /* 这里设置 1ms 产生一次中断 */
    /* 定时器低 8 位赋值 */
    TL0  = 65536 - (MAIN_CLOCK/SYSTEM_DELAY/12);

    /* 定时器高 8 位赋值 */
    TH0  = (65536 - (MAIN_CLOCK/SYSTEM_DELAY/12))>> 8;

    /* 启动定时器 T0 */
    TR0  = 1;

    /* 计算每个任务的延时,这里需要注意,由于定时器中断是 1ms
所以这里相当于时间片的意思,也就是说这里的延时是根据时间片来计算的,不一定是 ms
    */
    for (Index = 0; Index < SCH_MAX_TASKS; Index++)
    {
        /* 检查任务 */
        if (SCH_tasks_G[Index].pTask)
        {
            if (SCH_tasks_G[Index].Delay == 0)
            {
                /* 延时时间减到 0 时 RunFlg 加 1 */
                SCH_tasks_G[Index].RunFlg += 1;
                if (SCH_tasks_G[Index].Period)
                {
                    /* 延时时间到了,重新将延时间隔 Period 赋值给 Delay */
                    SCH_tasks_G[Index].Delay = SCH_tasks_G[Index].Period;
                }
            }
            else
            {
                /* 当延时值不为 0 时,将当前任务延时值减 1 处理 */
                SCH_tasks_G[Index].Delay -= 1;
            }
        }
    }
}
```

2. 任务启动

8051 单片机中任务启动的本质就是将总中断 EA=1 重新封装为函数,因为定时器中断 0 受总中断控制,所以只要开启或关闭总中断就可以控制调度器的启动与关闭,任务启动代码如下:

```
void SCH_Start( void )
{
    / * 开启总中断 * /
    EA = 1;
}
```

最后在 while(1)循环中执行调度器,所有的任务在调度器中不断地检查,当任务满足执行条件时就执行该任务。调度器的使用方式如下:

```
while (1)
{
    / * 调度执行任务 * /
    SCH_Dispatch_Tasks();
}
```

最终实现的完整系统模型的执行流程如图 23.7 所示。

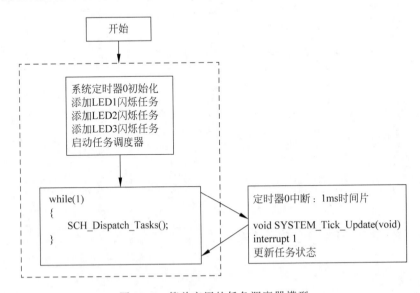

图 23.7　简单实用的任务调度器模型

23.3　与市面主流系统对比

可能很多读者认为这算不上一个操作系统，一方面它的代码不多、太简单，另外就是整个系统几乎没有用到任何数据结构，也没有任务切换。本节找一个读者熟悉的实时系统进行对比，使用版本为 2.51 的 μC/OS-Ⅱ 实时系统来对比下，笔者资料里面刚好有以前网友移植到 8051 单片机上的代码。

首先一起来看一下 μC/OS-Ⅱ 完整版任务结构体，代码如下：

```
typedef struct os_tcb {
    OS_STK          * OSTCBStkPtr;          /* 当前 TCB 的栈顶指针 */

# if OS_TASK_CREATE_EXT_EN > 0              /* 允许生成 OSTaskCreateExt() 函数 */
    void            * OSTCBExtPtr;          /* 指向用户定义的任务控制块(扩展指针) */
    OS_STK          * OSTCBStkBottom;       /* 指向栈底的指针 */
    INT32U            OSTCBStkSize;         /* 设定堆栈的容量 */
    INT16U            OSTCBOpt;             /* 保存 OS_TCB 的选择项 */
    INT16U            OSTCBId;              /* 否则使用旧的参数 */
# endif


    struct os_tcb * OSTCBNext;              /* 定义指向 TCB 的双向链接的后链接 */
    struct os_tcb * OSTCBPrev;              /* 定义指向 TCB 的双向链接的前链接 */

# if ((OS_Q_EN > 0) && (OS_MAX_QS > 0)) || (OS_MBOX_EN > 0) || (OS_SEM_EN > 0) || (OS_MUTEX_EN >
0) /* 当以上各种事件允许时 */
    OS_EVENT        * OSTCBEventPtr;        /* 定义指向事件控制块的指针 */
# endif


# if ((OS_Q_EN > 0) && (OS_MAX_QS > 0)) || (OS_MBOX_EN > 0)
    void            * OSTCBMsg;             /* 满足以上条件,定义传递给任务的消息指针 */
# endif


# if (OS_VERSION >= 251) && (OS_FLAG_EN > 0) && (OS_MAX_FLAGS > 0)
# if OS_TASK_DEL_EN > 0
    OS_FLAG_NODE    * OSTCBFlagNode;        /* 定义事件标志节点的指针 */
# endif
    OS_FLAGS          OSTCBFlagsRdy;        /* 定义运行准备完毕的任务控制块中的任务 */
# endif


    INT16U            OSTCBDly;             /* 定义允许任务等待时的最多节拍数 */
    INT8U             OSTCBStat;            /* 定义任务的状态字 */
    INT8U             OSTCBPrio;            /* 定义任务的优先级 */
```

```
    INT8U            OSTCBX;          /* 定义指向任务优先级的低 3 位,即 = priority&0x07 */
    INT8U            OSTCBY;          /* 定义指向任务优先级的高 3 位,即 = priority >> 3 */
    INT8U               OSTCBBitX;    /* 定义低 3 位就绪表对应值(0～7),即 = OSMapTbl
[priority&0x07] */
    INT8U            OSTCBBitY;       /* 定义高 3 位就绪表对应值(0～7),即 = OSMapTbl[priority >>
3] */

#if OS_TASK_DEL_EN > 0                /* 允许生成 OSTaskDel() 函数代码函数 */
    BOOLEAN          OSTCBDelReq;    /* 定义用于表示该任务是否须删除 */
#endif
} OS_TCB;
```

上面代码看起来有点长,也显得比较复杂,其实这里面有些代码很多时候没有用到,例如 #if OS_TASK_CREATE_EXT_EN > 0 #endif 用于扩展任务创建,还有与信号量、消息、邮箱、队列等相关代码都可以暂时将它们删除,精简后的任务结构体代码如下:

```
typedef struct os_tcb {
    OS_STK        * OSTCBStkPtr;      /* 当前 TCB 的栈顶指针 */

    struct os_tcb * OSTCBNext;        /* 定义指向 TCB 的双向链接的后链接 */
    struct os_tcb * OSTCBPrev;        /* 定义指向 TCB 的双向链接的前链接 */
#if (OS_VERSION >= 251) && (OS_FLAG_EN > 0) && (OS_MAX_FLAGS > 0)
OS_FLAGS            OSTCBFlagsRdy;    /* 定义运行准备完毕的任务控制块中的任务 */
#endif

    INT16U           OSTCBDly;        /* 定义允许任务等待时的最多节拍数   */
    INT8U            OSTCBStat;       /* 定义任务的状态字
    INT8U            OSTCBPrio;       /* 定义任务的优先级 */

    INT8U            OSTCBX;       /* 定义指向任务优先级的低 3 位,即 = priority&0x07 */
    INT8U            OSTCBY;       /* 定义指向任务优先级的高 3 位,即 = priority >> 3 */
    INT8U               OSTCBBitX; /* 定义低 3 位就绪表对应值(0～7),即 OSMapTbl
[priority&0x07] */
    INT8U               OSTCBBitY/* 定义高 3 位就绪表对应值(0～7),即 = OSMapTbl[priority >> 3] */

} OS_TCB;
```

上面的任务结构体代码看起来简单了很多,因为 μC/OS 可以进行任务切换和优先级定义,代码中 OS_STK 用于任务切换堆栈存储,os_tcb * OSTCBNext 和 os_tcb * OSTCBPrev 为典型的链表操作指针,而 OSTCBX、OSTCBY、OSTCBBitX、OSTCBBitY 则用于查找任务表并运行任务,其余代码用于实现任务状态、任务延时、任务准备标志、任务优先级,这样分析下来读者是不是感觉似曾相识。

再一起来熟悉系统初始化函数 OSInit(),由于该函数的代码比较多,这里就不将全部代码贴出来介绍了，该函数里面主要进行系统初始化操作。同样初始化代码中也进行了定时器 0 的初始化操作，部分代码如下：

```
void OSTickISR(void) interrupt 1
{
    OSIntEnter();        //每次进入硬件中断都必须调用
    UserTickTimer();     //用户函数调用
    OSTimeTick();        //时钟节拍中断期间必须调用
    OSIntExit();         //每次退出硬件中断必须调用
}
```

然后一起看一看定时器 0 中断里干了些什么事情。OSIntEnter()、OSIntExit()这两个函数用于关闭和开启总中断，UserTickTimer()函数则用于每次进入定时器 0 中断时对定时器重新赋值，里面的内容为 TH0＝0xB8；TL0＝0；TR0＝1；是不是同样感觉非常熟悉，而真正核心内容在 OSTimeTick()函数中。OSTimeTick()函数里的核心代码如下：

```
ptcb = OSTCBList;        /* 保存任务控制块列表首地址 */

/* 从 OSTCBList 开始,沿着 OS_TCB 链表执行,一直执行到空闲任务 */
while (ptcb -> OSTCBPrio != OS_IDLE_PRIO) {
    OS_ENTER_CRITICAL(); /* 关闭中断 */
        if (ptcb -> OSTCBDly != 0) { /* 如果任务等待时的最多节拍数不为 0    */
            if ( -- ptcb -> OSTCBDly == 0) {  /* 如果任务等待时的最多节拍数为 0 */

            /* 而确切被任务挂起的函数 OSTaskSuspend()挂起的任务则不会进入就绪态
            执行时间直接与应用程序中建立了多少个任务成正比 */
            if ((ptcb -> OSTCBStat & OS_STAT_SUSPEND) == 0x00) {
            /* 当某任务的任务控制块中的时间延时项 OSTCBDly 减到了 0,这个任务就进入了就
绪态 */

                OSRdyGrp  | = ptcb ->
                OSTCBBitY;              OSRdyTbl[ptcb -> OSTCBY] | = ptcb -> OSTCBBitX;
            } else {  /* 否则 */
                ptcb -> OSTCBDly = 1;   /* 允许任务等待时的最多节拍数为 1 */
            }
            }
        }
    ptcb = ptcb -> OSTCBNext; /* 指向任务块双向链接表的后链接 */
    OS_EXIT_CRITICAL();         /* 打开中断 */
```

同样对延时值进行减法处理，如果值减为 0，μC/OS-II 还需要检查任务的其他状态，如果其他状态也为 0，则将任务的状态放入执行表中，与 23.2 节中构造的操作系统大同小异。任务创建函数 OSTaskCreate 的代码如下：

```
INT8U   OSTaskCreate (void ( * task)(void * pd), void * ppdata, OS_STK * ptos, INT8U prio)
{
# if OS_CRITICAL_METHOD == 3   / * 中断函数被设定为模式 3 * /
    OS_CPU_SR   cpu_sr;
# endif
    OS_STK      * psp;
    INT8U       err;

# if OS_ARG_CHK_EN > 0/ * 所有参数必须在指定的参数内 * /
    if (prio > OS_LOWEST_PRIO) {/ * 检查任务优先级是否合法 * /
        return (OS_PRIO_INVALID); / * 参数指定的优先级大于 OS_LOWEST_PRIO * /
    }
# endif
    OS_ENTER_CRITICAL(); / * 关闭中断 * /
    if (OSTCBPrioTbl[prio] == (OS_TCB * )0) {   / * 确认优先级未被使用,即就绪态为 0 * /
        OSTCBPrioTbl[prio] = (OS_TCB * )1;      / * 保留这个优先级,将就绪态设为 0 * /

        OS_EXIT_CRITICAL();                     / * 打开中断 * /
        psp = (OS_STK * )OSTaskStkInit(task, ppdata, ptos, 0);   / * 初始化任务堆栈 * /
        / * 获得并初始化任务控制块 * /
        err = OS_TCBInit(prio, psp, (OS_STK * )0, 0, 0, (void * )0, 0);
        if (err == OS_NO_ERR) {/ * 任务控制初始化成功 * /
            OS_ENTER_CRITICAL();                / * 关闭中断 * /
            OSTaskCtr++; / * 任务计数器加 1 * /
            OS_EXIT_CRITICAL(); / * 打开中断 * /
            if (OSRunning == TRUE) {/ * 检查是否有(某个)任务在运行 * /
                OS_Sched();                     / * 任务调度,最高任务优先级运行 * /
            }
        } else {
            OS_ENTER_CRITICAL();
            OSTCBPrioTbl[prio] = (OS_TCB * )0;/ * 放弃任务,将此任务就绪态设为 0 * /
            OS_EXIT_CRITICAL();
        }
        return (err);
    }
    OS_EXIT_CRITICAL();
    return (OS_PRIO_EXIST);
}
```

扩展版的任务创建函数本节就不具体介绍了,读者可以自行去查阅资料进一步学习。上面任务创建代码中的关键函数 OS_TCBInit 用于初始化任务链表,该函数将后续要运行的任务及与任务优先级相关的内容初始化。

最后是 OSStart 函数,该函数中反复对任务就绪表进行检查,如果符合要求,则执行任务,OSUnMapTbl 为 μC/OS-II 任务就绪表,OSStart 函数实现代码如下:

```
void   OSStart (void) reentrant
{
    INT8U y;
    INT8U x;

    if (OSRunning == FALSE) {         /* OSRunning 已设为"真",指出多任务已经开始 */
        y = OSUnMapTbl[OSRdyGrp]; /* 查找最高优先级别的任务号码 */
        x = OSUnMapTbl[OSRdyTbl[y]];
        OSPrioHighRdy = (INT8U)((y << 3) + x); /* 找出就绪态最高级任务控制块 */

        OSPrioCur     = OSPrioHighRdy;
        /* OSPrioCur 和 OSPrioHighRdy 存放的是用户应用任务的优先级 */
        OSTCBHighRdy  = OSTCBPrioTbl[OSPrioHighRdy];
        OSTCBCur      = OSTCBHighRdy;
        /* 调用高优先级就绪任务启动函数 */
        OSStartHighRdy();
    }
}
```

需要提醒读者的是，μC/OS-Ⅱ延时放置在具体任务当中，与23.2节中系统延时放在任务管理模块里还是有区别的，μC/OS-Ⅱ实现 LED 闪烁的具体任务代码如下：

```
void Task(void * ppdata)
{
    ppdata = ppdata;
    for(;;)
    {
        LED = ~LED;
        OSTimeDly(OS_TICKS_PER_SEC/2);
    }
}
```

由于 μC/OS-Ⅱ为成熟的实时系统，所以理解起来相对来讲有点复杂，但是系统的总体框架还是很好理解的。至于信号量、消息、邮箱如果不是专门从事嵌入式行业的读者，则可能一时半会儿弄不清楚，因为这些功能的用法只有碰到特定情况才用得上，而平时如果只是使用延时方式执行多任务，则其实只用了它的时间片轮询方式。

思考与拓展

（1）分析问题时读者要善于抓住事物的本质，这里用了少量的篇幅介绍了一个基本操作系统的由来，如果读者平时使用的单片机程序不是特别复杂，则使用这种系统方式创建单片机程序会起到事半功倍的效果。

（2）既然分析了 μC/OS-Ⅱ的时间片轮询用法，感兴趣的读者可以自己尝试将与时间片无关的其他内容全部从项目中删除，然后验证是否能使用，结果是否与预期一致。

第 24 章

算法和程序是两码事

24.1　程序和算法

24.1.1　算法本质

　　编程是为了让计算机解决特定的问题,任何问题的解决都有一定的方法和步骤,计算机解决问题的处理步骤称为算法。算法规定了解决某个问题的具体步骤,即先做什么,再做什么,最后做什么,只要依次完成这些步骤,问题就可以得到解决,如图 24.1(a)所示。算法并不是计算机的专属,在日常生活中解决问题的步骤也是算法,例如做红烧肉的步骤如图 24.1(b)所示。

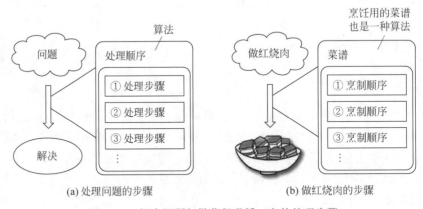

(a) 处理问题的步骤　　　　　　　　(b) 做红烧肉的步骤

图 24.1　解决问题与做菜都遵循一定的处理步骤

　　算法处理步骤在生活中的一个最简单的类比就是烹饪。如果把要烧一道菜比作是要解决的问题,则菜谱中的每一道工序,以及每个步骤就是这道菜的"算法",但这样的类比还存在一些问题,算法要求每一步都要明确定义,也就是说不能有任何歧义,以炸鸡腿为例,如果菜谱上是这样描述的:

　　(1) 将油倒入锅中加热至七成热。

（2）把鸡腿放入油锅中炸至金黄。

（3）放入少许盐后出锅。

以上的步骤虽然前后有逻辑性，最终也能够做出炸鸡腿，但是这样的定义显然不符合算法的规范，因为这样的定义只具备了经验性（Empirical），而不具备系统性（Systematical），计算机读不懂人类的这些经验，所以需要将这些步骤稍加修改，修改后的实现步骤如下：

第1步：将200ml的色拉油倒入锅中，打开电磁炉，调至第9挡，当油温达到200℃后停止加热。

第2步：把碗里的鸡腿依次放入油锅中煎炸，观察鸡腿的颜色，直至鸡腿表面呈现♯FF9900颜色（金黄色RGB的十六进制表示法）。

第3步：根据鸡腿的质量（g）和一个函数$f(x)$计算出需要放入盐的质量（g），将其倒入锅中，两分钟后捞出油锅中的鸡腿放入一个空碗中。

这样计算机便能读懂菜谱，当然这只是举个例子，真正的炒菜机器人内部的算法比这个复杂得多。这里只是想告诉读者，算法是一个从抽象到具体的过程，每一步都需要明确定义。

一个典型的算法一般可以抽象出5个特征，参考内容如下。

（1）有穷性：算法的指令或者步骤的执行次数和时间都是有限的。

（2）确切性：算法的指令或步骤都有明确的定义。

（3）输入：有相应的输入条件来刻画运算对象的初始情况。

（4）输出：一个算法应有明确的结果输出。

（5）可行性：算法的执行步骤必须是可行的。

而要让计算机解决特定问题，编程之前首先需要明确计算机解决该问题的具体步骤，这个处理步骤就是编写该程序所需要的算法。解决一个问题可以用不同的方法和步骤，因而针对同一问题的算法也有多种，如图24.2所示。

编写程序就是通过某一种程序设计语言（例如C语言）对算法的具体实现。算法独立于任何程序设计语言，同一算法可以用不同的程序设计语言实现。例如累加问题使用C语言和Pascal语言都可以实现，如图24.3所示。

要想成为一名合格的单片机开软件发工程师，除了至少掌握一门编程语言和熟练使用一种类型的单片机外，更重要的是多动手实践，积累足够的经验，提高自己遇到问题，解决问题的能力。任何一门编程语言的学习，其本质就是学习它规定的语法，整个过程只能死记硬背，几乎没有捷径。正如在第一部分单片机入门阶段所介绍的知识，对比不同平台下单片机开发的区别与使用方式，可以总结出相似的方法，无论单片机和开发环境怎么变，单片机内部的外设模块大同小异，只是换了个"马甲"而已。但是，提高"解决问题"的能力是有捷径可寻的，例如掌握一些算法。

提到"算法"，很多读者都觉得它高深莫测、晦涩难懂。事实上的确存在一些算法，必须具备优秀的数学基础和编程能力才能驾驭。但对于一位刚刚接触算法的初学者来讲，根本用不到这些"高难度"的算法，掌握一些简单的算法就足以应付实际项目中遇到的99%的问

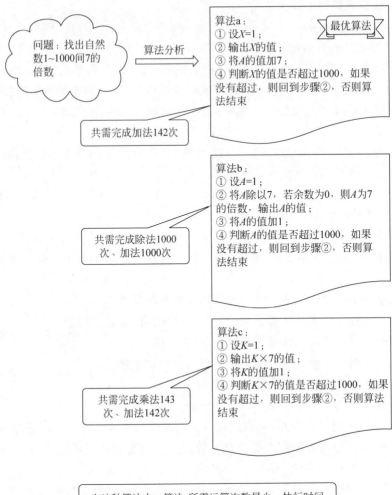

图 24.2　同一个问题有不同的算法

题。"算法"一词最早出现在《周髀算经》这本书中，代指阿拉伯数字的运算规则（例如 1＋1＝2），对应的英文单词是 Algorism。随着计算机和编程语言的快速发展，"算法"被赋予了新的含义，代指解决问题的过程（步骤、方案），对应的英文单词变成了 Algorithm。英文维基百科给出了这样的定义：算法是一系列有限的、清晰定义的、可实现的计算机指令，并用以解决一类问题或进行计算。

一个算法解决的是具有共性的一类问题，例如读者如果后续要学习排序算法，则任何需要对数据进行排序的问题都可以用此算法解决。

一个问题往往对应多种算法，虽然它们最终都可以解决问题，但有的算法效率高，有的算法效率低，读者需要具备挑选"最优"算法的能力。

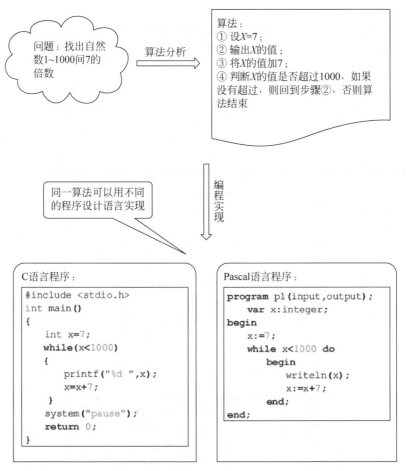

图 24.3　同一算法可以使用不同的程序设计语言来编程实现

　　算法提供的仅仅是解决问题的思路,真正解决问题的是读者所编写的程序。算法和程序之间的关系可以这样理解：根据算法提供的解题思路,程序员编写出计算机能识别的程序代码,交由计算机执行,从而解决问题。编程语言的种类很多,例如 Java、C/C++、Python语言等,读者学习的算法适用于所有的编程语言。

　　分别用自然语言、流程图和 N-S 图解决同一问题的算法描述,如图 24.4 所示。

　　伪代码是用在更简洁的自然语言算法描述中,用程序设计语言的流程控制结构来表示处理步骤的执行流程和方式,用自然语言和各种符号来表示所进行的各种处理及所涉及的数据,如图 24.5 所示。它是介于程序代码和自然语言之间的一种算法描述方法。这样描述的算法书写比较紧凑、自由,也比较好理解(尤其在表达选择结构和循环结构时),同时也更有利于算法的编程实现(转化为程序)。使用伪代码和 C 语言描述的算法如图 24.6 所示。

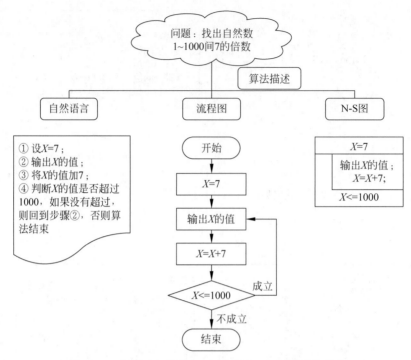

图 24.4 分别用自然语言、流程图和 N-S 图描述的算法

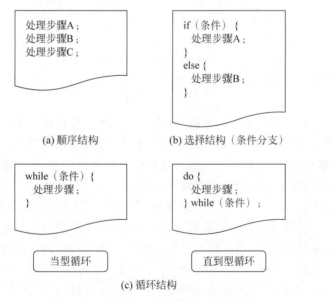

图 24.5 常见的 3 种流程结构的伪代码

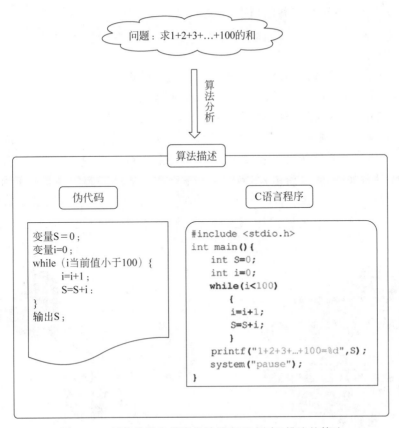

图 24.6　用伪代码和程序设计语言(C 语言)描述的算法

24.1.2　程序本质及与算法之间联系

程序不等于算法,但是,通过程序设计可以在计算机上实现算法。程序是结果,算法是手段(为编写出好程序所使用的运算方法)。同样编写实现某个功能的程序,使用不同的算法可以让程序的体积、效率差距很大,所以算法是编程的精华所在。算法＋数据结构＝应用程序。

算法是程序设计的核心,算法的好坏很大程度上决定了一个程序的效率。一个好的算法可以降低程序运行的时间复杂度和空间复杂度。先选出一个好的算法,再配合一种适宜的数据结构,这样程序的效率会大大提高,算法是古老智慧的结晶,是程序的范本,学习算法才能编写出高质量的程序。

算法和程序都是指令的有限序列,但是程序是算法,而算法不一定是程序。

主要区别如下:

(1) 在语言描述上,程序必须是用规定的程序设计语言来写,而算法很随意。

(2) 在执行时间上,算法所描述的步骤一定是有限的,而程序可以无限地执行下去。

算法是对特定问题求解步骤的描述,它是指令的有限序列。

例如计算 $1×2×3×4×5$ 的算法步骤如下。

第 1 步:先求 $1×2$,得到结果 2。

第 2 步:将第 1 步得到的乘积 2 再乘以 3,得到结果 6。

第 3 步:将第 2 步得到的乘积 6 再乘以 4,得到结果 24。

第 4 步:将第 3 步得到的乘积 24 再乘以 5,得到最后结果 120。

用一个实际的产品制造来解释下算法,假如某工厂要制造一辆车,它包含成千上万个零件,将这些零件组装起来就相当于程序,而具体到每个零部件的加工组装就是算法,某厂家的一款优秀发动机如图 24.7 所示,车辆底盘为车企和零部件厂商的核心竞争力,某品牌一款成熟的底盘如图 24.8 所示。同平台下定位不同的两款车型如图 24.9 所示,将核心的零部件(发动机、变速箱、底盘)组合装配上一个符合市场需求的外壳和内饰就衍生了不同的车型。

图 24.7 汽车发动机

图 24.8 汽车底盘

图 24.9 同款底盘打造的两款畅销车型

24.2 单片机项目中的典型算法

可能很多读者会认为,单片机就这么点资源,并且大部分应用比较简单,有必要用算法吗? 其实不然,因为单片机项目开发通常与原始数据直接接触,而高效的算法更有助于削减成本,所以算法在单片机上的应用也非常广泛。

24.2.1 滤波算法

在单片机进行数据采集时,会遇到数据的随机误差,随机误差是由随机干扰引起的,其特点是在相同条件下测量同一量时,其大小和符号会出现无规则的变化而无法预测,但多次测量的结果符合统计规律。为克服随机干扰引起的误差,硬件上可采用滤波技术,软件上可采用软件算法实现数字滤波。滤波算法往往是系统测控算法的一个重要组成部分,实时性很强。

采用数字滤波算法克服随机干扰的误差具有以下优点:

(1)数字滤波无须其他的硬件成本,只用一个计算过程,可靠性高,不存在阻抗匹配问题。尤其是数字滤波可以对频率很低的信号进行滤波,这是模拟滤波器做不到的。

(2)数字滤波使用软件算法实现,多输入通道可共用一个滤波程序,降低系统开支。

(3)只要适当地改变滤波器的滤波程序或运算,就能方便地改变其滤波特性,这对于滤除低频干扰和随机信号会有较大的效果。

在单片机系统中常用的滤波算法包括限幅滤波法、中值滤波法、算术平均滤波法、加权平均滤波法、滑动平均滤波法等,而算术平均滤波算法是初学者用得最多的一种算法。

1. 限幅滤波

(1)原理:根据经验判断两次采样允许的最大偏差值 A。每次采集新值时判断,若本次值与上次值之差≤A,则本次值有效;若本次值与上次值之差>A,则本次值无效,用上次值代替本次值。

(2)优缺点:克服脉冲干扰,无法抑制周期性干扰,平滑度差。

限幅滤波算法的参考代码如下:

```
/*********************************************
    A 值可根据实际情况调整
    value 为有效值,new_value 为当前采样值
    滤波程序返回有效的实际值
*********************************************/
#define A 10
char value;


char filter()
{
    char new_value;
    new_value = get_ad();    /*获取 A/D 采样值 */
    if(( new_value - value > A ) || ( value - new_value > A )
    return value;

    return new_value;
}
```

2.中位值滤波法

（1）原理：连续采样 N 次（N 取奇数），把 N 次采样值按大小排列取中间值为本次有效值。

（2）优缺点：能有效地克服因偶然因素引起的波动干扰，对温度、液位等变化缓慢的被测参数有良好的滤波效果，对流量、速度等快速变化的参数不宜。

中位值滤波算法的参考代码如下：

```
/ ******************************
    N 值可根据实际情况调整
    排序采用冒泡法
***************************** /
#define N 11

char filter()
{
    char value_buf[N];
    char count,i,j,temp;
    for ( count = 0; count < N; count++)
    {
        value_buf[count] = get_ad();
        delay();
    }

    for (j = 0; j < N - 1; j++)
    {
        for (i = 0; i < N - j; i++)
        {
            if ( value_buf > value_buf[i + 1] )
            {
                temp = value_buf;
                value_buf = value_buf[i + 1];
                value_buf[i + 1] = temp;
            }
        }
    }

    return value_buf[(N - 1)/2];
}
```

这里只例举了两种滤波算法，它们主要应用于模拟数据采集滤波，其他算法（算术平均滤波法、递推平均滤波法、限幅平均滤波法等）读者可以结合实际应用场景参考其他教程学习。

24.2.2　PID 算法

什么是 PID？PID 三个字母分别是比例（Proportional）、积分（Integral）、微分（Derivative），是一种很常见的控制算法。PID 算法有闭环反馈，并且针对不同的场合，PID 算法常用的表达模型如图 24.10 所示，并不是每次都要 3 个参数共同参与才可以使用，接下来通过一个简单的例子来解释 PID 算法怎么使用。

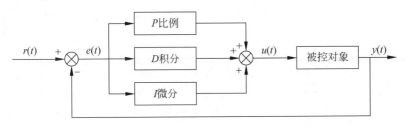

图 24.10　PID 算法模型

1. 只有比例系数 P 的情况

例如用电热水壶烧水，控制精度要求没有那么高。比例系数 P 是干什么用，比例系数 P 相当于穿过 $(0,0)$ 这个坐标点直线的放大倍数 K，K 越大直线的斜率越大，用在 $y = K \times x$ 函数中，其中的 K 就是比例系数 P，一般简称为 Kp，所以就变成了 $y = K_p \times x$。x 就是当前值 CurrentValue 和目标值 TotalValue 的差值，简称误差 err，则 err＝CurrentValue－TotalValue。y 就执行器对应的输出值 U，执行器对应的输出值 $U = K_p \times$（CurrentValue－TotalValue）。如果说是使用比例进行调节，则当前第 1 次调节时执行器对应的输出值为 $U_1 = K_p \times$（CurentValue1－TotalValue1）。第 2 次调节时执行器对应的输出值为 $U_2 = K_p \times$（CurrentValue2－TotalValue2）。这就是比例系数 P 的应用，也就是读者所讲的比例调节。比例调节就是根据当前的值与目标值的差值，乘以一个 K_p 的系数，来得到一个输出值，该输出值直接影响了下次当前值的变化。如果只有比例调节，系统会震荡得比较厉害。例如汽车现在运行的速度是 60km/h，现在想通过执行器去控制汽车达到恒定 50km/h 的速度，如果只用 K_p 进行比例调节，则 $U = K_p \times$（60－50），假设 K_p 取值为 1，此时得到 U 执行器的输出值为 10，结果当执行器输出后，发现汽车一下变成了 35km/h，此时 $U_2 = K_p \times$（35－50），此时得到 U 执行器的输出值是 －15，结果当执行器输出后，发现汽车变成了 55km/h，由于惯性和不可预知的误差因素，汽车始终无法达到恒定的 50km/h。始终在晃动，相信如果你在车上，一定会吐得很厉害，所以只采用比例系数进行调节，在有些场合是没有办法将系统调稳定的，为了减缓震荡得厉害，则会结合使用比例 P 和微分 D，只有比例系数 P 的情况下汽车速度模型如图 24.11 所示。

2. 微分系数 D

该系数实际上是对误差进行微分。如果加入误差 1 是 err(1)，误差 2 是 err(2)，则误差 err 的微分为（err2－err1）。乘上微分系数 d 叫作 K_d，则当执行器第 1 次调节后有了第 1

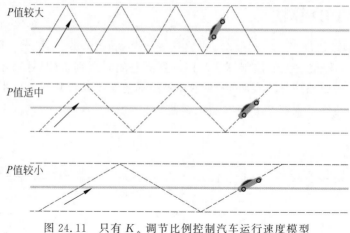

图 24.11　只有 K_p 调节比例控制汽车运行速度模型

次的误差,第 2 次调节后有了第 2 次的误差,则结合 P 系数。就有了 PD 结合,根据每次调节时误差值的经验推算,读者就能选取出 D 的系数。假如误差是越来越小的,那么微分后肯定是一个负值。负值再乘以一个 D 系数后加上了比例调节的值,此时值肯定要比单纯使用比例调节的值要小,所以就起到了阻尼的作用。有了阻尼的作用就会使系统趋于稳定。PD 结合的公式经过上面的分析后为 $U(t)=K_p \times \mathrm{err}(t)+K_d \times \mathrm{derr}(t)/\mathrm{d}t$,加入微分系数 D 后的汽车速度模型如图 24.12 所示。

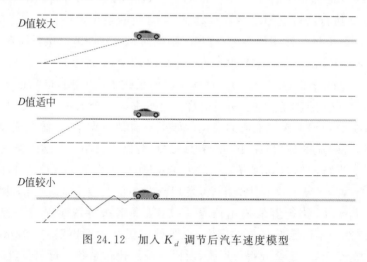

图 24.12　加入 K_d 调节后汽车速度模型

3. 积分系数 I

积分实际上是对误差的积分,也就是误差的无限和。如何理解积分系数 I,这里引用网上的例子。以热水为例,假如有人把加热装置带到了非常冷的地方,开始烧水了。需要烧到 50℃。在 P 的作用下,水温慢慢升高。直到温度升高至 45℃ 时,会发现一个不好的事情,天气太冷,水散热的速度和 P 控制加热的速度相等了。这可怎么办? 对于 P 来讲,既然与目标温度已经很近了,只需慢慢加热就可以了。对于 D 来讲,加热和散热相等,温度没有波动,好像不用调整什么。于是,水温永远停留在 45℃,永远到不了 50℃。作为一个正常人,根据常识会知道,应该进一步增加加热的功率。可是增加多少及该如何计算呢? 前辈科学家想到的方法是真的巧妙,设置一个积分量,只要偏差存在,就不断地对偏差进行积分(累加),并反映在调节力度上。这样一来,即使 45℃ 和 50℃ 相差不太大,但是随着时间的推移,只要没达到目标温度,这个积分量就不断地增加。系统就会慢慢意识到还没有到达目标温度,该增加功率。到了目标温度后,假设温度没有波动,积分值就不会再变动。这时,加热功率仍然等于散热功率,但是,温度会稳定在 50℃。K_I 的值越大,积分时乘的系数就越大,积分效果越明显,所以 I 的作用就是减小静态情况下的误差,让受控物理量尽可能地接近目标值。在使用时还有个问题需要设定积分限制。防止在刚开始加热时,就把积分量积得太大,难以控制。加入积分量后的汽车速度模型如图 24.13 所示。

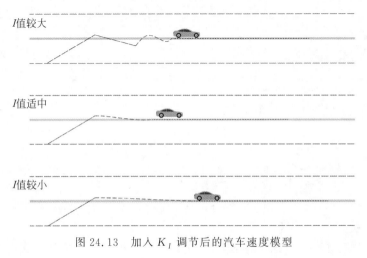

图 24.13　加入 K_I 调节后的汽车速度模型

通过上面的例子分析,最终得到的位置式 PID 如式(24.1)所示,增量式 PID 如式(24.2)所示。

$$U(k) = K_p \left(\mathrm{err}(k) + \frac{T}{T_I} \sum \mathrm{err}(k) + \frac{T_D}{T} (\mathrm{err}(k) - \mathrm{err}(k-1)) \right) \tag{24.1}$$

$$U(k-1) = K_p \mathrm{err}(k-1) + K_I \sum \mathrm{err}(k-1) + K_D (\mathrm{err}(k-1) - \mathrm{err}(k-2)) \tag{24.2}$$

24.2.3　校验算法

设备在通信过程中,经常有来自外部的各种干扰,导致发送端发送过来的数据与接收端的数据常常出现不一致的情况。在第 11 章串口通信时就谈到过这方面的问题,来自环境中的电磁干扰导致串口接收端的数据出错,还有信息存储、数据存储是有时间期限的或者由于物理损伤丢失了部分数据,通过加入校验码的方式可以将错误的数据丢弃或进行校正,以免造成不必要的损失。

1. 校验和

当干扰持续的时间很短或出差错的数据一般为单个比特位的情况时,采用普通的奇偶校验方式就能达到纠错的目的,但是有些突发性的干扰持续的时间比较长,例如持续性的雷电、电焊或者电源波动等,引起的出错位比较多,通过奇偶校验方式不能及时发现,这时可以通过检验和的方式来筛查。

校验和原理是将要校验的每字节数据使用不进位的方式进行累加,最终将得到的校验数据一并发送给接收端,接收端采用同样的不进位累加方式将得到的结果与发送过来的校验数据进行对比,从而判断数据是否在传输过程中出错。

校验和方式的参考实现代码如下:

```c
uint8_t CheckSum(uint8_t * Buf, uint8_t Len)
{
    uint8_t i = 0;
    uint8_t sum = 0;
    uint8_t checksum = 0;

    for(i = 0; i < Len; i++)
    {
        sum +=  * Buf++;
    }

    checksum = sum & 0xff;
    return checksum;
}
```

2. 异或校验

异或校验方式与校验和方式差不多,只是每字节数据采用异或的方式进行运算,然后将生成的最终的运算结果一并发送给接收端,而接收端也采用同样的异或运算方式将得到的结果与发送过来的数据进行比对,从而判断数据是否在传输的过程中出错。

异或校验方式的参考实现代码如下:

```c
uint8_t CheckXOR(uint8_t * Buf, uint8_t Len)
{
    uint8_t i = 0;
    uint8_t x = 0;

    for(i = 0; i < Len; i++)
    {
        x = x^( * (Buf + i));
    }

    return x;
}
```

3. CRC 校验

上面介绍的校验和与异或校验方式能解决大部分情况下连续几条数据传输出错的情况,但是在有些场合对数据的可靠性要求相当高,所以如果只使用这两种方式校验数据显然不能满足要求。

CRC 的全称为 Cyclic Redundancy Check,即循环冗余校验。CRC 是数据通信领域中最常用的一种查错校验码,其特征是信息字段和校验字段的长度可以任意选定(例如工业领域大名鼎鼎的 Modbus 通信用的就是 CRC 校验)。CRC 校验是一种数据传输检错功能,对数据进行多项式计算,并将得到的结果附在帧的后面,接收设备也执行类似的算法,以保证数据传输的正确性和完整性,常用的 CRC 校验的参数模型如图 24.14 所示,CRC 模型在具体通信中的应用如图 24.15 所示。

CRC算法名称	多项式公式	宽度	多项式	初始值	结果异或值	输入反转	输出反转
CRC-4/ITU	x^4+x+1	4	03	00	00	true	true
CRC-5/EPC	x^5+x^3+1	5	09	09	00	false	false
CRC-5/ITU	$x^5+x^4+x^2+1$	5	15	00	00	true	true
CRC-5/USB	x^5+x^2+1	5	05	1F	1F	true	true
CRC-6/ITU	x^6+x+1	6	03	00	00	true	true
CRC-7/MMC	x^7+x^3+1	7	09	00	00	false	false
CRC-8	x^8+x^2+x+1	8	07	00	00	false	false
CRC-8/ITU	x^8+x^2+x+1	8	07	00	55	false	false
CRC-8/ROHC	x^8+x^2+x+1	8	07	FF	00	true	true
CRC-8/MAXIM	$x^8+x^5+x^4+1$	8	31	00	00	true	true
CRC-16/IBM	$x^{16}+x^{15}+x^2+1$	16	8005	0000	0000	true	true
CRC-16/MAXIM	$x^{16}+x^{15}+x^2+1$	16	8005	0000	FFFF	true	true
CRC-16/USB	$x^{16}+x^{15}+x^2+1$	16	8005	FFFF	FFFF	true	true
CRC-16/MODBUS	$x^{16}+x^{15}+x^2+1$	16	8005	FFFF	0000	true	true
CRC-16/CCITT	$x^{16}+x^{12}+x^5+1$	16	1021	0000	0000	true	true
CRC-16/CCITT-FALSE	$x^{16}+x^{12}+x^5+1$	16	1021	FFFF	0000	false	false
CRC-16/X25	$x^{16}+x^{12}+x^5+1$	16	1021	FFFF	FFFF	true	true
CRC-16/XMODEM	$x^{16}+x^{12}+x^5+1$	16	1021	0000	0000	false	false
CRC-16/DNP	$x^{16}+x^{13}+x^{12}+x^{11}+x^8+x^6+x^5+x^2+1$	16	3D65	0000	FFFF	true	true
CRC-32	$x^{32}+x^{26}+x^{23}+x^{22}+x^{16}+x^{12}+x^{11}+x^{10}+x^8+x^7+x^5+x^4+x^2+x+1$	32	04C11DB7	FFFFFFFF	FFFFFFFF	true	true
CRC-32/MPEG-2	$x^{32}+x^{26}+x^{23}+x^{22}+x^{16}+x^{12}+x^{11}+x^{10}+x^8+x^7+x^5+x^4+x^2+x+1$	32	04C11DB7	FFFFFFFF	00000000	false	false

图 24.14　常见 CRC 参数模型

Modbus 中使用的 CRC16 校验算法的参考代码如下(查表中的内容占用版面比较大,这里省略了):

名称	多项式	表示法	应用举例
CRC-8	x^8+x^2+x+1	0X107	
CRC-12	$x^{12}+x^{11}+x^3+x^2+x+1$	0X180F	telecom systems
CRC-16	$x^{16}+x^{15}+x^2+1$	0X18005	Bisync, Modbus, USB, ANSI X3.28, SIA DC-07, m any others; also known as CRC-16 and CRC-16-AN SI
CRC-CCITT	$x^{16}+x^{12}+x^5+1$	0X11021	ISO HDLC, ITU X.25, V.34/V.41/V.42, PPP-FCS
CRC-32	$x^{32}+x^{26}+x^{23}+x^{22}+x^{16}+x^{12}+x^{11}+x^{10}+x^8+x^7+x^5+x^4+x^2+x+1$	0x104C11DB7	ZIP, RAR, IEEE 802 LAN/FDDI, IEEE 1394, PPP -FCS
CRC-32C	$x^{32}+x^{28}+x^{27}+x^{26}+x^{24}+x^{23}+x^{22}+x^{20}+x^{19}+x^{18}+x^{14}+x^{13}+x^{11}+x^{10}+x^9+x^8+x^6+1$	0x11EDC6F41	iSCSI, SCTP, G.hn payload, SSE4.2, Btrfs, ext4, C eph

图 24.15 常用的 CRC 校验应用

```
uint8_t CRCTAB_H[256] = {/ * 表省略 * /};
uint8_t CRCTAB_L[256] = {/ * 表省略 * /};

void CRC16(uint8_t * pData, uint8_t Len,
uint8_t * CRC_H, uint8_t * CRC_L)
{
    uint8_t  i;
    uint8_t  index;
    uint8_t  crc_h = 0xFF;
    uint8_t  crc_l = 0xFF;


    for(i = 0; i < Len; i++)
    {
        index = crc_h^ * (pData + i);
        crc_h = crc_l^CRCTAB_H[index];
        crc_l = CRCTAB_L[index];
    }

    * CRC_H = crc_h;
    * CRC_L = crc_l;
}
```

4. MD5 算法

MD5：Message Digest Algorithm 5，即"信息-摘要算法5"。从名字来看就知道它是从 MD3、MD4 发展而来的一种加密算法，其主要通过采集文件的信息摘要，以此进行计算并加密。

通过 MD5 算法进行加密，文件就可以获得一个唯一的 MD5 值，这个值是独一无二的，就像读者的指纹一样,因此可以通过文件的 MD5 值来确定文件是否正确,密码进行加密后也会生成 MD5 值,论坛就是通过 MD5 值来验证用户的密码是否正确的,MD5 校验算法的模型如图 24.16 所示。

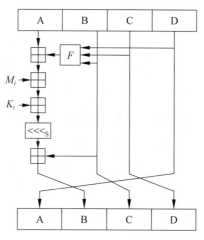

图 24.16 MD5 算法示意图

MD5 是一种输入不定长度的信息,输出固定长度 128 位的算法。经过程序流程,生成 4 个 32 位数据,最后联合起来成为一个 128 位散列。基本方式为求余、取余、调整长度、与链接变量进行循环运算,得出结果。

5. 查表算法

查表算法很有意思,读者经常会听说空间换时间方式,在单片机中应用查表算法就能非常明显地体现这一点。例如 μC/OS-Ⅱ 任务就绪用的就是查表法,如图 24.17 所示。还有

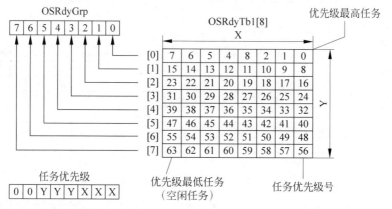

对于整数OSRdyTbl[i](0≤i≤7),若它的某一位
为1,则OSRdyGrp的第i位为1。
任务的优先级由X和Y确定

图 24.17 μC/OS-Ⅱ 任务就绪表示意图

些不是完全线性比例变化的电阻型传感器,可以采用直线拟合方式将电阻变化曲线分段成接近直线的方式,采用查表法对应到每段"直线"函数,这样获取的值会更精确,如果纯粹采用多项函数的方式来计算会占用单片机大量的运算时间。

常用的电阻式温度传感器有 Pt100/Pt1000 和 Cu50/Cu100,Cu50 铜电阻传感器的温度阻值对照关系如图 24.18 所示。

公式					(1) -50℃<t<150℃时,R_{Cu50}=R(0℃) [1+At+Bt(t-100℃)+Ct²(t-100℃)] R(t)=R(0℃)					
					式中,A=4.280×10⁻³;B=-9.31×10⁻⁸;C=1.23×10⁻⁹。、100					
温度	0	-1	-2	-3	-4	-5	-6	-7	-8	-9
(℃)	电阻值 (Ω)									
-50	39.242									
-40	41.400	41.184	40.969	40.753	40.537	40.322	40.106	39.890	39.674	39.458
-30	43.555	43.349	43.124	42.909	42.693	42.478	42.262	42.047	41.831	41.616
-20	45.706	45.491	45.276	45.061	44.846	44.631	44.416	44.200	43.985	43.770
-10	47.854	47.639	47.425	47.210	46.995	46.780	46.566	46.351	46.136	45.921
0	50.000	49.786	49.571	49.356	49.142	48.927	48.713	48.498	48.284	48.069
温度	0	1	2	3	4	5	6	7	8	9
(℃)	电阻值 (Ω)									
0	50.000	50.214	50.429	50.643	50.858	51.072	51.286	51.501	51.715	51.929
10	52.144	52.358	52.572	52.786	53.000	53.215	53.429	53.643	53.857	54.071
20	54.285	54.500	54.714	54.928	55.142	55.356	55.570	55.784	55.998	56.212
30	56.426	56.640	56.854	57.068	57.282	57.496	57.710	57.924	58.137	58.351
40	58.565	58.779	58.993	59.207	59.421	59.635	59.848	60.062	60.276	60.490
50	60.704	60.918	61.132	61.345	61.559	61.773	61.987	62.201	62.415	62.628
60	62.842	63.056	63.270	63.484	63.698	63.911	64.125	64.339	64.553	64.767
70	64.981	65.194	65.408	65.622	65.836	66.050	66.264	66.478	66.692	66.906
80	67.120	67.333	67.547	67.761	67.975	68.189	68.403	68.617	68.831	69.045
90	69.259	69.473	69.687	69.901	70.115	70.329	70.544	70.762	70.972	71.186
100	71.400	71.614	71.828	72.042	72.257	72.471	72.685	72.899	73.114	73.328
110	73.542	73.751	73.971	74.185	74.400	74.614	74.828	75.043	75.258	75.477
120	75.686	75.901	76.115	76.330	76.545	76.759	76.974	77.189	77.404	77.618
130	77.833	78.048	78.263	78.477	78.692	78.907	79.122	79.337	79.552	79.767
140	79.982	80.197	80.412	80.627	80.843	81.058	81.272	81.488	81.704	81.919
150	82.134									

Cu50铜热电阻的温度和阻值对应关系 (公式计算)

图 24.18 Cu50 温度阻值对照

还有很多其他算法笔者就不一一介绍了,例如 SHA-1 算法(Secure Hash Algorithm 1 即安全散列算法 1),感兴趣的读者可以自行搜索资料学习。

24.3　别在程序上花太多时间，算法才是值得付出的

对于单片机刚入门的读者而言，早期由于知识没有系统性地掌握与应用，经常会停留在为了写程序而写程序阶段，这也很正常，但是笔者还是要提醒读者，要将精力放在算法方面，算法学习与使用是一个长期过程，需要做好打持久战的准备。结合实际应用学习算法有助于更深刻地理解算法。本章主要介绍了算法如何使用，而不是算法的具体开发，熟练掌握每种算法如何使用，以及在不同的场合下使用时需要注意的问题。当然如果读者有心致力于算法设计研究也是可以的。在第 2 章解释单片机如何执行程序时提到所有的运算都可以转换成加法运算。例如微积分、开平方根都可以通过算法分解成加减法，读者可以进一步去查阅资料学习。

思考与拓展

（1）人类使用计算机就是利用计算机解决现实世界问题。为了让计算机能够按照人们的意愿去工作，需要为计算机提供一组指令，科学家把解决问题的步骤用指令来描述，并将指令输入计算机中，然后计算机就会按照指令来工作，这些描述工作步骤的一系列指令就是程序。

（2）算法是解决问题的思路和步骤，这些步骤是有限的，每个步骤都可以在有限时间内由人或计算机完成，并能输出执行后的结果。所有步骤执行完毕后，一定能够得到算法的最终结果。

（3）算法与程序的关系是相互依附的关系，算法要在计算机上执行，必须将算法的步骤用编程语言的语法描述出来，编译通过后，方可在计算机上执行。用编程语言语法描述算法的过程就是编写程序，编写的程序编译通过后就是可以在计算机上执行的程序。

（4）关于算法这个话题永远也介绍不完，不同时代，不同领域有许许多多的算法，它已渗透到生活中的方方面面，也希望每位读者长期学习和积累下去。

第 25 章 Windows 和单片机平台算法对比

贪吃蛇和俄罗斯方块游戏相信大部分读者玩过,但是它具体是如何实现的,估计很多读者没有认真研究过,这里带领读者一起来了解贪吃蛇和俄罗斯方块游戏的实现方式,一方面了解这两款经典游戏是如何实现的,另一方面通过将这两款游戏同时在 Windows 和单片机上实现的对比,分析不同平台下游戏实现方式的异同点。

25.1 贪吃蛇

Windows 系统下和 Arduino UNO 平台下实现的贪吃蛇游戏的效果如图 25.1 所示。

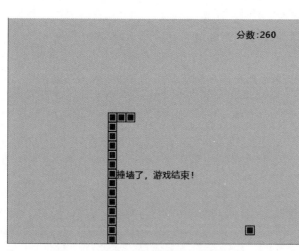

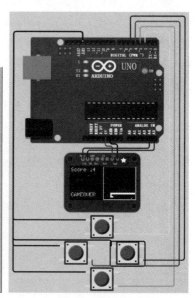

(a) Windows系统下贪吃蛇 (b) 使用Arduino实现贪吃蛇

图 25.1   不同平台下实现贪吃蛇游戏效果

25.1.1　贪吃蛇游戏实现要点

要实现贪吃蛇游戏功能,这里总结了几个要点。首先回想下,玩贪吃蛇游戏时是不是任何情况下蛇身都是在一个固定的区域内运动,而当蛇身碰到区域边界时游戏就结束,通过控制上下左右方向键控制蛇的运动方向,蛇每吃一个"蛋"蛇身就会变长,然后立马会在区域内任意位置产生一个新的"蛋",归纳起来如下:

(1) 规定"蛇"移动的区域。

(2) 绘制蛇身。

(3) 吃食物判断,吃完食物增加蛇身长度,同时绘制新的食物。

(4) 获取按键值并控制蛇的移动方向。

(5) 判断蛇是否触碰区域边界。

25.1.2　贪吃蛇原理解析

上面描述的所有内容的具体实现都是在二维数组中完成的,可能读者觉得不可思议,玩贪吃蛇游戏居然是控制二维数组,下面来具体解释如何控制二维数组。

1. 绘制贪吃蛇游戏区域

该区域可以显示出来,也可隐藏处理,10×12 的游戏区域如图 25.2 所示。

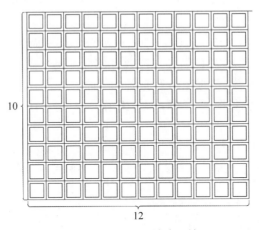

图 25.2　10×12 游戏区域

2. 蛇身移动

将贪吃蛇的蛇身初始化为 4 个方块,用一维结构体数组存储蛇身数据,蛇身的每个方块还需要创建子结构体,用来存储 x、y 坐标值(也可以用数组代替)。整条蛇包含当前蛇身的长度、存储每节蛇身的坐标信息及当前蛇运动的方向信息,初始化后蛇身的每个坐标如图 25.3 所示。

蛇身结构体的伪代码如下:

```
蛇身结构体
{
    蛇身坐标结构体
    {
        蛇身 x 坐标;
        蛇身 y 坐标;
    }
    蛇身长度;
    蛇身方向;
};
```

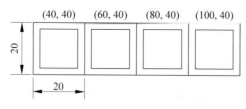

图 25.3　初始化蛇身

　　贪吃蛇向上、向下改变方向后的坐标如图 25.4 所示,要想实现蛇身移动,读者注意观察对比图 25.3 与图 25.4 中的坐标数据,假设当前蛇身每一节的坐标数据为(40,40),(60,40),(80,40),(100,40),蛇身处于水平方向,所以只能向下或向上改变方向,如果向上移动,得到的蛇身坐标数据为(40,20),(40,40),(60,40),(80,40),而向下移动得到的蛇身坐标数据为(40,60),(40,40),(60,40),(80,40),读者有没有发现规律? 当改变方向时,蛇头的坐标为新坐标,而后面每一节蛇身的坐标为前面一节的坐标值。同理,蛇身继续维持向下运动,当保持竖直状态时坐标如图 25.5 所示,对比图 25.4(b)和图 25.5,是不是进一步验证了前面的结论。

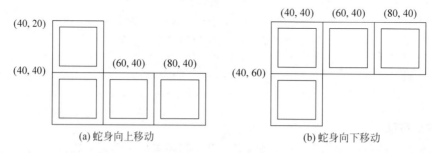

(a) 蛇身向上移动　　　　　　　　　　　(b) 蛇身向下移动

图 25.4　蛇身向上向下移动

　　处于竖直状态下的蛇身只能向左或向右变换方向,根据前面得出的结论,蛇头为新的坐标,而后面每节蛇身的坐标是前面一节的坐标。理解了这个原理,读者需要做的只需管理好蛇头,其后的每一节蛇身的坐标往前“挪一位”即可,具体步骤如下。

第1步：将蛇身除蛇头外的前一节坐标数据赋值给后一节。

第2步：给蛇头赋值新坐标。

图25.5中如果要实现左右方向变换，如图25.6所示，读者可自行思考该如何变换每个方块的坐标。

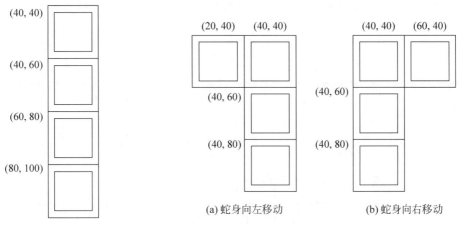

图25.5　蛇身竖直状态　　　　　　图25.6　蛇身向左和向右移动

3. 绘制食物

为了让游戏玩起来更有趣味性和挑战性，食物在整个游戏区域中出现的位置是随机的，一般为了模拟这种随机效果可使用编程语言自带的随机函数生成食物方块的 x 坐标和 y 坐标值。当然为了防止随机生成的坐标超出游戏区域，一般采用取余方式得到最终坐标，如图25.7所示。

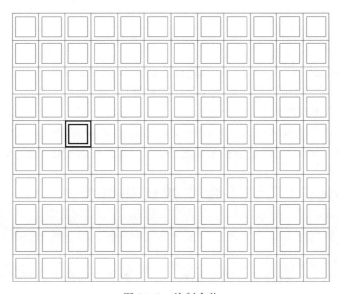

图25.7　绘制食物

4. 游戏结束判断

如果蛇出现撞墙或蛇头撞上蛇身两种情况,则游戏结束。

(1) 蛇头撞墙判断,判断蛇头 x 坐标和 y 坐标是否超出游戏区域设置的水平方向最小与最大坐标值,以及竖直方向最小与最大坐标值,如图 25.8 所示。

(2) 蛇头撞蛇身判断,检测蛇头的坐标值与蛇身的每个坐标值是否相等,如图 25.9 所示。

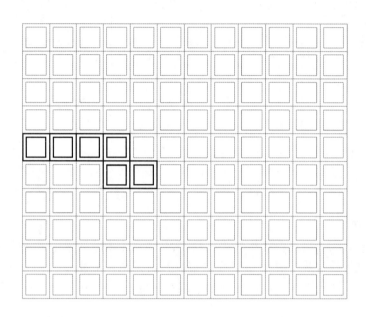

图 25.8　蛇头撞墙

5. 蛇"吃"食物

蛇"吃"食物模型如图 25.10 所示,判断蛇头的坐标值与食物的坐标值是否相等检测是否"吃"到食物,每"吃"到一个食物对蛇身进行加长处理。

6. 难度自动增加功能

当然,读者也可以通过各种方式来设计游戏的难度,增加游戏的挑战性。例如当蛇身达到一定长度后,游戏等级升级,重新初始化蛇身,然后让蛇移动的速度加快。

25.2　Windows 系统下贪吃蛇代码解析

25.1 节中对贪吃蛇游戏的原理进行了分解,接下来一起了解 Windows 系统下使用 C 语言实现贪吃蛇游戏。游戏 UI 界面库为 easyx(官方网站为 https://easyx.cn/),easyx 官网还有许多其他开源游戏,读者可以去了解一下。本节使用的开发平台为 Visual Studio Community 2017。

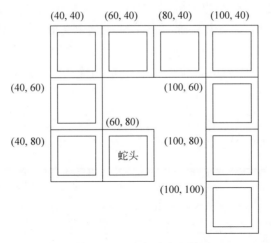

图 25.9　蛇头与蛇身相撞

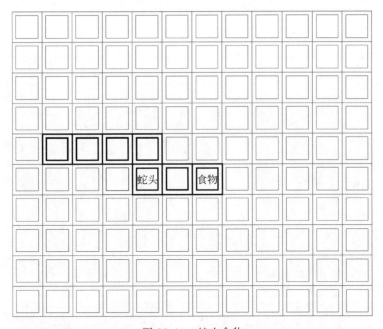

图 25.10　蛇吃食物

25.2.1　游戏区域初始化

游戏初始化后的界面如图 25.11 所示,游戏初始化函数 Game_Init()中的具体内容如下:

(1) 设置背景 setfillcolor(RGB(158,173,134)),这里使用的是液晶背景色,easyx 提供的函数 solidrectangle(0,0,SNAKE_H_NUM * SNAKE_PIXEL,SNAKE_V_NUM *

SNAKE_PIXEL)用于绘制填充背景矩形;其中 SNAKE_H_NUM 宏的定义值为 32,代表水平方向可以容纳 32 个方块,SNAKE_V_NUM 宏的定义值为 24,代表竖直方向可以容纳 24 个方块,SNAKE_PIXEL 宏的定义值为 20,代表每个方块所占像素大小为 20。

(2) 游戏区域绘制虚拟方格,该步骤可以省略,因为在实际游戏运行时可以不显示该虚拟方格,代码如下:

```
setlinecolor(SNAKE_BKG_COLOR);
for (int x = 0; x <= SNAKE_H_NUM; x++)
{
    for (int y = 0; y <= SNAKE_V_NUM; y++)
    {
        rectangle(ix + 1, iy + 1, ix + SNAKE_PIXEL - 1, iy + SNAKE_PIXEL - 1);
        ix = x * SNAKE_PIXEL;
        iy = y * SNAKE_PIXEL;
    }
}
```

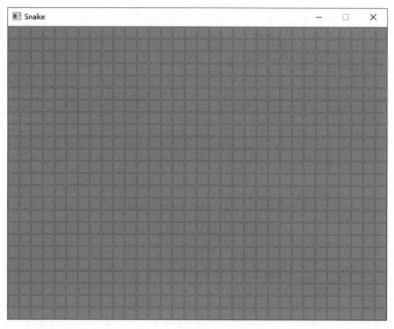

图 25.11　贪吃蛇游戏初始化界面

25.2.2　绘制食物与蛇身

1. 绘制食物

使用 C 语言库自带随机函数 rand()产生食物坐标,代码如下:

```
food.fdxy.x = rand() % SNAKE_H_NUM * SNAKE_PIXEL;        /* 食物 x 坐标 */
food.fdxy.y = rand() % SNAKE_V_NUM * SNAKE_PIXEL;        /* 食物 y 坐标 */
```

为了防止食物坐标值与蛇身坐标值相等,每次生成随机坐标后需要将该坐标值与每一节蛇身一一比对判断,如果出现相等情况,则再次重新生成食物坐标,判断代码如下:

```
for (int i = 0; i > snake.num; i++)
{
    if (food.fdxy.x == snake.xy[i].x && food.fdxy.y == snake.xy[i].y)
    {
        food.fdxy.x = rand() % SNAKE_H_NUM * SNAKE_PIXEL;
        food.fdxy.y = rand() % SNAKE_V_NUM * SNAKE_PIXEL;
    }
}
```

显示食物,函数 Draw_food()用来绘制食物,根据生成的食物坐标,先绘制一个不带填充的方块,然后在里面绘制小一点的填充型矩形,代码如下:

```
rectangle(food.fdxy.x, food.fdxy.y, food.fdxy.x + SNAKE_PIXEL, food.fdxy.y + SNAKE_PIXEL);
rectangle(food.fdxy.x + 1, food.fdxy.y + 1, food.fdxy.x + 19, food.fdxy.y + 19);
fillrectangle(food.fdxy.x + 4, food.fdxy.y + 4, food.fdxy.x + 16, food.fdxy.y + 16);
```

2. 蛇身绘制

蛇身绘制函数 Draw_Snake()用来绘制多个方块,根据每一节蛇身的坐标,与食物绘制方式一样,先绘制非填充矩形,然后绘制小一点的填充型矩形。蛇身绘制的参考代码如下:

```
for (int i = 0; i < snake.num; i++)
{
    setlinecolor(SNAKE_COLOR);
rectangle(snake.xy[i].x, snake.xy[i].y, snake.xy[i].x + SNAKE_PIXEL, snake.xy[i].y + SNAKE
_PIXEL);
    rectangle(snake.xy[i].x + 1, snake.xy[i].y + 1, snake.xy[i].x + 19, snake.xy[i].y +
19);
    setfillcolor(SNAKE_COLOR);
    fillrectangle(snake.xy[i].x + 4, snake.xy[i].y + 4, snake.xy[i].x + 16, snake.xy[i].y +
16);
}
```

最终绘制好的蛇身效果如图 25.12 所示。

25.2.3 检测蛇碰撞

(1) 检测蛇头是否越界,判断蛇头坐标值是否超出区域边界,如果越界发生碰撞,则游戏结束。边界碰撞检测的参考代码如下:

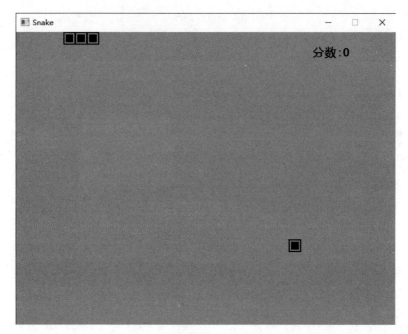

图 25.12 初始化绘制食物与 3 节蛇身

```
if (snake.xy[0].x >= 620 || snake.xy[0].x < 0
    || snake.xy[0].y >= 460 || snake.xy[0].y < 0)
{
    outtextxy(240, 320, _T("撞墙了,游戏结束!"));
    MessageBox(0, "撞墙了!游戏结束!", "暴力提示!", 0);
    getchar();
}
```

边界碰撞效果如图 25.13(a)所示。

（2）检测蛇头坐标值是否与蛇身某一节坐标值相等,如果相等,则游戏结束,参考代码如下:

```
for (int i = 1; i < snake.num; i++)
{
    if (snake.xy[0].x == snake.xy[i].x &&snake.xy[0].y == snake.xy[i].y)
    {
        outtextxy(240, 320, _T("你咬死了自己,游戏结束!"));
        getchar();
    }
}
```

蛇头咬到蛇身后游戏的效果如图 25.13(b)所示。

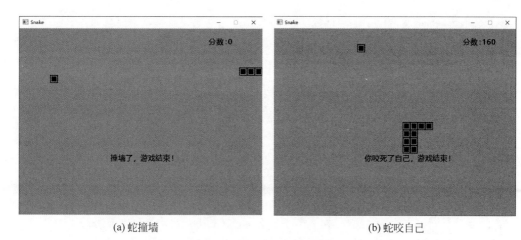

(a) 蛇撞墙　　　　　　　　　　　　　(b) 蛇咬自己

图 25.13　游戏结束的两种模式

25.2.4　蛇吃食物

吃食物的实现函数为 eatfood()，判断蛇头 x 坐标值和 y 坐标值与食物坐标值是否相等，如果相等，则将蛇身长度增加 1；同时对分数进行更新处理，然后将食物标记为已吃状态。吃食物的实现代码如下：

```
if (snake.xy[0].x == food.fdxy.x && snake.xy[0].y == food.fdxy.y)
{
    snake.num++;                      //蛇身加 1
    food.eatgrade += SNAKE_PIXEL;    //分数更新
    food.flag = 0;                    //食物吃完标记
}
```

25.2.5　蛇身移动坐标更新

函数 way() 用于实现改变蛇身移动方向。从蛇尾到蛇头，将除蛇头的前一节蛇身坐标值赋值给后一节蛇身，蛇身坐标更新的实现代码如下：

```
for (int i = snake.num - 1; i > 0; i--)
{
    snake.xy[i].x = snake.xy[i - 1].x;
    snake.xy[i].y = snake.xy[i - 1].y;
}
```

根据当前蛇身移动的方向，将蛇头的坐标每次加一个方块像素值 SNAKE_PIXEL，蛇头坐标值的更新代码如下：

```
switch (snake.way)
{
    case right:
        snake.xy[0].x += SNAKE_PIXEL;
        break;
    case left:
        snake.xy[0].x -= SNAKE_PIXEL;
        break;
    case down:
        snake.xy[0].y += SNAKE_PIXEL;
        break;
    case up:
        snake.xy[0].y -= SNAKE_PIXEL;
        break;
    default:
        break;
}
```

25.2.6 蛇身变换方向

函数 snakemove()用于获取键盘的按键值,然后将其转换成蛇身移动的方向并更新当前蛇身的方向,按键获取的实现代码如下:

```
ch = _getch();
switch (ch)
{
    case 72:
    if (snake.way != down)
        snake.way = up;
    break;
    case 75:
    if (snake.way != right)
        snake.way = left;
    break;
    case 77:
    if (snake.way != left)
        snake.way = right;
    break;
    case 80:
    if (snake.way != up)
        snake.way = down;
    break;
    default:
    break;
}
```

Windows 系统下贪吃蛇游戏的完整工程代码可参考附件 Chapter25/Snake_simple。

25.3 单片机实现贪吃蛇

在 25.2 节中介绍了 Windows 系统下实现贪吃蛇游戏,接下来使用单片机驱动 12864 液晶实现贪吃蛇游戏。为了简化介绍的内容,液晶驱动部分本节不详细解释,其使用的是 Adafruit 开源库,读者可直接使用,单片机开发板使用的是 Arduino UNO。

25.3.1 游戏变量与宏定义

(1) 游戏宏定义,这部分内容将蛇身每一节占用的像素大小定义为 3,蛇身的最大长度为 165,蛇身的运动区域大小为 20×20,将蛇身长度初始化为 5 节,蛇身的移动周期为 300ms,整个游戏的基础延时为 10ms,宏定义的代码如下:

```
#define SNAKE_PIECE_SIZE        3      /* 每节蛇身占用的像素值 */
#define MAX_SANKE_LENGTH       165     /* 蛇身的最大长度 */
#define MAP_SIZE_X              20      /* 蛇身移动区域 x 方向的最大值 */
#define MAP_SIZE_Y              20      /* 蛇身移动区域 y 方向的最大值 */
#define STARTING_SNAKE_SIZE     5      /* 蛇身的初始长度 */
#define SNAKE_MOVE_DELAY        30      /* 蛇的移动速度 */
```

(2) 物理按键数组定义:数组初始化的值代表实际 Arduino UNO 开发板上物理引脚位置,代码如下:

```
const Byte buttonPins[] = {4, 2, 5, 3};   //LEFT, UP, RIGHT, DOWN
```

(3) 蛇身二维数组:用来存放每一节蛇身的 x 坐标值和 y 坐标值,代码如下:

```
int8_t snake[MAX_SANKE_LENGTH][2];
```

(4) 食物数组:用于存放食物的 x 坐标值和 y 坐标值,代码如下:

```
int8_t fruit[2];
```

(5) 初始化食物随机坐标值的产生方式与 Windows 系统下不太一样,这里巧妙地利用 A0 上的噪声作为随机值,代码如下:

```
randomSeed(analogRead(A0));
```

(6) 整个游戏内容的初始化代码如下:

```
void setupGame() {
  gameState = START;
  dir = RIGHT;
  newDir = RIGHT;
  resetSnake();
  generateFruit();
  display.clearDisplay();
  drawMap();
  drawScore();
  drawPressToStart();
  display.display();
}
```

25.3.2　复位蛇身与游戏开始

（1）复位蛇身并将长度初始化为 5，蛇头的初始坐标值为活动区域的中心位置，代码如下：

```
void resetSnake() {
snake_length = STARTING_SNAKE_SIZE;
    for(int i = 0; i < snake_length; i++) {
snake[i][0] = MAP_SIZE_X / 2 - i;
        snake[i][1] = MAP_SIZE_Y / 2;
    }
}
```

（2）按下任意按键，游戏开始，代码如下：

```
case START:
    if(buttonPress()) gameState = RUNNING;
break;
```

游戏运行是整个贪吃蛇的核心代码，首先检测按键方向，判断蛇身移动时间是否达到预先定义的 300ms（基础延时为 10ms），然后将新方向赋值给蛇移动方向，清除显示区域，移动蛇身，再将更新后的内容显示到液晶屏上，同时将蛇移动区域的全部内容显示出来，左侧更新显示分数，最后检测蛇吃食物，循环运行，代码如下：

```
case RUNNING:
    moveTime++;
    readDirection();

    if(moveTime >= SNAKE_MOVE_DELAY) {
```

```
        dir = newDir;
        display.clearDisplay();

        if(moveSnake()) {
            gameState = GAMEOVER;
            drawGameover();
            delay(1000);
        }
        drawMap();
        drawScore();
        display.display();
        checkFruit();
        moveTime = 0;
    }
break;
```

游戏结束的状态码如下：

```
case GAMEOVER:
    if(buttonPress()) {
        delay(500);
        setupGame();
        gameState = START;
    }
    break;
}
```

25.3.3　按键检测与设定蛇运动方向

这部分内容为 Arduino UNO 底层硬件部分内容，用于检测按键是否被按下，如果被按下，则返回值为 true，否则返回值为 false，实现代码如下：

```
bool buttonPress() {
for (Byte i = 0; i < 4; i++) {
Byte buttonPin = buttonPins[i];
        if (digitalRead(buttonPin) == LOW) {
            return true;
        }
    }
    return false;
}
```

读取方向按键值并转换成蛇移动的方向，根据获取的移动方向更新蛇移动的新方向，读取物理按键的值，需要检测按键的方向是否与当前蛇移动的方向相反（例如蛇正在向左移

动,向右变换方向为无效),如果检测到的按键方向值有效,则更新蛇身运动方向,参考代码如下:

```
void readDirection() {
for (Byte i = 0; i < 4; i++) {
        Byte buttonPin = buttonPins[i];
        if (digitalRead(buttonPin) == LOW && i != ((int)dir + 2) % 4) {
                newDir = (Direction)i;
                return;
            }
        }
    }
}
```

25.3.4　蛇身移动坐标更新

主要对蛇头坐标值更新,每次更新完后需要检测蛇头是否会发生碰撞,然后将蛇头的坐标值赋值给后一节蛇身,以此类推,将前一节蛇身坐标值赋值给后一节蛇身,参考代码如下:

```
bool moveSnake(){
int8_t x = snake[0][0];
int8_t y = snake[0][1];

    switch(dir) {
    case LEFT:
          x -= 1;
     break;
    case UP:
          y -= 1;
     break;
     case RIGHT:
            x += 1;
    break;
    case DOWN:
        y += 1;
     break;
  }

/* 检测蛇身是否发生碰撞 */
if(collisionCheck(x, y))
    return true;
/* 对蛇头后的每一节蛇身值进行更新 */
for( int i = snake_length - 1; i > 0; i-- ) {
     snake[i][0] = snake[i - 1][0];
     snake[i][1] = snake[i - 1][1];
```

```
}

    /* 蛇头坐标更新 */
    snake[0][0] = x;
    snake[0][1] = y;
    return false;
}
```

25.3.5　吃食物检测

检测蛇头坐标值与食物坐标值是否相等,如果相等,则将蛇身加长一节,参考代码如下:

```
void checkFruit(){
    if(fruit[0] == snake[0][0] && fruit[1] == snake[0][1])
      {
            if(snake_length + 1 <= MAX_SANKE_LENGTH)
            snake_length++;

      /* 产生新食物 */
            generateFruit();
      }
}
```

25.3.6　产生新食物

产生新食物需要将随机 x 坐标值限制在 $0\sim$ MAP_SIZE_X 坐标和将随机 y 坐标值限制在 $0\sim$ MAP_SIZE_Y 范围内,同样还要检测 x 的坐标值和 y 的坐标值是否与每一节蛇身的坐标值相等,参考代码如下:

```
void generateFruit() {
    bool b = false;
    do{
      b = false;
      fruit[0] = random(0, MAP_SIZE_X);
      fruit[1] = random(0, MAP_SIZE_Y);
      for(int i = 0; i < snake_length; i++) {
            if(fruit[0] == snake[i][0] && fruit[1] == snake[i][1]) {
                b = true;
                continue;
            }
      }
    } while(b);
}
```

25.3.7 碰撞检测

检测蛇头与蛇身是否发生碰撞及蛇头在定义的 x 区域和 y 区域是否发生碰撞,参考代码如下:

```
bool collisionCheck(int8_t x, int8_t y) {
    for(int i = 1; i < snake_length; i++) {
        if(x == snake[i][0] && y == snake[i][1]) return true;
    }
    if(x < 0 || y < 0 || x >= MAP_SIZE_X || y >= MAP_SIZE_Y) return true;
    return false;
}
```

25.3.8 显示蛇与食物

显示蛇运动区域的全部内容,主要显示蛇身和食物,与 Windows 系统下的实现差不多,直接绘制方块,参考代码如下:

```
void drawMap() {
    int offsetMapX = SCREEN_WIDTH - SNAKE_PIECE_SIZE * MAP_SIZE_X - 2;
    int offsetMapY = 2;

    /* 显示食物 */
        display.drawRect(fruit[0] * SNAKE_PIECE_SIZE + offsetMapX, fruit[1] * SNAKE_PIECE
_SIZE + offsetMapY, SNAKE_PIECE_SIZE, SNAKE_PIECE_SIZE, SSD1306_INVERSE);
        display.drawRect(offsetMapX - 2, 0, SNAKE_PIECE_SIZE * MAP_SIZE_X + 4, SNAKE_
PIECE_SIZE * MAP_SIZE_Y + 4, SSD1306_WHITE);

    /* 显示蛇身 */
    for(int i = 0; i < snake_length; i++) {
        display.fillRect(snake[i][0] * SNAKE_PIECE_SIZE + offsetMapX, snake[i][1] * SNAKE
_PIECE_SIZE + offsetMapY, SNAKE_PIECE_SIZE, SNAKE_PIECE_SIZE, SSD1306_WHITE);
    }
}
```

关于单片机实现贪吃蛇的完整代码可参考在线仿真例子,链接为 https://wokwi.com/arduino/projects/296135008348799496。

25.4 俄罗斯方块

有了前面分析贪吃蛇游戏实现原理的知识储备,对于如何实现俄罗斯方块,读者是不是有了比较清晰的思路? Winndows 系统下实现俄罗斯方块游戏的界面如图 25.14 所示。接

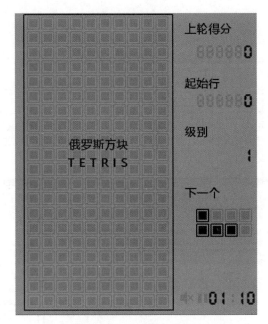

图 25.14　俄罗斯方块界面

下来分析俄罗斯方块实现的整体思路。

25.4.1　俄罗斯方块类型

俄罗斯方块总共有 7 个大类,l 形状方块在游戏中的两种变化如图 25.15 所示,S 形状方块的两种摆放方式及在游戏中的 4 种变化如图 25.16 和图 25.17 所示,T 形状方块及在游戏中的 3 种变化如图 25.18 所示,L 形状方块的两种摆放方式及在游戏中的 6 种变化如图 25.19 和图 25.20 所示,"田"形状方块如图 25.21 所示。

25.4.2　方块下落显示区域

方块下落区域用于确定方块活动的范围,可以定义二维数组,用来标记游戏区域哪些方块已经被占用,哪些区域方块没有被占用。10×10 方块活动区域如图 25.22 所示。

俄罗斯方块在该区域如何显示呢?假设下落区域使用 10×12 的二维数组 Block[12][10]来表示,被占用的位置在数组元素中赋值 1 标记,而未被占用的位置赋值 0 标记,游戏进行过程中的画面如图 25.23 所示,对应二维数组 Block[1][10]~Block[4][10]、Block[8][10]、Block[9][10]中的值都为 0,Block[5][10]={ 0,0,0,0,1,0,0,0,0,0 },Block[6][10]={ 0,0,0,1,1,0,0,0,0,0 },Block[7][10]={ 0,0,0,0,1,0,0,0,0,0 },Block[10][10]={ 0,0,0,0,0,0,1,1,1,0 },Block[11][10]={ 1,1,0,0,1,1,1,1,1,1 },Block[12][10]={ 1,1,0,1,1,1,1,1,1,1 }。

当游戏方块位置发生变化时,变化后的效果如图 25.24 所示,对应二维数组的内容需要

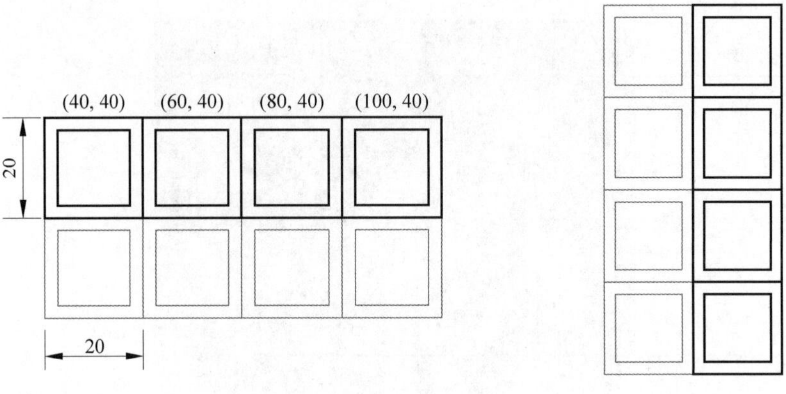

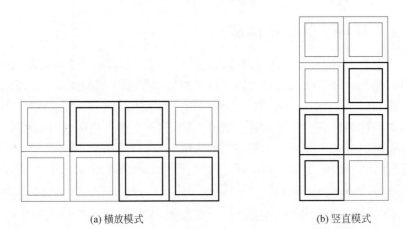

(a) 横放模式   (b) 竖直模式

图 25.15 1 形状方块有两种变化形式

(a) 横放模式   (b) 竖直模式

图 25.16 S 形状方块 1 模式下有两种变化形式

(a) 横放模式   (b) 竖直模式

图 25.17 S 形状方块 2 模式下有两种变化形式

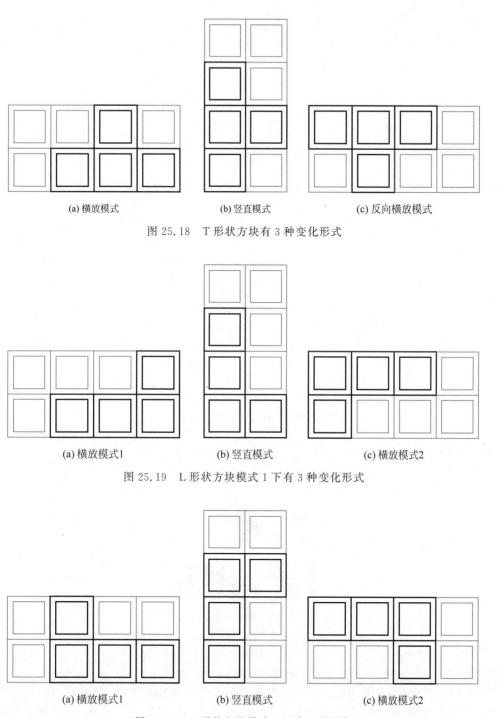

(a) 横放模式　　　　　　(b) 竖直模式　　　　　　(c) 反向横放模式

图 25.18　T 形状方块有 3 种变化形式

(a) 横放模式1　　　　　　(b) 竖直模式　　　　　　(c) 横放模式2

图 25.19　L 形状方块模式 1 下有 3 种变化形式

(a) 横放模式1　　　　　　(b) 竖直模式　　　　　　(c) 横放模式2

图 25.20　L 形状方块模式 2 下有 3 种变化

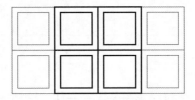

图 25.21 "田"形状方块

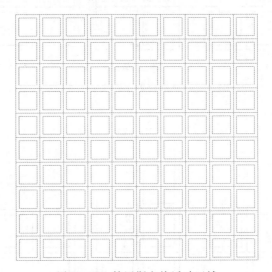

图 25.22 俄罗斯方块活动区域

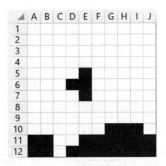

图 25.23 俄罗斯方块内容显示(1)

进行更新,Block[1][10]～Block[6][10]数组里面的内容都为 0,而数组 Block[7][10]＝{0,0,1,0,0,0,0,0,0,0},Block[8][10]＝{0,0,1,1,0,0,0,0,0,0},Block[9][10]＝{0,0,1,0,0,0,0,0,0,0},Block[10][10]＝{0,0,0,0,0,0,1,1,1,0},Block[11][10]＝{1,1,0,0,1,1,1,1,1,1},Block[12][10]＝{1,1,0,1,1,1,1,1,1,1},每次方块变换、挪动和正常的下落都需要对二维数组里的元素值进行更新。

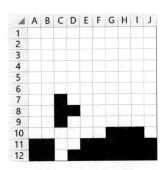

图 25.24　俄罗斯方块内容显示(2)

25.4.3　预览方块和分数显示

在游戏区域的右侧预览区域显示下一个要用到的方块及游戏分数,如图 25.25 所示。

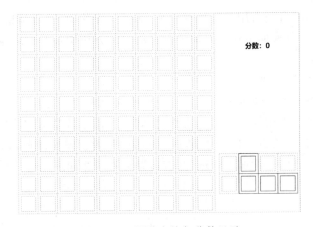

图 25.25　预览方块与分数显示

25.4.4　按键检测和移动方块

1. 按键检测

读取输入的按键值,并将它转换成对应的按键功能。

2. 移动方块

当不进行任何按键操作时,方块也会自由落下。无论是正常下落的方块还是通过按键移动的方块,每次移动都需要对二维数组的值进行更新。

方块从最顶端开始掉落时的两种情况如图 25.26 所示,默认出现的方块都采用水平平放的方式出现,图 25.26(a)以隐藏一部分方块的形式出现,而图 25.26(b)则以显示全部方块的形式出现,不同形状的方块初始化时需要将隐藏部分的方块坐标进行特殊标记处理。

3. 正常下落

当方块正常下落时,需要检查游戏区域边界和当前方块占用是否会发生冲突,如果接下

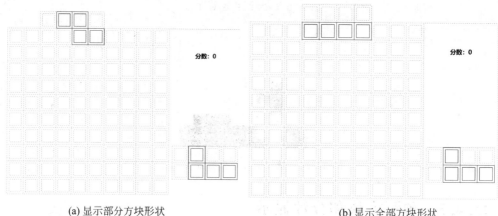

(a) 显示部分方块形状　　　　　　　　　　　　(b) 显示全部方块形状

图 25.26　游戏区域显示即将下落的方块

来的移动会超越边界或者与占用的方块有冲突,那就停止移动,否则对竖直方向的所有方块坐标都进行加 1 处理,每次向下移动都需要对移动前的方块所在的数组元素先置 0 处理,即将之前的方块擦除。

4. 向左和向右移动方块

移动前需要检查当前方块水平方向移动坐标是否会发生碰撞(检测的内容包含边界检测和当前方块是否已经占用检测),如果能移动,则将当前方块所有水平方向的坐标都进行减 1 处理;同理,向右移动也要先检测方块右侧区域是否会发生碰撞,如果可以移动,则将当前所有方块的水平方向坐标加 1 处理,左右边界检测示意如图 25.27 所示。

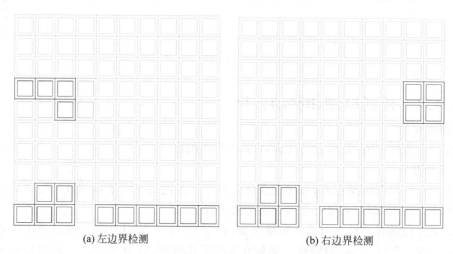

(a) 左边界检测　　　　　　　　　　　　(b) 右边界检测

图 25.27　左右边界检测

5. 向下移动方块

当向下加速移动方块时,需要先判断向下加速所需空间是否足够,如果够用,则进行加速处理;如果不够用,则放弃加速。

25.4.5　旋转方块

旋转方块是俄罗斯方块实现的一个难点,需要根据每种方块的类型单独进行调整,这也是俄罗斯方块游戏里关键的内容,并且方块在边界位置或者有其他方块占用的位置还需要进行碰撞检查并修正。T形方块旋转后的 4 种状态如图 25.28 所示,(a)中 4 个方块的坐标为(5,5),(4,6),(5,6),(6,6),(c)中 4 个方块的坐标为(6,6),(5,5),(5,6),(5,7),(b)中 4 个方块的坐标为(5,7),(4,6),(5,6),(6,6),(d)中 4 个方块的坐标为(4,6),(5,5),(5,6),(5,7);其中(a)为初始状态方块的坐标,(c)是通过(a)顺时针旋转 90°得到的,以坐标(5,6)为中心点不动,而(b)则是通过(a)镜像得到,(d)是通过(c)镜像得到;关于其他方块旋转是如何实现的笔者就不一一分解了,读者可以按照这个思路去分析。

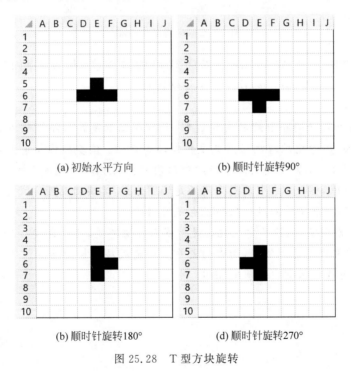

(a) 初始水平方向　　　　　　　　(b) 顺时针旋转90°

(b) 顺时针旋转180°　　　　　　　(d) 顺时针旋转270°

图 25.28　T 型方块旋转

25.4.6　方块消除

当水平方向连成一行完整方块时,需要对方块进行消除操作,消除的方法为不断检查二维数组中水平方向子数组标记的值是否全为 1,如果有,则消除该行,同时将消除行上方的所有方块向下移动,消除几行就整体移动几行,如图 25.29 所示。

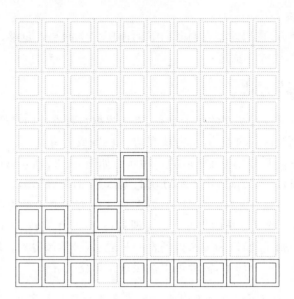

图 25.29　即将诞生消除行

关于俄罗斯方块在 Windows 系统下代码的具体实现,读者可以参考附件代码 Chapter25/RussiaBlock_simple,这里就不详细解释了。

思考与拓展

(1) 仔细分析上面两个游戏的实现过程,所有内容都是在二维数组中完成的。可能读者觉得不可思议,玩贪吃蛇游戏居然就是控制二维数组;俄罗斯方块也采用这样的实现方式,围绕着二维数组,不断地更新二维数组中的内容并将其以方块的形式显示出来,显示方块的形式其实多种多样,本章中示例采用的是绘图方式,其实用贴图方式也可以实现相同的效果,包括直接用一个字符来显示"方块"也是可以的。

(2) 读者也看到了,无论是贪吃蛇还是俄罗斯方块游戏,可以在 Windows 平台上实现,同样也可以在单片机平台上实现,两者的差异主要是底层的按键检测及实际内容显示方式上不太一样,而游戏的核心内容基本相同。

第 26 章　数据结构——感受不到你的存在

说起数据结构,很多读者可能感觉到既陌生又熟悉。为什么说它陌生呢?因为在实际单片机编程中一般很难感受到数据结构的存在,它太抽象了,也就是说即使使用了某种数据结构,但是不知道它是哪种具体数据结构,而熟悉又是怎么回事呢?例如读者使用总线接收一串有规律的数据,但是数据的到来是随机的,而又不想错过每帧数据,于是要想办法自己开辟缓冲区用来缓存多帧数据,该缓冲区可以理解为数据结构中的队列。再例如在多任务应用中,读者不知道每个任务什么时候可以执行,但是当任务处于可运行状态时,需要根据这些任务的先来后到去执行,比较简单的办法是给任务定义结构体数组,然后一个一个地去检查数组中的任务是否可以运行,但是这样觉得还不够好用,有些情况下需要将结构体数组中的任务删除,也有些情况下又要添加任务,一个优秀的任务链表就非常符合需求。数据结构对绝大部分人来讲只是停留在大学时期的课堂上。

对于计算机而言,它不知道有数据结构这种东西,数据结构只是计算机科学家为了方便数据操作把它整理成便于处理的一种数据存放方式,计算机软件就是对数据的一种管理。接下来结合实际应用案例来一起熟悉常用的数据结构是如何使用的。

26.1　链表——多任务调度

链表作为 C 语言中的一种基础数据结构,在平时的程序中使用次数比较少,但在操作系统的链表中使用次数比较多。链表的最大作用就是可以把离散的数据连接在一起,这和数组是不一样的,数组的存储空间是一段连续的内存,而链表可以把内存中不连续的数据联系起来。学习链表主要是学习链表和节点,学过 RTOS 操作系统的读者应该有印象,在初始化任务时用到了双向链表,根据不同的连接方式,链表可分为单向链表、循环链表和双向链表。

26.1.1　单向链表

单向链表节点本身必须包含一个节点指针,用于指向下一个节点,当然节点中还可以携带其他的数据。节点是一个自定义类型的数据结构,在节点中可以有单个的数据、数组、指针数据或结构体数据等。

在单向链表中,如果最后一个节点的指针指向第 1 个节点,则该链表是循环链表,下面一起来看一下单向链表代码是如何实现的及单向链表的基本操作方式,单向链表模型如图 26.1 所示。

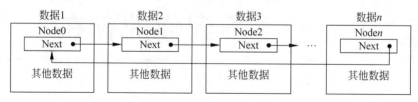

图 26.1　不带头节点的单向链表

1. 单向链表结构体定义

单向链表的结构体模型如图 26.2 所示,里面包含一个结构体指针和用于存储数据的部分,单向链表的参考节点代码如下:

```
typedef struct Node {
    DataType data;           /*节点数据 */
    struct Node * next;      /*指向下一个节点结构体指针 */
} * NODE, node;
```

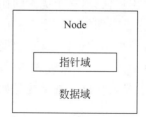

图 26.2　单向链表结构体示意图

2. 创建单向链表

创建只有头节点的链表,该节点指针指向空,如图 26.3 所示,参考代码如下:

```
NODE CreatList() {
    NODE pHead = (NODE)malloc(sizeof(node));    /*给头节点分配空间 */
    pHead->next = NULL;
    return pHead;
}
```

3. 单向链表插入节点

1)头插法

在单向链表头部插入新节点,插入的具体操作流程如图 26.4 所示,参考代码如下:

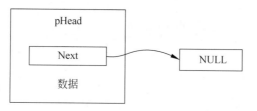

图 26.3　单向链表初始化

```
void Insert_Head(int x, NODE Head) {
    NODE temp = (NODE)malloc(sizeof(node));      /* 申请一个待插入节点 */
    temp -> data = x;                            /* 在节点中存入数据 */

    temp -> next = Head -> next;   /* 将表头后的节点连在待插入节点后 */
    Head -> next = temp;           /* 将待插入节点连在表头后 */
}
```

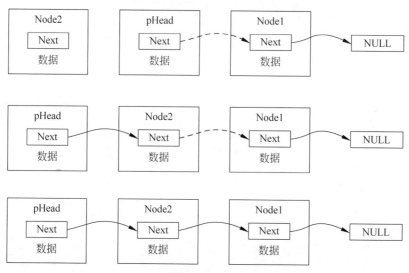

图 26.4　单向链表头部插入新节点示意图

2）尾插法

在单向链表尾部插入新节点，插入流程如图 26.5 所示，参考代码如下：

```
void Insert_Tail(int x, NODE Head) {
    NODE temp = (NODE) malloc(sizeof(node));       /* 申请一个待插入节点 */
    temp -> data = x;                              /* 在节点中存入数据 */
    temp -> next = NULL;

    NODE p = Head;
```

```
    /* 找到表尾 */
    while(p->next)
        p = p->next;

    /* 将待插入节点连到表尾上 */
    p->next = temp;
}
```

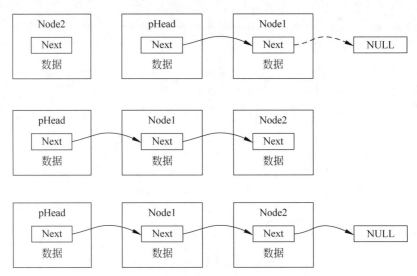

图 26.5　单向链表尾部插入新节点示意图

4. 单向链表删除操作

找到匹配的节点位置并将其删除,删除流程如图 26.6 所示,参考代码如下:

```
void Delete(int x, NODE Head) {
    NODE p = Head;

    /* 找到待删除的元素 */
    while (p->next && p->next->data != x)
        p = p->next;

    /* 找到待删除节点,p 为其前驱元 */
    if(p->next) {
        NODE temp = p->next;          /* 待删除节点 */
        p->next = temp->next;         /* 前驱元和后继元连上 */
        free(temp);                   /* 释放待删除节点,防止内存泄漏 */
    }
}
```

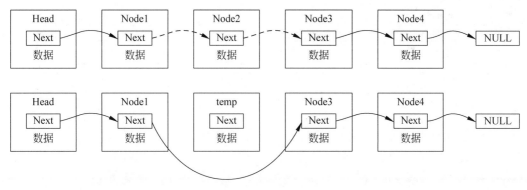

图 26.6   单向链表删除操作

5. 判断单向链表是否为空

判断链表头部指向的下一个节点是否为空,参考代码如下:

```
int IsEmpty(NODE Head) {
    / * 如果表头为空,则为空表 */
    return Head-> next == NULL;
}
```

6. 获取单向链表中节点的个数

遍历链表中的每个节点并进行计数,然后返回最终的计数值,参考代码如下:

```
int Size(NODE Head)
{
    int count = 0;
    while (Head)
    {
        Head = Head-> next;
        count++;
    }
    return count;
}
```

26.1.2   双向链表

1. 双向链表和单向链表的区别

双向链表中有两个节点指针,分别指向前一个节点和后一个节点,其余部分与单向链表一样,双向链表的结构模型如图 26.7 所示。

以国产 RT-Thread 系统举例,来了解双向链表的具体操作方式。

2. 双向链表结构体定义

结构体中包含两个指针和用于存储数据部分,两个指针分别用于指向前一个节点和后

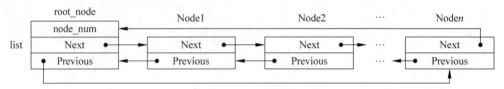

图 26.7　双向链表结构模型

一个节点，双向链表的结构图模型如图 26.8 所示，参考代码如下：

```
struct rt_list_node
{
    struct rt_list_node * next;    /* 指向下一个节点指针 */
    struct rt_list_node * prev;    /* 指向前一个节点指针 */

    /* 数据 */
};
typedef struct rt_list_node rt_list_t;    /* 链表类型 */
```

3. 初始化双向链表

将链表指向下一个节点的指针指向自身的前一个节点指针，如图 26.9 所示，参考代码如下：

```
static inline void list_init(list_t * l)
{
    l->next = l->prev = l;
}
```

图 26.8　双向链表结构体

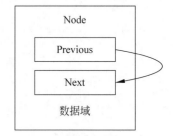

图 26.9　双向链表初始化

4. 尾部插入一个节点

双向链表尾部插入节点的方式如图 26.10 所示，参考代码如下：

```
rt_inline void rt_list_insert_after(rt_list_t * l, rt_list_t * n)
{
```

```
l->next->prev = n;   /*  (1)  */
n->next = l->next;   /*  (2)  */
l->next = n;         /*  (3)  */
n->prev = l;         /*  (4)  */
}
```

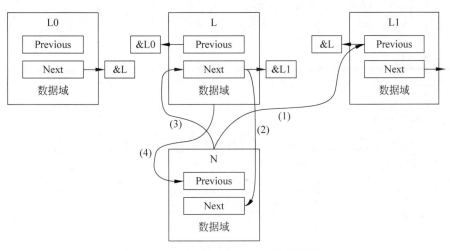

图 26.10　双向链表尾部插入节点示意图

5. 指定节点前面插入

双向链表指定节点前面插入方式如图 26.11 所示,参考代码如下:

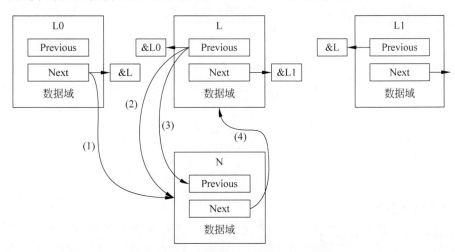

图 26.11　双向链表指定节点插入示意图

```
rt_inline void rt_list_insert_before(rt_list_t * l, rt_list_t * n)
{
    l->prev->next = n;      /*  (1)  */
    n->prev = l->prev;      /*  (2)  */

    l->prev = n;            /*  (3)  */
    n->next = l;            /*  (4)  */
}
```

6. 删除指定节点

双向链表删除指定节点的方式如图 26.12 所示,参考代码如下:

```
rt_inline void rt_list_remove(rt_list_t * n)
{
    n->next->prev = n->prev;   /*  (1)  */
    n->prev->next = n->next;   /*  (2)  */

    n->next = n->prev = n;     /*  (3)  */
}
```

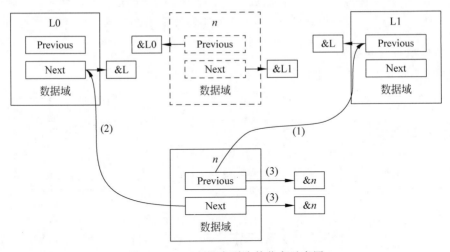

图 26.12 双向链表删除某节点示意图

7. 检查链表是否为空

检查方式为判断链表指向下一个节点的指针是否指向节点本身,参考代码如下:

```
rt_inline int rt_list_isempty(const rt_list_t * l)
{
    return l->next == l;
}
```

关于链表的具体使用读者可以结合实时系统进行,例如国产的 RT-Thread 有完善的 Windows 系统下演示案例和单片机端丰富案例,并且官方文档针对不同阶段的人员都有详细的指导文档,读者可以结合源码一起理解,这里就不具体演示了。当然也可以参考网上链表使用的示例,然后结合实时系统中任务链表的操作方式进一步验证;删减后 μC/OS-Ⅱ 中的 TCB(Task Control Block)任务控制模块的结构体代码如下:

```
typedef struct os_tcb {
    OS_STK        * OSTCBStkPtr;

    struct os_tcb * OSTCBNext;        /* 指向下一个任务控制块指针 */
    struct os_tcb * OSTCBPrev;        /* 指向前一个任务控制块指针 */

#if (OS_VERSION >= 251) && (OS_FLAG_EN > 0) && (OS_MAX_FLAGS > 0)
    OS_FLAGS         OSTCBFlagsRdy;
#endif

/* 任务延时、状态、优先级 */
    INT16U           OSTCBDly;
    INT8U            OSTCBStat;
    INT8U            OSTCBPrio;

    /* 任务就绪状态表相关 */
    INT8U            OSTCBX;
    INT8U            OSTCBY;
    INT8U            OSTCBBitY;
} OS_TCB;
```

在上面的 TCB 代码中可以清晰地看到双向链表被当作任务控制模块使用, OSTaskCreate()函数用来创建任务,而当需要进行任务控制块操作时,首先通过 OS_TCBInit()函数初始化任务控制块链表,OSTaskDel()函数用于删除任务,即删除 TCB 结构体链表中的任务节点。

26.2　队列——通信缓冲

数据通信在嵌入式项目中不可避免,无论读者使用串口通信、CAN 总线通信还是以太网通信等,或多或少地会遇到这样一种情况,当系统接收通信数据时,无法准确地知道哪些数据什么时候会被发送过来,而当这些数据被发送过来时又不能错过,并且在实际单片机应用中往往不止一个任务,如图 26.13 所示。为了不让 CPU 一直等待外部数据到来再执行而造成资源浪费,那有没有什么好的办法呢? 其实在这种情况下只需一个缓冲区就能解决这个问题,这样一来,只要接收到数据就把它存储到缓冲区中,而应用程序直接在缓冲区中取数据,这个缓冲区在数据结构中被称为队列。

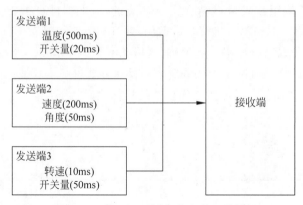

图 26.13   使用队列缓存多个发送端数据

对于队列相信读者都不陌生,它相对来讲是比较简单的数据结构,典型特点是 FIFO (First In First Out)先进先出,就像日常排队买票一样,先到的人先买票,然后去乘车。

队列是一种只允许在表的一端(队尾)进行数据插入而在另一端(队头)进行删除的线性表,如图 26.14 所示。典型的队列入队和出队操作方式如图 26.15 所示,本节主要为读者介绍环形队列的使用方式,环形队列模型如图 26.16 所示。

图 26.14   普通队列示意图

图 26.15   出队与入队示意图

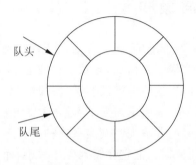

图 26.16   环形队列模型

26.2.1 环形队列基本操作

1. 队列结构体

队列结构体包含队头、队尾及用于存储数组的缓存,其他内容可根据实际需要添加,参考代码如下:

```
typedef struct QUEUE_HandleTypeDef{
    unsigned int front;                 //队头
    unsigned int rear;                  //队尾
    unsigned int buffer_length;         //队列缓存长度(初始化时赋值)
    QUEUE_DATA_T * buffer;              //队列缓存数组(初始化时赋值)
}QUEUE_HandleTypeDef;
```

2. 队列初始化

定义队列大小,清空队列里的内容,参考代码如下:

```
void Queue_Init(QUEUE_HandleTypeDef * hqueue, QUEUE_DATA_T * buffer, unsigned int len)
{
    hqueue->buffer = buffer;
    hqueue->buffer_length = len;
    Queue_Clear(hqueue);
}
```

3. 清空队列

将队列进行清空处理,空队列如图 26.17 所示,参考代码如下:

```
void Queue_Clear(QUEUE_HandleTypeDef * hqueue)
{
    hqueue->front = 0;
    hqueue->rear = 0;
}
```

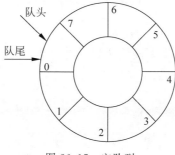

图 26.17 空队列

4. 入队

将节点插入队列的尾部,入队操作需要判断队列是否装满,如图 26.18 所示,参考代码如下:

```
QUEUE_StatusTypeDef Queue_Push(QUEUE_HandleTypeDef * hqueue, QUEUE_DATA_T dat)
{
    / * 计算循环队列的队尾位置 * /
    unsigned int tmp = (hqueue -> rear + 1) % hqueue -> buffer_length;

    / * 队列满判断:队尾与队头是否相等 * /
    if(tmp == hqueue -> front)
    {
        return QUEUE_OVERLOAD;
    }
    else
    {
        hqueue -> buffer[hqueue -> rear] = dat;
        hqueue -> rear = tmp;
        return QUEUE_OK;
    }
}
```

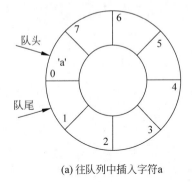

(a) 往队列中插入字符a

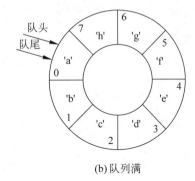

(b) 队列满

图 26.18 入队操作

5. 出队

删除队列头节点,出队操作需要确认队列是否为空,判断的方式是检查队尾与队头是否相等,如图 26.19 所示,参考代码如下:

```
QUEUE_StatusTypeDef Queue_Pop(QUEUE_HandleTypeDef * hqueue, QUEUE_DATA_T * pdat)
{
/ * 判断队列是否为空 * /
    if(hqueue -> front == hqueue -> rear)
    {
```

```
        return QUEUE_VOID;
    }
    else
    {
        * pdat = hqueue - > buffer[hqueue - > head];
        hqueue - > front = (hqueue - > front + 1) % hqueue - > buffer_length;
        return QUEUE_OK;
    }
}
```

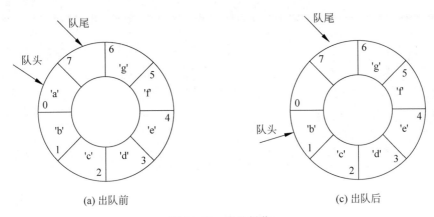

(a) 出队前　　　　　　　　　　　　　　　　　(c) 出队后

图 26.19　出队操作

26.2.2　8051 单片机队列操作示例

单片机串口环形缓冲队列接收中断数据并在任务中提取的使用的模型如图 26.20 所示。

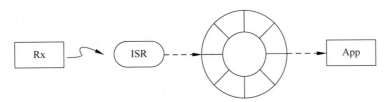

图 26.20　单片机串口环形缓冲数据接收与使用模型

1. 队列大小及缓存定义

定义单片机环形缓冲区大小及用于队列的缓存数组,参考代码如下:

```
/* 队列操作相关定义 */
#define Q_UART_BUFFER_SIZE  20              /* 队列缓冲区大小 */

QUEUE_HandleTypeDef qUartTx;                /* 队列结构体定义 */
QUEUE_DATA_T BufferUartTx[Q_UART_BUFFER_SIZE];  /* 定义队列缓存 */
```

2．队列初始化

单片机初始化队列，参考代码如下：

```
Queue_Init(&qUartTx, BufferUartTx, Q_UART_BUFFER_SIZE);
```

3．队列入队操作

在中断函数中将串口中断接收的数据压入队列中，参考代码如下：

```
void USART_ISR( void ) interrupt 4
{
    unsigned char ch;

    if (RI)
    {
        RI = 0;
        LED = ~LED;
        ch = SBUF;

        /* 入队操作 */
        Queue_Push(&qUartTx, ch);
    }

    if (TI)
    {
        TI = 0;                      /* 清除中断标志 */
        busy = 0;                    /* 清除传输忙标志 */
    }
}
```

4．队列出队操作

在 while 循环中出队并通过串口将数据打印出来，测试效果如图 26.21 所示，在串口助手中频繁地发送数据以测试队列，因为缓冲区大小只有 20B，超出缓冲区大小的队列会满而不能继续进行入队操作，出队列的周期为 50ms，while 循环中出队的参考代码如下：

```
while(1)
{
    /* 出队操作 */
    Queue_Pop(&qUartTx, &temp);

    SendString(&temp);

    /* 清空临时内容 */
    temp = 0x00;

    delayMS(50);
}
```

完整的工程示范代码可参考附件 Chapter26/51_USART_Queue。

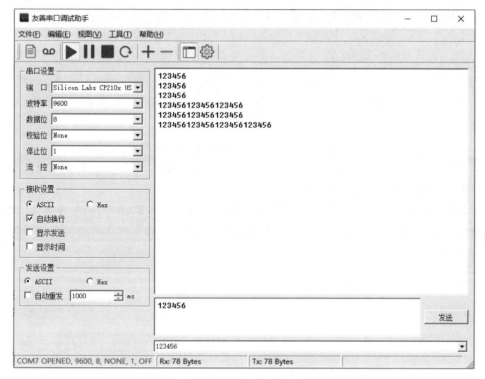

图 26.21 测试队列效果

26.2.3 队列操作在实时系统中的应用

在实时系统中,队列主要应用于消息队列,它可以同步和缓冲数据通信功能。队列结构体位于 ucosii.h 文件中,具体操作方法读者可参考 μC/OS-Ⅱ 或 RT-Thread 实时系统队列的例子。

事件控制块中队列结构体的代码如下:

```
typedef struct {
    INT8U     OSEventType;
    INT8U     OSEventGrp;
    INT16U    OSEventCnt;
    void      * OSEventPtr;
    INT8U     OSEventTbl[OS_EVENT_TBL_SIZE];
} OS_EVENT;
//消息队列管理控制块代码
typedef struct os_q {
    struct os_q     * OSQPtr;
```

```
    void        ** OSQStart;
    void        ** OSQEnd;
    void        ** OSQIn;
    void        ** OSQOut;
    INT16U        OSQSize;
    INT16U        OSQEntries;
} OS_Q;
```

思考与拓展

（1）数据结构本身比较抽象，本章只介绍了链表和队列两种数据结构，其他的结构体还有堆栈、树和图等数据结构，但是读者通常很难用到，所以在实际学习中最好结合经常使用的软件平台中的数据结构来加深理解。

（2）在队列演示部分内容中只介绍了简单的字符入队与出队操作，如果将第22章中的串口指令用队列来管理，则在实际项目中非常有帮助，这部分内容读者可以自己动手完成。

第 27 章

代码版本工具——让代码管理更规范

27.1 混乱的代码管理方式

27.1.1 复制粘贴——标题命名法

视频讲解

相信读者都有过这种经历,维护代码时,每次修改前都会先将当前版本复制一份,然后重新命名一个标题,但是之前的旧版本又不会删掉,为了保险起见,万一新代码没改好还能有个旧的版本可以用,于是,就有了这样的一幕,如图 27.1 所示。

名称 ^	修改日期	类型	大小
Proj01	2019/1/17 16:08	文件夹	
Proj02	2019/1/17 16:08	文件夹	
Proj03	2019/1/17 16:08	文件夹	
Proj01(修复bufxx).zip	2019/1/17 16:09	360压缩 ZIP 文件	1 KB
Proj01(修复bufxxx).zip	2019/1/17 16:09	360压缩 ZIP 文件	1 KB
Proj01(修复bugx).zip	2019/1/17 16:09	360压缩 ZIP 文件	1 KB
Proj01(终极版).zip	2019/1/17 16:09	360压缩 ZIP 文件	1 KB
Proj01(最终版).zip	2019/1/17 16:09	360压缩 ZIP 文件	1 KB
Proj01(最终版之最终版).zip	2019/1/17 16:09	360压缩 ZIP 文件	1 KB
Proj01(最终极版).zip	2019/1/17 16:09	360压缩 ZIP 文件	1 KB
Proj01.zip	2019/1/17 16:09	360压缩 ZIP 文件	1 KB
Proj02(修复bugx).zip	2019/1/17 16:09	360压缩 ZIP 文件	1 KB
Proj02(终极版).zip	2019/1/17 16:09	360压缩 ZIP 文件	1 KB
Proj02(最终版).zip	2019/1/17 16:09	360压缩 ZIP 文件	1 KB
Proj02(最终极版).zip	2019/1/17 16:09	360压缩 ZIP 文件	1 KB
Proj02(最最终版).zip	2019/1/17 16:09	360压缩 ZIP 文件	1 KB
Proj02(最最终极版).zip	2019/1/17 16:09	360压缩 ZIP 文件	1 KB
Proj02.zip	2019/1/17 16:09	360压缩 ZIP 文件	1 KB
Proj03(修复bugx).zip	2019/1/17 16:09	360压缩 ZIP 文件	1 KB
Proj03(终极版).zip	2019/1/17 16:09	360压缩 ZIP 文件	1 KB
Proj03(最终版).zip	2019/1/17 16:09	360压缩 ZIP 文件	1 KB
Proj03(最终极版).zip	2019/1/17 16:09	360压缩 ZIP 文件	1 KB
Proj03(最最终版).zip	2019/1/17 16:09	360压缩 ZIP 文件	1 KB
Proj03(最最终极版).zip	2019/1/17 16:09	360压缩 ZIP 文件	1 KB

图 27.1 复制粘贴法代码管理

这种方式是在实际项目开发中真实发生的案例,更有甚者,自己将笔记本中的代码复制到 U 盘,然后在其他计算机上做了修改并验证完,但是忘记更新回自己的台式计算机,又或者时间太长,想找到之前代码中的修改位置,但是又忘记是哪个版本,读者是不是感觉非常苦恼。你可能会觉得,找回之前的版本只需一个个地查看,又没删除,但是只有几个文件还好,如果文件数量翻几倍呢?

27.1.2 复制粘贴——日期管理法

那有没有什么软件可以帮助读者管理代码的版本呢?例如使用 Git 版本管理软件。一说到 Git 软件,单片机初学者可能不想继续看下去了,感觉好麻烦。又要记一堆命令,每次改完也懒得用命令的方式提交,还是通过日期来记录版本更方便些,于是又有了另外的一幕,如图 27.2 所示。项目完成初期,读者还大致记得每个版本改了什么,一个月后,需要某个旧版本的信息,或者新的版本出了什么问题,需要追溯查找改动的代码,这时麻烦就来了,工程师喃喃自语道"好像记得改了这个地方,但是不知道是不是只有这个地方改动了",再后来,迫于项目的进度,只能一个文件一个文件地去对比。

CAN_TO_232_2V1_LPMS-IG1_20200331.zip	2021/3/23 19:08	WinRAR ZIP 压缩...	461 KB
CAN_TO_232_Software20180508.zip	2021/3/23 19:09	WinRAR ZIP 压缩...	511 KB
CAN_TO_232_Software20180509.zip	2021/3/23 19:09	WinRAR ZIP 压缩...	488 KB
CAN_TO_232_Software20180510 - 副本.zip	2021/3/23 19:10	WinRAR ZIP 压缩...	511 KB
CAN_TO_232_Software20180510.zip	2021/3/23 19:09	WinRAR ZIP 压缩...	515 KB

图 27.2 修改日期方式记录代码版本

当然,有的工程师可能只更改了其中某个文件,他可能会选择只备份其中一个文件,这样带来的问题还是一样的,时间一长同样不知道哪个文件是做什么的。习惯比较好的工程师会在项目文件夹里单独存放一个说明文档,然后每次改动后都会在里面进行说明。有过 PCB 项目设计经历的工程师应该能想起这种方式,在每个 PCB 项目原理图最前面一般会使用专门的页面来记录项目更改历史,如图 27.3 所示。当然有些管理比较好的公司 Word 类文档也会使用类似方式来对每次的修改进行记录,这也是一种办法,笔者使用 Notion 软件在写文章过程中修改时软件会自动保存修改记录,显然它也带有版本管理功能,如图 27.4 所示。对于文档的更改管理,本章不过多地探讨,读者可以参考其他书籍或专业资料。

历史版本

版本号	日期	设计	描述
V0.1	2019-11-21	cancore	初始版本
V0.2	2019-11-27	cancore	调整SDRAM的时钟输出引脚,HDMI的差分添加电容隔离直流
V0.3	2019-12-22	cancore	修改nCE引脚连接,EEPROM地址更改,按键连接更改
V0.3	2020-05-19	cancore	整理对外发布,稳定版

图 27.3 PCB 项目中常用的版本修改记录

图 27.4　本书写作时使用的软件也带有版本管理

27.3　使用工具科学管理代码，让重复的代码不再重复

27.3.1　代码管理软件介绍

看到上面这些文档和代码管理方式，读者肯定不想重蹈以上工程师的覆辙，但是即使用文件记录得再详细，当在不同计算机使用代码或者不同工程师协同开发一个项目时，几乎很难做到不出错地记录，而且这样记录很累。说了一大堆，就是为了引出本章的主角——软件版本控制神器 Git Extensions。它是 Git 版本控制系统的图形化客户端。先一起看一下使用 Git Extensions 管理方式下第 1 章代码修改的版本记录，如图 27.5 所示，每次提交的版本都可以下载下来使用，并且不同版本之前的代码可以对比，以便找出改动过的地方，方便回溯问题。

本章介绍的代码管理方式包含两个软件，一个是大名鼎鼎的 Git 代码管理软件，如

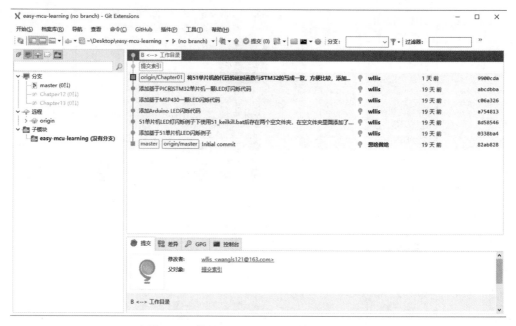

图 27.5　使用 Git Extensions 管理本书代码

图 27.6 所示,其中左边的 Git Bash 命令行方式在 Linux 等系统熟练使用代码管理的专业工程师中用得比较多,因为他们平常使用的 Linux 终端也是命令行操作方式,所以用起来没有太大的障碍,而右边的 Git Gui 为 Git 代码管理软件 Windows 系统下的图形界面版本,它只是将命令通过图形化的方式进行操作,但是实际使用起来还是不够直观。Git Extensions 则作为 Git Gui 图形界面的高级补充,如图 27.7 所示,它能更直观地将代码版本管理过程

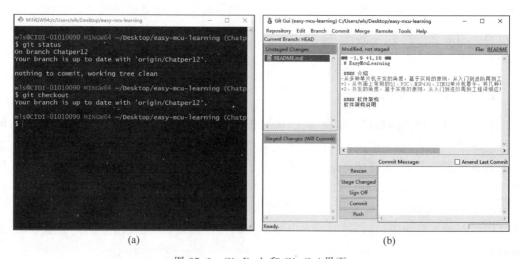

图 27.6　Git Bash 和 Git Gui 界面

中用户需要关注的点展现出来,非常适合初学者和不想记太多操作命令的工程师。不同版本代码提交下的效果对比如图 27.8 所示,可以清楚地看到哪些位置做了改动,图 27.8(b)中一号并且后面文字为红色的部分代表该部分内容已被删除,+号且后面文字为绿色的部分代表该部分内容为新添加的。

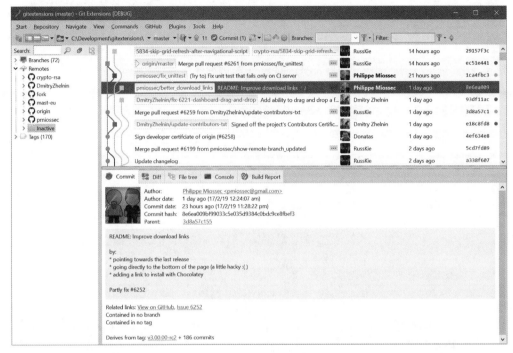

图 27.7　官网版本控制

当然 Git 图形化方式管理软件不止 Git Extensions 一款,其他 Git 图形化界面代码管理软件还有 TortoiseGit、Sourcetree 等,如图 27.9 所示。

27.3.2　代码管理软件安装

搭建 Git 图形化代码管理环境需要用到 3 个软件,分别为 Git、Git Extensions 和 KDiff3。Git 软件官网(https://git-scm.com/)界面如图 27.10 所示,本章下载并安装的软件为 Git-2.32.0.2-64-bit.exe。

Git Extensions 软件官网(http://gitextensions.github.io/)界面如图 27.11 所示,本章下载并安装的软件为 GitExtensions-3.5.1.12196-9099a1e76.msi。

KDiff3 软件官网(http://kdiff3.sourceforge.net/)界面如图 27.12 所示,本章使用的版本为 KDiff3-64bit-Setup_0.9.98-2.exe,该软件用于对代码修改前后的差异进行比较。

以上介绍的 3 款软件的安装对版本没有特别要求,读者以自己下载的最新版本为准。关于 Git Extensions 环境的详细搭建与设置方式,可扫描二维码观看视频。

图 27.8　不同版本代码比较

(a) TortoiseGit　　　　　　　　　　　　　(b) Sourcetree

图 27.9　Git 图像化管理软件 TortoiseGit 和 Sourcetree

27.3.3　代码管理软件打开与使用

1. Git Extensions 打开

Git 与 Git Extensions 图标如图 27.13 所示。双击如图 27.13(b)所示的图标便可进入设置界面,如图 27.14 所示,单击"应用"进入 Git Extensions 主界面,如图 27.15 所示,这种方法在实际使用中用得较少。

在安装 Git 和 Git Extensions 软件过程中快捷方式会被添加到右击菜单中,所以在实际使用中一般可在需要管理代码的任意位置右击,然后单击当前要使用的方式。在有 Git 仓库代码和无 Git 仓库代码情况下右击菜单如图 27.16 所示。

2. Git Extensions 新建仓库与文件推送

在使用 Git 之前,首先在任意平台(GitHub、Coding 或 Gitee)注册账号,这里以 Gitee (官网 gitee.com)为例,登录账号后在右上角＋号处单击,以便先新建一个代码仓库,如图 27.17 所示。

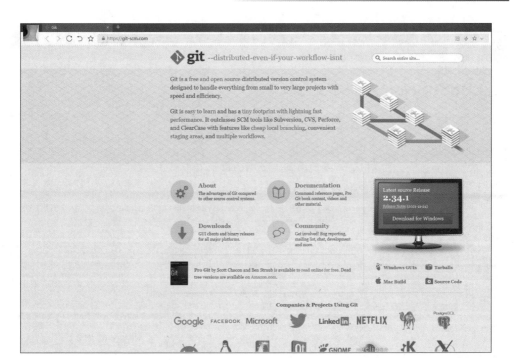

图 27.10　Git 软件官网

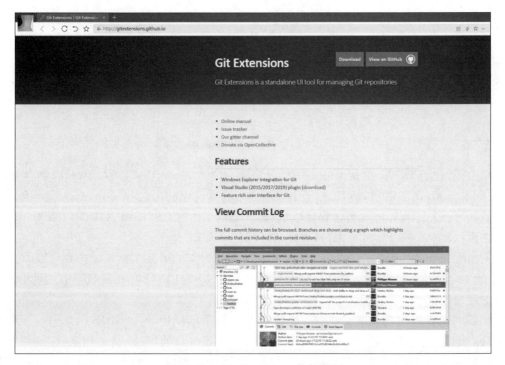

图 27.11　Git Extensions 软件官网

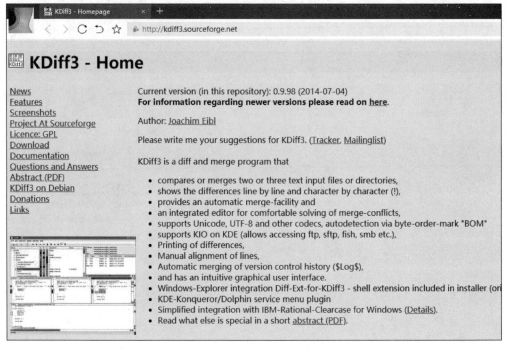

图 27.12　KDiff3 软件官网

(a) Gif图标　　　　　　(b) Gif Extensions图标

图 27.13　Git 和 Git Extensions 图标

单击"新建仓库"后在新页面中的"仓库名称"栏输入仓库名称,这里取名为 git_extensions_test,用于演示,然后在"仓库介绍"处填写仓库的用途和简介,当然仓库介绍也可以后期再补充。其他地方暂时保持默认,输入完后单击"创建"即可,如图 27.18 所示。

注意:仓库名字只能用英文,同时建议名字不要太长,便于识别。

创建好的仓库如图 27.19 所示,页面中下半部分为与 Git 操作相关的命令,使用过 Git Bash 命令的读者对这些命令应该有印象。在 HTTPS|SSH 栏处单击 HTTPS,然后单击箭头处的复制按钮。

接下来在管理代码位置处右击,然后在弹出的菜单栏中单击 GitExt Clone...,弹出 Settings 窗口后单击"确定"按钮,随后在弹出的"复制"窗口处"要复制的档案库"一栏粘贴刚刚复制的复制链接,如图 27.20 所示。粘贴好后单击"复制"。稍等一会儿就会在当前位置复制出前面 Gitee 中建立的仓库,如图 27.21 所示。

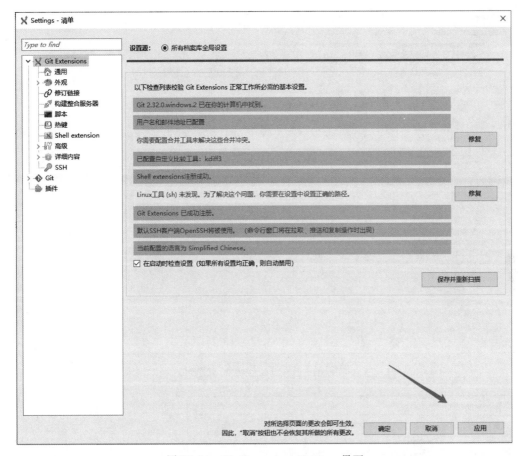

图 27.14　Git Extensions Settings 界面

　　在复制下来的本地仓库中添加内容,这里添加一个 test.c 测试文件,如图 27.22 所示,然后在 Git Extensions 界面中可以看到"提交"按钮中多了一个(1),如图 27.23 所示,表示有一个文件发生了变化,然后单击"提交"按钮。

　　在弹出的提交对话框中,单击"载入"按钮,如图 27.24 所示,"提交信息"下面的右下角窗口中输入要提交的备注,然后单击"提交"按钮,如图 27.25 所示,此时在 Git Extensions 的主界面中会发生新的变化,在右边大的窗口里显示当前提交的文件,并且后面还有填写的备注信息,另外还有一个变化就是提交旁边的向上箭头处多了 gone 内容,如图 27.26 所示,这表示当前提交的内容还在本地仓库,并没有被推送到远程仓库中去,如果此时查看建立在 Gitee 下的仓库页面,则里面并没有什么变化。

　　单击 gome 左边的向上箭头后代码将被推送到远程仓库,在弹出的推送窗口"要推送的分支"栏处保持默认的 master 分支,然后单击"推送"按钮,如图 27.27 所示,这样代码就会被推送到远程仓库中,此时在建立的远程仓库中就可以看到新添加的内容,打开 test.c 文件便可查看里面的内容,如图 27.28 所示,该内容与本地端保持一致,如图 27.29 所示。

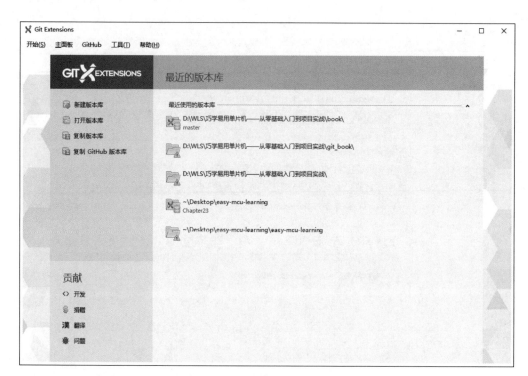

图 27.15　Git Extensions 主界面

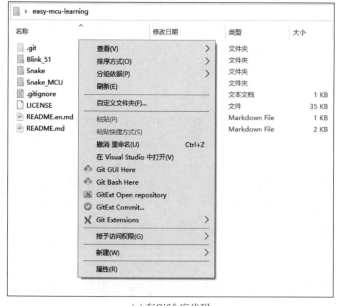

(a) 有 Gif 仓库代码

(b) 无 Gif 仓库代码

图 27.16　有 Git 仓库和无 Git 仓库右击菜单中 Git Extensions 区别

图 27.17 Gitee 新建仓库

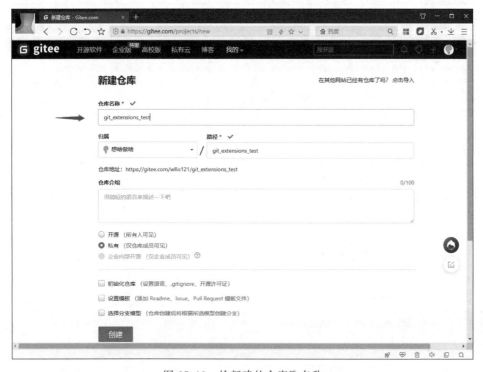

图 27.18 给新建的仓库取名称

图 27.19　新建仓库的相关命令

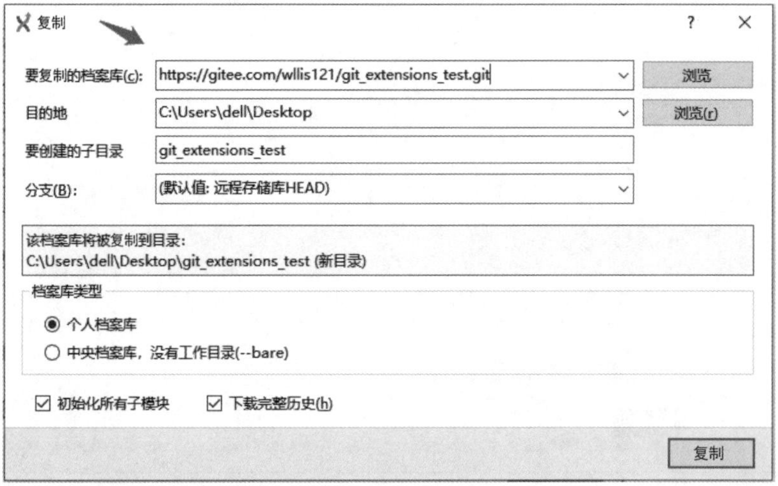

图 27.20　复制窗口

图 27.21 复制下来的本地仓库

图 27.22 添加文件

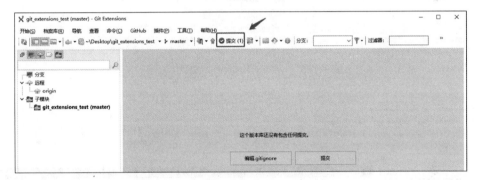

图 27.23 Git Extensions 提交变化

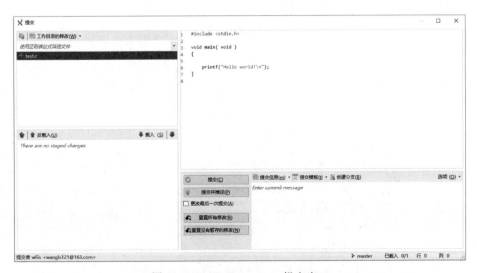

图 27.24 Git Extensions 提交窗口

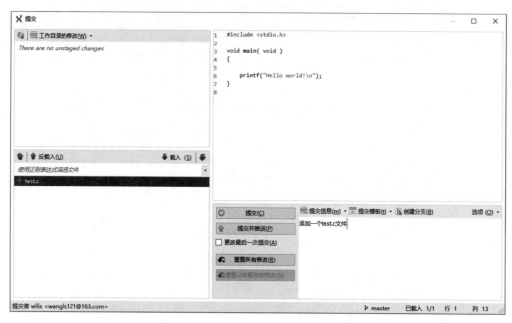

图 27.25　Git Extensions 提交内容操作

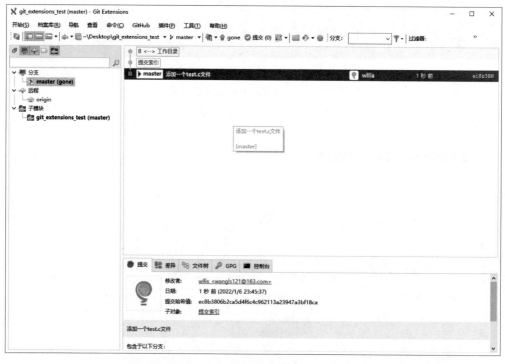

图 27.26　Git Extensions 提交内容后主界面变化

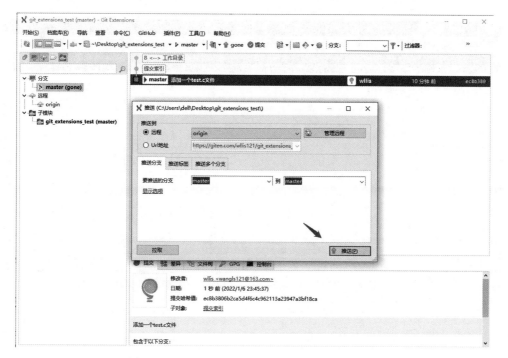

图 27.27　Git Extensions 将内容推送到远程仓库

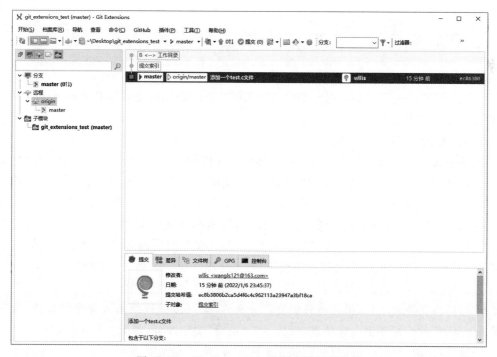

图 27.28　Git Extensions 推送完后页面变化

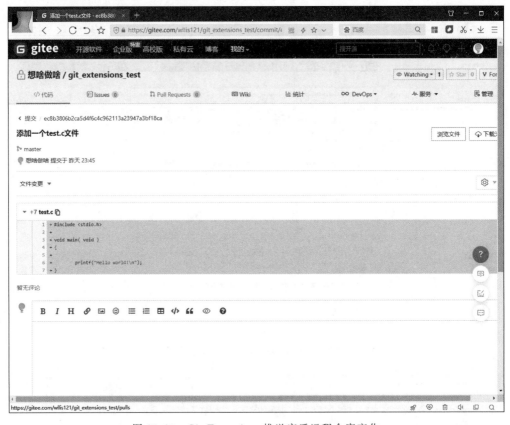

图 27.29　Git Extensions 推送完后远程仓库变化

到这里建立一个完整的新仓库和以 Git 图形化方式添加新文件并推送到远程仓库的基本使用方式就介绍完了。

3. Git Extensions 文件变更

熟悉了新仓库的建立与添加新文件后远程仓库的推送方式,接下来一起来学习当文件发生变更时的操作方式,这也是日常代码管理中使用 Git 最频繁的方式,也是读者必须掌握的。在 test.c 文件中添加 printf("Files Changed once! \n");代码,同时添加 hello.c 文件,可以看到"提交"按钮里面出现了(2)字样,这代表两个文件发生了变化。细心的读者可能注意到下面"工作目录"的右边出现了一支笔,并且在笔的后面有个 1,然后在加号的后面也有个 1,这表示其中的一个文件被修改了,另外还添加了一个新文件,如图 27.30 所示。

单击"提交"按钮后会弹出"提交"窗口,这里的操作方式与之前的操作方式一样,先单击"载入"按钮将文件载入,如果读者只提交部分文件,则可以选择载入要提交的文件,然后在"提交信息处"备注好变更内容信息,最后单击"提交"按钮即可,如图 27.31 所示。

同样,本次提交的代码暂时只存储在本地仓库,向上箭头处此时多了一个 1 字,跟之前一样单击向上箭头便可将文件推送到远程仓库端,如图 27.32 所示。仔细观察主界面发生

图 27.30　Git Extensions 修改和添加文件后界面变化

图 27.31　Git Extensions 修改本地仓库内容并提交

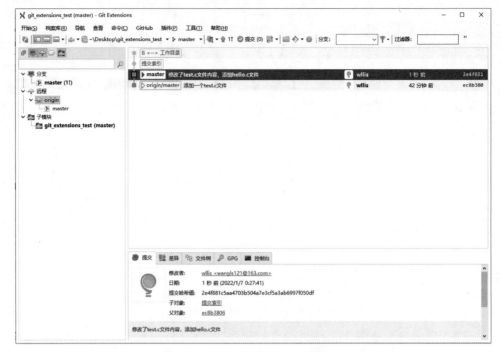

图 27.32　Git Extensions 修改本地仓库内容提交后主界面变化

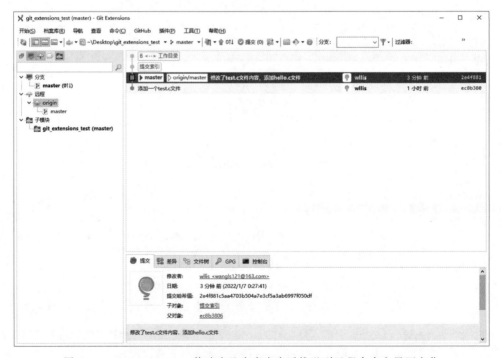

图 27.33　Git Extensions 修改本地仓库内容后推送到远程仓库主界面变化

的变化,如图 27.33 所示。远程仓库端也可以看到内容发生了变化,如图 27.34 所示。

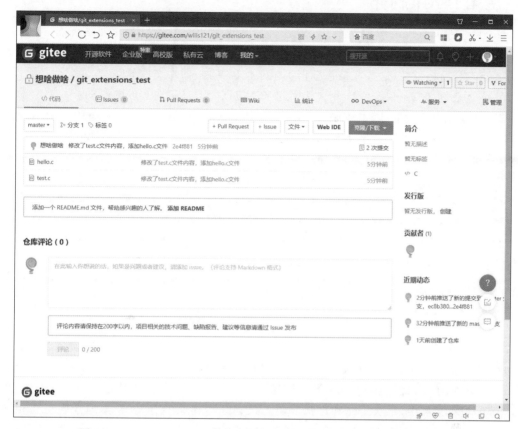

图 27.34　Git Extensions 修改本地仓库内容后推送到远程仓库内容变化

　　使用 Git 管理代码的优点是每次提交的版本都可以原样下载下来,但是 Git 并不会简单地使用复制粘贴的方式进行管理,而是将每次的改动建好关联,在代码量比较小时,读者感觉不到优势,但是如果有几百甚至上千个文件的代码,这种管理方式的优势就体现出来了。关于 Git 的更多操作限于篇幅和个人的理解有限,本章就不进一步介绍了,读者可以去网上搜集更专业的学习资料,本章仅仅领读者入门 Git Extensions 代码管理方式。

27.4　Git 科普及作用

　　为什么将 Git 的介绍放在最后面呢?估计很多读者早就熟悉 Git 了,但是为什么一直没用起来呢?读者一开始接触 Git 时会发现绝大部分资料一上来就讲原理,但是如果以前没接触过这种代码管理方式,则会一头雾水;另外,读者所熟知的使用最多的就是 Git 命令,笔者刚接触时也因为命令操作烦琐而感觉这款软件使用不方便,所以一直观望了很长时间。

27.4.1 Git 简介

Git 是一种分布式版本控制系统,与之相对应的则是集中式版本管理系统 SVN。Git 是目前世界上最先进的分布式版本控制系统之一,版本控制系统主要用于控制、协调各个版本的文档内容的一致性,这些文档包括但不限于代码文件、图片文件等。

那什么是版本控制系统? 这种软件用起来就应该能记录每次文件的改动。

有人要问了,什么是"版本控制"? Git 又为什么被冠以"分布式"的名头呢? 版本控制这个说法多少有一点抽象。事实上,版本控制大家一直在做,只是平时不这么称呼。举一个例子,领导让你写一个策划方案,你先完成了初稿,之后又有了一些新的想法,但是并不确定新的想法是否可以得到领导的认可,于是你保存了初稿,之后在初稿的基础上另存了一个文件,对初稿内容进行部分修改后得到修改稿。这时你的策划案就有了两个版本,初稿和修改稿。如果领导对修改稿不满意,则可以很轻易地把初稿拿出来交差。

在这个简单的过程中,你其实已经执行了一个简单的版本控制操作,把文档保存为初稿和修改稿的过程就是版本控制,即版本控制就是对文件变更过程的管理。也就是说,版本控制就是要把一个文件或一些文件的各个版本按一定的方式管理起来,在需要用到某个版本时可以随时使用。

另一个问题,为什么说 Git 是"分布式"版本控制系统呢? 这里的"分布式"是相对于"集中式"来讲的。把数据集中保存在服务器节点,所有的客户节点都可以从服务器节点获取数据的版本控制系统叫作集中式版本控制系统,例如 SVN 就是典型的集中式版本控制系统。

与之相对的 Git 的数据不止保存在服务器上,同时也完整地保存在本地计算机上,在27.3 节的演示案例中,每次提交和推送代码不仅在远程仓库中有代码,本地仓库也有相同的代码,并且如果在某些时候没有网络,则在本地操作时也可以管理代码版本,所以将 Git 称为分布式版本控制系统。

Git 的这种特性带来许多便利,例如读者可以在完全离线的情况下使用 Git,随时随地地提交项目更新,而且不必为单点故障过分担心,即使服务器宕机或数据损毁,也可以用任何一个节点上的数据恢复项目,因为每个开发节点都保存着完整的项目文件镜像。

27.4.2 Git 能够解决的问题

就像上文举的例子一样,在未接触版本控制系统之前,大多数人会通过保存项目或文件备份的方式来达到版本控制的目的。通常文件或文件夹名会被设置成 XXX-v1.0、XXX-v2.0 等。

这是一种简单的办法,但过于简单。这种方式无法详细记录版本附加信息,难以应付复杂项目或长期更新的项目,缺乏版本控制约定,对协作开发无能为力。如果不慎使用了这种方式,则稍过一段时间就会发现连自己都不知道每个版本间的区别,版本控制形同虚设。

Git 能够解决版本控制方面的大多数问题,总结起来它的优点如下:

(1)可以为每一次变更提交版本更新并且备注更新的内容。

（2）可以在项目的各个历史版本间自如切换。

（3）可以一目了然地比较出两个版本之间的差异。

（4）可以从当前的修改中撤销一些操作。

（5）可以自如地创建分支、合并分支。

（6）可以和多人协作开发。

（7）可以采取自由多样的开发模式。

诸如此类的优点数不胜数，然而实现这些功能的基础是对文件变更过程的存储。如果能抓住这个本质，提纲挈领地学习 Git，会起到事半功倍的效果。随着对 Git 更深入地学习，会发现操作变得越来越简单，越来越纯粹。道家有万法归宗的说法，用在这里再合适不过了。因为 Git 之所以有如此多炫酷的功能，根源只有一个，它很好地解决了文件变更过程存储这一问题。

所以，如果问"Git 能够解决哪些问题？"可以简单地回答：Git 解决了版本控制方面的很多问题，但最核心的是它很好地解决了版本状态存储（文件变更过程存储）的问题。

27.4.3　Git 实现原理

Git 很好地解决了版本状态记录的问题，在此基础上实现了版本切换、差异比较、分支管理、分布式协作等功能。那么，这一节就先从最根本的讲起，看一看 Git 是如何解决版本状态记录（文件变更过程记录）问题的。

例如，在文档撰写的关键点上保留一个备份，或需要对文件进行修改时"另存"一次。这都是很好的习惯，也是版本状态记录的一种常用方式。事实上，Git 采取了与此相似的方式。

在向 Git 系统提交一个版本时，Git 会把这个版本完整地保存下来。这是不是和"另存"有异曲同工之妙呢？不同之处在于存储方式，Git 系统中一旦一个版本被提交，那么它就会被保存在"Git 数据库"中。Git 管理的基本流程如图 27.35 所示，结合 27.2 节的操作方式来进一步加深理解，图 27.35 中的"资源库"为远程仓库，在 27.2 节中的示例就是在 Gitee 上建立的 git_extensions_test 仓库，而"工作副本"就相当于本地仓库，每次添加内容或者修改内容后本地仓库都会自己产生"修改工作副本"。再结合 Git 常用的命令和图形化操作相关联，读者就大概知道这些命令是怎么回事了，commit 为提交操作，push 为推送操作，clone 为复制代码操作。

思考与拓展

（1）无论是写文档还是写代码不可避免地会对它们进行修改，有修改就要有好的记录方式，这样能更好地辅助读者做项目。

（2）本章仅仅介绍了 Git 的常规使用方法和基本原理，实际版本控制过程中还有很多细节和技巧，需要不断地补充 Git 新知识，并实操练习，这样才能熟练掌握。

（3）学会使用 Git 和 Git Extensions 不仅可以对代码进行高效管理，另外很多优秀的开源代码托管在 GitHub 和 Gitee 等平台上，只有学会了 Git 的使用才能更好地下载其他优秀的开源代码。

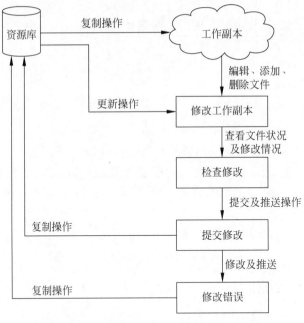

图 27.35　　Git 工作流程

第 28 章

不用写一行代码的开发
方式——基于模型开发

28.1 一个基于模型的简单例子

Simulink 中使用 Arduino 搭建的 LED 闪烁模型如图 28.1 所示,相比前面章节介绍的
C 语言代码,这里没有写一行代码就实现了 LED 闪烁。读者是不是感觉使用这种开发方式
既简单又方便,要实现什么功能可以直奔主题,不
用一行一行地写代码及排查代码错误。图 28.1 只
用到了 Arduino 的 I/O 输出模型,它还有其他很多
外设模型可以供使用,如图 28.2 所示,再结合
MATLAB 强大的功能,读者可以实现很多功能。

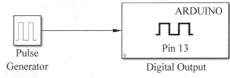

Pulse Generator   Digital Output

图 28.1　Arduino Simulink LED 闪烁模型

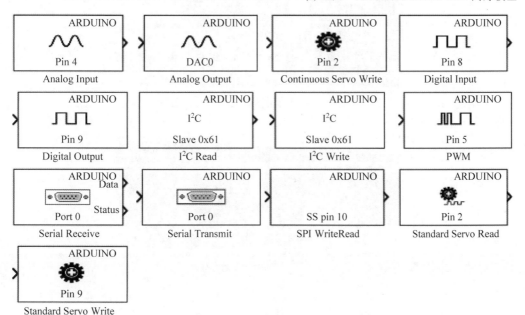

图 28.2　Simulink 中 Arduino 其他外设模型

28.2 当你以写代码为荣时，殊不知正在被机器悄悄取代

人类的整个工业化进程其实就是机器不断优化劳动力，提高生产效率的过程。计算机的发展也不例外，早期的计算机运算过程的"代码"使用人工插拔电路方式编写，如图 28.3 所示，到后来使用开关代替导线插拔方式，如图 28.4 所示，然后进一步使用打孔纸带预先做好"开关"指令的方式连续输入计算机中运行，如图 28.5 所示，再到后来晶体管的发明，集成电路的发明与制造工艺的飞速发展，存储器的发明和应用，计算机的代码编写方式也发生了革命性的改变；从早期的机器指令到汇编语言再到 Basic 语言、C 语言、C++语言、Java 语言等。代码编写的方式也更多地站在人和工程方便性角度考虑，包括接下来的 G 语言（图形语言，例如 Labview 软件的代码编写方式使用的就是 G 语言）。这也是为了能让工程师从繁重的代码劳动中解放出来，腾出时间专心思考更高级的问题。

图 28.3　早期计算机通过插拔导线运算

图 28.4　使用开关方式运行代码的 ALTAIR 8800 计算机

图 28.5　使用纸带穿孔编写的代码

在汽车软件工程领域,基于模型开发方式已成熟运用多年,工程师可以专注于算法、软件框架和 CAN 总线通信,而与底层驱动相关的代码部分交给模型软件自动生成,生成的代码很多时候比人工写的代码还精简、高效,并且还不易出错。一个典型的房屋热模型仿真如图 28.6 所示,而像 STM 这种国际化的大公司,很多年前就开始布局,整个单片机软件开发方式都在朝着基于模型开发方向靠拢,包括底层库被优化得越来越好,就像大家开发 Windows 应用程序一样方便。作为嵌入式工程师要想在公司、社会中体现价值,那肯定不能只针对同一款单片机今天一个项目从头至尾写底层的驱动,明天又一个项目把底层驱动再写一遍,而关键的软件框架和算法根本没时间去研究学习,这样对工程师的整个职业生涯规划相当不利。前面介绍的模块化编程方式也是为了提高编程效率,如果读者有一套软件开发框架和基于某款单片机应用非常成熟的模型,则可以考虑自己开发一款一键生成代码的上位机软件,这样在每次实现具体项目功能时,就可以直接使用这种方式生成代码,非常方便。

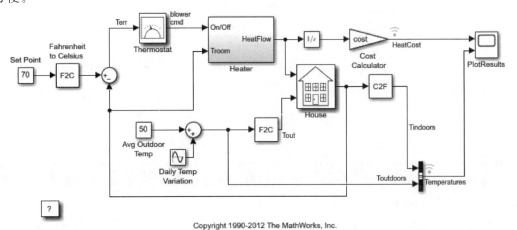

Copyright 1990-2012 The MathWorks, Inc.

图 28.6　房屋热仿真模型(MATLAB 官方例子)

前面讲了这么多,但是饭还是要一口一口地吃,接下来带领读者熟悉基于模型方式开发单片机应用程序的几种方法。

28.3　任意单片机使用基于模型开发

并不是每个芯片厂商都有足够的人力和资金投入主流开发软件的生态适配中,目前除了市面上用得比较火的几款单片机(STM32、TMS320F28xx、S32K 等)及 Arduino 可以直接使用 MATLAB 的硬件支持包开发,其他单片机无法直接使用。本节给读者介绍一种万能的方法,使用该方法可以在任意单片机上使用基于 Simulink 模型的开发方式。

28.3.1　8051 单片机使用 Simulink 模型开发

具体的实现步骤如下。

第 1 步:在 Simulink 中搭建模型,这里使用了 3 个库,分别是 Delay(延时模型)、Logical Operator-NOT(逻辑操作-非模型)和 Out(输出端口模型)。输出端口为了方便代码移植将名字改为 LED,如图 28.7 所示。

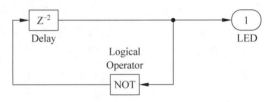

图 28.7　LED 闪烁 Simulink 模型

第 2 步:设置模型生成参数并生成代码,单击 ⚙ 按钮(Model Configuration Parameters)对 Simulink 参数进行设置,如图 28.8 所示。

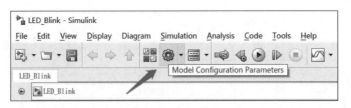

图 28.8　Simulink 设置按钮

在弹出的 Configuration Parameters:xxx 窗口中找到 Solver 栏,单击后便可设置运行参数,如图 28.9 所示,参考图中的设置,然后单击 Apply 按钮。

选中 Hardware Implementation 栏设置硬件参数,如图 28.10 所示,参考图中的设置方式,完成后单击 Apply 按钮。

单击 Code Generation 栏,设置代码生成参数,如图 28.11 所示,完成后单击 Apply 按钮。

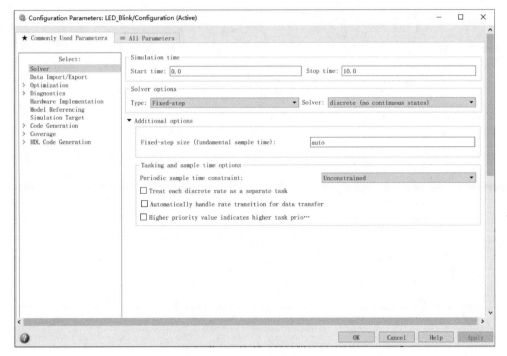

图 28.9 Solver 栏参数设置

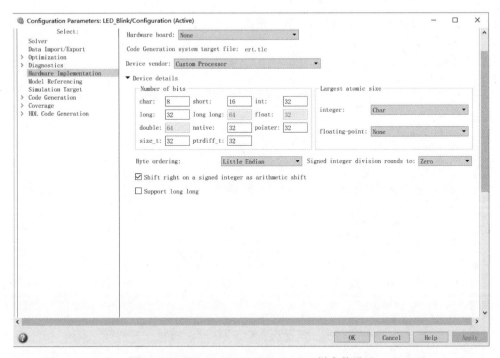

图 28.10 Hardware Implementation 栏参数设置

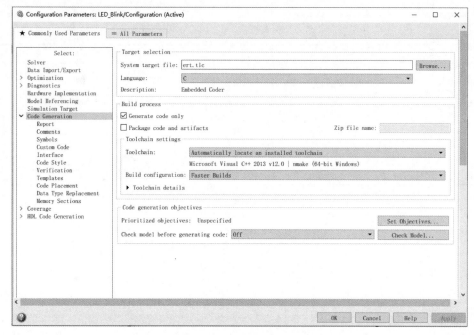

图 28.11 Code Generation 参数设置

单击 Code Generation 左边的＞符号，在下拉子栏目中找到 Code Style 项，此项用于设置代码生成风格，如图 28.12 所示，完成后单击 Apply 按钮。

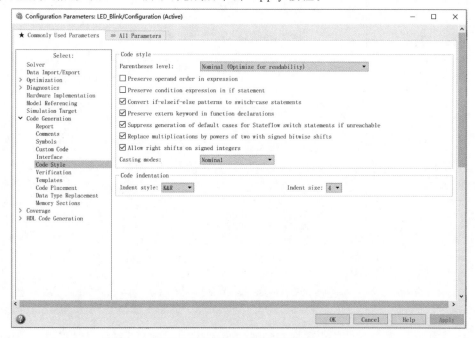

图 28.12 Code Style 栏设置

　　单击 Code Generation 左边的＞符号,在子栏目中找到 Code Placement,以便设置 File packaging format 参数,如图 28.13 所示,完成后单击 Apply 按钮,到这一步,所有参数都设置完成,然后单击 OK 按钮。

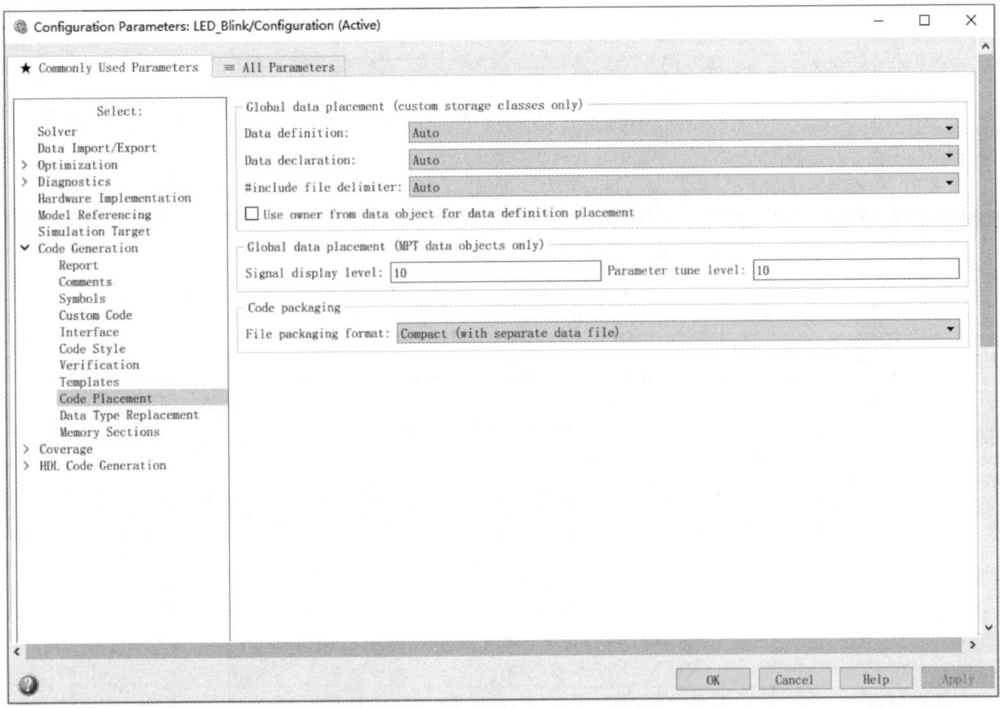

图 28.13　Code Placement 栏设置

　　单击按钮 (Build Model)生成模型代码,如图 28.14 所示。

图 28.14　生成模型代码

　　代码生成所需时间根据计算机性能的不同而不同,稍等一会儿,代码生成后会弹出 Code Generation Report 窗口,在该窗口中可以看到整个模型生成了 3 个文件,分别是 ert_main.c、LED_Blink.c 和 LED_Blink.h,然后在 LED_Blink.slx 文件所在的目录下多了一个名字为 LED_Blink_ert_rtw 的文件夹,如图 28.15 所示,报告中的 3 个文件也被包含在该文件夹中,仔细看这 3 个文件的命名方式,是不是与第 19 章介绍的模块化编程方式相似。

　　第 3 步:这一步是整个过程中最关键的部分,在很多资料中一直没有介绍清楚如何移植。接下来将刚刚生成的代码移植到 8051 单片机工程中。先新建一个名字(其他名字也可

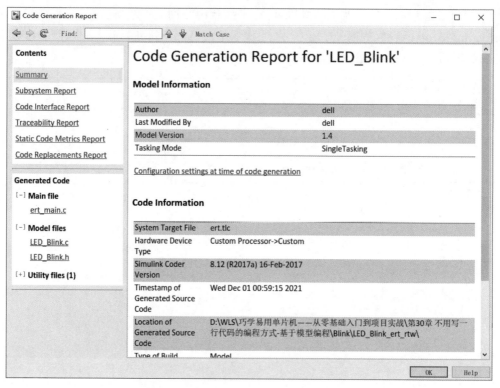

图 28.15　LED_Blink 模型代码生成报告

以，只要正确建立 Keil 工程即可）为 LED_Blink 的 Keil 工程，工程的存放路径为刚刚模型生成代码 Blink→LED_Blink_ert_rtw 文件夹下，如图 28.16 所示。

图 28.16　在生成模型文件夹下建一个 Keil 工程

打开刚刚新建的 Keil 工程,将 ert_main.c 和 LED_Blink.c 文件添加到 Source Group 1 文件夹中,如图 28.17 所示。

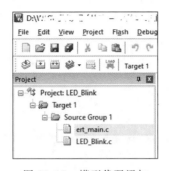

图 28.17 模型代码添加

双击刚刚添加的 ert_main.c 文件便可打开此文件,打开此文件后可添加与 8051 单片机移植相关的内容,代码如下:

```
# include < stddef.h >
# include < stdio.h >
# include "LED_Blink.h"            /* 模型头文件 */
# include "rtwtypes.h"

# include < REGX52.H >             /* 添加 51 单片机头文件 */

/*********** 变量定义 ************/

# define MAIN_CLOCK        12000000
# define SYSTEM_DELAY      1000        /* 系统周期 1ms */

# define LED_TASK_TIME     500         /* SYSTEM_DELAY * 0.500 = 500ms 任务 */


uint16_TLED_Task_Count = LED_TASK_TIME;  /* 任务定时器变量 */

void SYSTEM_T0_Init( void );              /* 定时器 0 初始化函数 */
```

在 ert_main.c 文件中添加定时器初始化内容,代码如下:

```
void SYSTEM_T0_Init( void )
{
    /* 定时器 0 配置为 16 位定时器,当溢出时手工重装 */
    /* 清除所有有关 T0 的位 (T1 不变) */
    TMOD & = 0xF0;
    /* 设置所需的 T0 相关位 (T1 不变) */
```

```
    TMOD |= 0x01;


    /* 停止定时器 0 */
    TR0 = 0;

    /* 设置定时器重装值 */
    /* 这里设置 1ms 产生一次中断 */
    /* 定时器低 8 位赋值 */
    TL0 = 65536 - (MAIN_CLOCK/SYSTEM_DELAY/12);
    /* 定时器高 8 位赋值 */
    TH0 = (65536 - (MAIN_CLOCK/SYSTEM_DELAY/12))>> 8;

    /* 启动 T0 */
    TR0 = 1;

    /* 使能定时器 T0 中断 */
    ET0 = 1;
}
```

然后在 ert_main.c 文件中编写定时器中断代码,代码如下:

```
void SYSTEM_Tick_Update( void ) interrupt 1
{

    /* 停止定时器 0 */
    TR0 = 0;

    /* 设置定时器重装值 */
    /* 这里设置 1ms 产生一次中断 */
    /* 定时器低 8 位赋值 */
    TL0 = 65536 - (MAIN_CLOCK/SYSTEM_DELAY/12);
    /* 定时器高 8 位赋值 */
    TH0 = (65536 - (MAIN_CLOCK/SYSTEM_DELAY/12))>> 8;

    /* 启动 T0 */
    TR0 = 1;

    /* LED Task 任务计时器 */
    LED_Task_Count -- ;
}
```

在 main 主函数中对代码进行修改,代码如下:

```
int_T main()
{

    /* 模型初始化 */
    LED_Blink_initialize();

    /* 定时器 0 初始化 */
    SYSTEM_T0_Init();

    /* 使能总中断,这样定时器 0 才会启动 */
    EA = 1;

    /* 此处将 rt_OneStep 放入 0.2s 周期的定时器中或中断服务中(模型的基础运行时间
     * rt_OneStep 调用规则为
     *   rt_OneStep();
     * /
    while (rtmGetErrorStatus(LED_Blink_M) == (NULL)) {
    /* 其他应用任务放置处 */
if(LED_Task_Count <= 0)
    {
            LED_Task_Count = LED_TASK_TIME;

            rt_OneStep();

            /* 输入/输出接口放置位置 */
            P1_0 = LED_Blink_Y.LED;
    }
}
/* 模型结束 */
    LED_Blink_terminate();
    return 0;
}
```

第 4 步:在 Keil 软件中单击编译按钮编译代码,然后将代码烧录到芯片中或使用 Proteus 仿真验证代码。

到这一步为止,一个完整的在 8051 单片机上实现 LED 闪烁的模型代码移植就算完成了,LED 闪烁的频率实际由宏定义 #define LED_TASK_TIME 500 来控制,在 8051 单片机上运行该代码时 LED 以 500ms 的周期闪烁。

28.3.2 Simulink 生成模型代码简单剖析

关于 8051 单片机怎么搭建简单操作系统框架在第 23 章中已经做了详细介绍,这里就不再赘述。LED 闪烁模型如图 28.18 所示,实际上就是运行模型生成的 rt_OneStep() 函数,每个 Simulink 生成的模型里都会有这个函数,rt_OneStep() 运行完之后所有通过输入端的数据都会在搭建的模型逻辑中处理,然后通过输出端输出处理完后的数据,在 LED 闪烁模型中没有输入端,而只有输出端,所以模型每运行完一次,里面的逻辑都会翻转一次,然后在输出端口输出 LED 的状态,即 LED_Blink_Y. LED 的数据,这样只需将模型输出端口与实际物理端口关联,这里关联的是 P1_0 端口,最终表现出来的效果就是 P1_0 状态,即模型每运行一次,由于 P1_0 端口电平发生一次翻转,由于 P1_0 端口连接了 LED,所以 LED 就会一直闪烁。

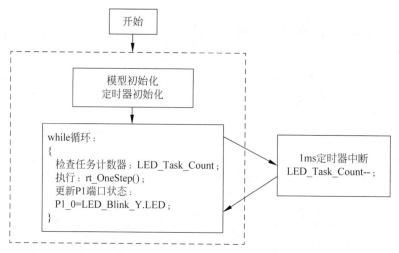

图 28.18 基于模型 LED 程序执行流程

下面再深入到 rt_OneStep() 函数详细了解一下它到底在里面做了什么事情,是不是与前面所讲的内容一致,此处只关注 rt_OneStep() 函数的详细内容,而其他内容暂时可忽略,可以看到里面关键的一步,即调用了 LED_Blink_step() 函数,代码如下:

```
void rt_OneStep(void)
{
    static boolean_T OverrunFlag = false;

    /*关闭所有中断*/

    /*检查溢出*/
    if (OverrunFlag) {
        rtmSetErrorStatus(LED_Blink_M, "Overrun");
        return;
    }

    OverrunFlag = true;

    /*保存浮点上下文(如果有必要)*/
    /*重新开启定时器和中断*/
```

```
    /*设置模型输入内容 */

    /*单次运行模型 */
    LED_Blink_step();

    /*获取模型输出内容 */

    /*任务完成标志 */
    OverrunFlag = false;

    /*关闭所有中断 */
    /*恢复浮点运算上下文 (如果有必要) */
    /*开启所有中断 */
}
```

然后到 LED_Blink_step() 函数中查看具体内容，在主函数中调用的 LED_Blink_Y.
LED 在该函数中可以找到具体的逻辑，代码如下：

```
/*模型单次运行函数 */
void LED_Blink_step(void)
{
boolean_T rtb_Delay;

    rtb_Delay = LED_Blink_DW.Delay_DSTATE[0];

LED_Blink_Y.LED = LED_Blink_DW.Delay_DSTATE[0];

    LED_Blink_DW.Delay_DSTATE[0] = LED_Blink_DW.Delay_DSTATE[1];
    LED_Blink_DW.Delay_DSTATE[1] = !rtb_Delay;
}
```

至此，LED 闪烁模型的整个代码分析完毕。其他模型也可以采用类似的方式来分析。

28.3.3　其他单片机模型移植

在 28.2.2 节中介绍了如何在 Simulink 中搭建 LED 闪烁模型并将生成的模型代码移植到 8051 单片机上，而在实际项目中肯定不止使用一种型号的单片机，但是只要按照 28.2.2 节中的方式搭建好单片机的程序框架，其实就是配置好单片机定时器并定义好任务延时变量，然后在定时器中处理任务延时变量，接下来将模型代码添加进去即可。考虑到本章的篇幅这里不过多地进行介绍。笔者会将实际移植好的其他单片机模型代码放在代码包中，读者可以参考移植。

28.4　基于模型开发方式进阶思考

读者仔细思考一下,平时遇到的单片机项目开发(用户图形界面除外,因其开发方式比较特殊)都可以按照输入和输出方式归纳为两大类,而输入信号则主要包含离散的数字量,其信号为开关量,而另外一种输入数据则为连续变化量,例如温度、压力、通信接收的连续数据等,经过模型应用程序处理后,其本质就是在模型里根据输入的状态经由逻辑处理后输出控制信号或数据,而输出的数据也可以大致分为两种类型,即离散数字信号量和连续变化的量。离散数字信号量,其信号与控制 LED 亮灭、继电器通断信号类似,只是控制的速度不一样而已;连续变化的量,例如 D/A 信号、数码管显示、通信发送连续变化的数据等,如图 28.19 所示。使用基于模型的开发类似乐高积木搭建方式,如图 28.20 所示。

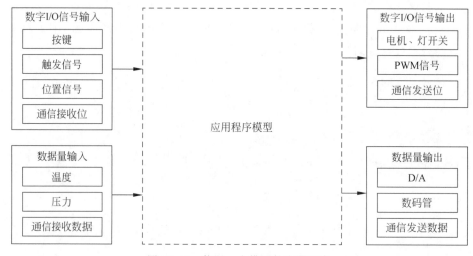

图 28.19　使用一个模型的应用程序

当然如果读者的应用程序比较庞大,则不要局限于一个模型,一方面模型过于复杂不便于维护,另一方面在实际执行过程中可能因为时间太长而导致许多其他方面的问题。就像在第 23 章中介绍的单片机中使用多任务方式一样,这里可以将复杂的模型分为多个小模型,由不同的小模块来执行,如图 28.21 所示,其中应用程序模型 1 为一个任务,用于处理频率较高的开关型变量,而应用程序模型 2 则为另外一个任务,用于处理频率要求变化较低的数据,如温度、压力变化等,这两个任务的执行周期可以根据实际情况调整任务执行频率。

思考与拓展

(1) 可以大胆地猜测基于模型的开发方式已经是大势所趋,面对新技术,要勇于拥抱,不断进取,学习这种新技术的精髓及在开发方式上带来的便捷,这样才能永葆读者在技术行业的青春。除了这种开发方式,读者在实际项目在开发过程中还有哪些可以极大地提高效率的开发方式呢?

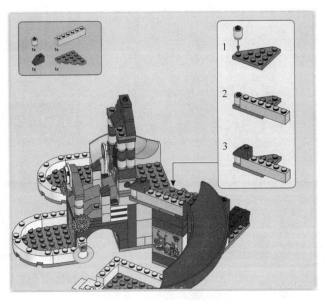

图 28.20 乐高积木搭建的模型

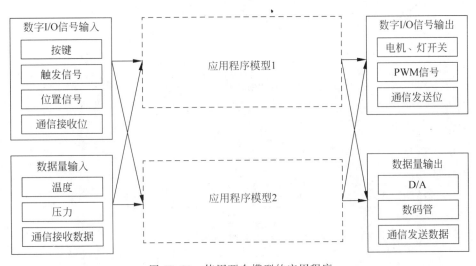

图 28.21 使用两个模型的应用程序

（2）在第 22 章中介绍状态机时，提到了 QM 状态机，官方提供的软件也可以使用基于模型的方式开发。当然该软件所使用的建模语言为统一建模语言 UML，QM 开发软件的主界面如图 28.22 所示。目前该软件已经被移植到多款单片机上，在该软件下搭建的 LED 闪烁模型如图 28.23 所示。笔者后期也打算深入研究后，写一系列从零开始入门的文章，感兴趣的读者可以去了解一下。

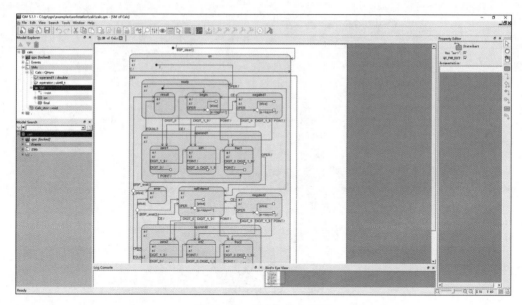

图 28.22　QM 软件主界面

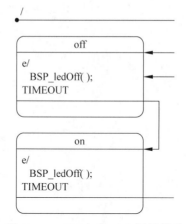

图 28.23　QM 方式 LED 闪烁模型

第 29 章

打造实用的 Arduino 平台

长期以来,很多读者不知道 Arduino 到底是个什么东西,以及它在单片机领域中可以用来做什么。其实 Arduino 确切地来讲是一个开源平台,是一种开发环境。本章从不同的单片机视角为读者详细介绍 Arduino IDE 平台的使用方法,也希望通过这些使用方法让你对 Arduino 有一个更清晰的认识。

29.1 打造个人的 Arduino 开发平台

29.1.1 添加 Arduino 支持的单片机类型

1. 在线方式安装 Arduino 硬件支持包

第 1 步:打开 Arduino IDE 软件,在菜单栏中单击"文件",如图 29.1 所示,然后在下拉菜单栏中单击"首选项",此时弹出的"首选项"窗口如图 29.2 所示。

在"首选项"窗口中找到"附加开发板管理器网址",单击 ▣ 按钮,在里面填写要添加的开发板支持包链接,如图 29.3 所示,ESP32 与 STM32 开发板支持包的链接如下。

ESP32 开发板支持包的链接为 https://raw. githubusercontent. com/espressif/arduino-esp32/gh-pages/package_esp32_dev_index. json。

STM32 开发板支持包的链接为 http://dan. drown. org/stm32duino/package_STM32duino_index. json

可以填写一个支持包的链接,也可以同时填写多个链接,链接之间应换行,填写完后单击"好"按钮,回到"首选项"窗口后也单击"好"按钮。

第 2 步:在主界面菜单栏中单击"工具"项,在弹出的下拉栏中单击"开发板:'Arduino Uno'",然后在右侧弹出的下拉菜单栏中单击"开发板管理器",如图 29.4 所示。

如果读者是第 1 次添加开发板支持包,则需要等待软件下载资源,根据使用的网络情况所需时间不一,加载完成后的开发板管理器窗口如图 29.5 所示。

在"开发板管理器"窗口中输入要添加的单片机型号,例如输入 STM32 在下面显示 STM32 相关的开发板支持包,如图 29.6 所示,单击选中要安装的开发板,然后单击"安装"

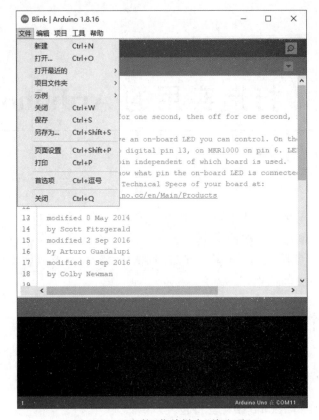

图 29.1 "文件"菜单栏中"首选项"

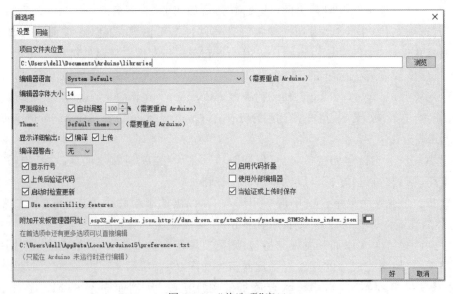

图 29.2 "首选项"窗口

图 29.3 添加开发板支持包链接

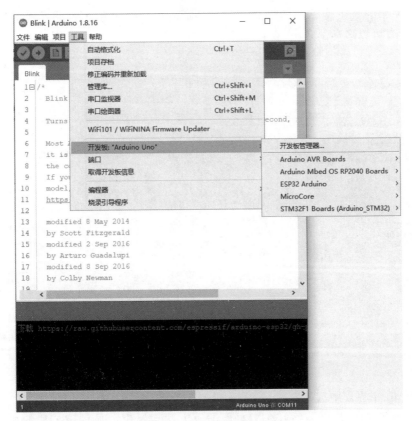

图 29.4 开发板管理器位置

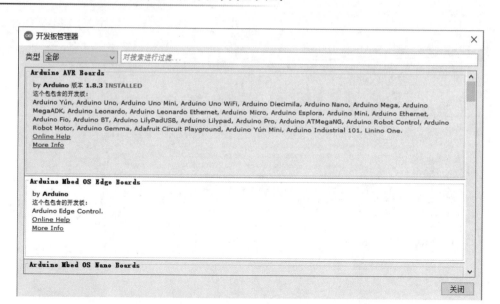

图 29.5　开发板管理器窗口

按钮。由于使用的是在线安装方式,所以安装所需时长会因网络而异,也有可能出现安装失败的情况,读者可以多尝试几次,直到安装成功为止,多次安装不成功,则可以考虑换不同的网络试试。

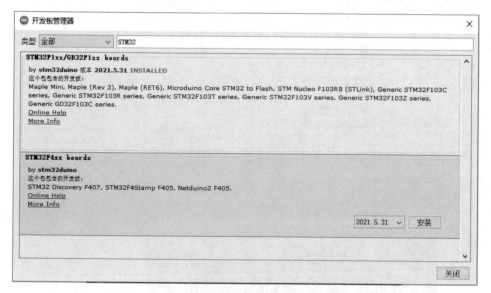

图 29.6　搜索关键字

第 3 步:在主界面中选择芯片,这里选择的是 Generic STM32F103C series 系列芯片,如图 29.7 所示。选好芯片类型后在主页面的下方状态栏中会显示该芯片的相关信息,如图 29.8 所示。

图 29.7 选择刚刚安装的开发板支持包

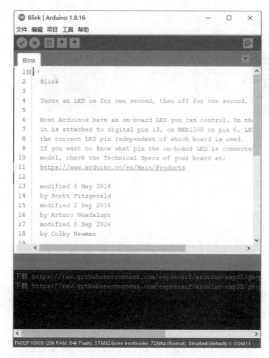

图 29.8 状态栏显示当前选择的开发板

第 4 步：打开示例工程编译验证，在主菜单中单击"文件"，然后单击示例，在下面可以看到 Generic STM32F103C series 的例子，然后选择里面自带的示例，这里选择经典的 LED 闪烁例子 Blink，如图 29.9 所示。

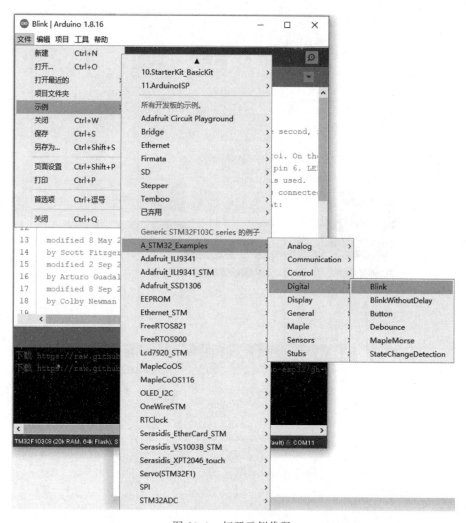

图 29.9 打开示例代码

单击验证☑按钮编译代码，编译速度与计算机性能有关，一般在 3min 左右，如图 29.10 所示。编译完后可以在下面的编译信息输出窗口中看到最终生成代码的位置，如图 29.11 所示。读者可以找到该位置，其中的 Blink. ino. bin 文件可以使用第 4 章中介绍的 STM32 串口下载方式将代码下载到单片机中，如图 29.12 所示。

本节只介绍了其中一种单片机平台的开发板支持包的添加方式，其他单片机平台的添加方式与此类似，读者也可以参考网上的资料。

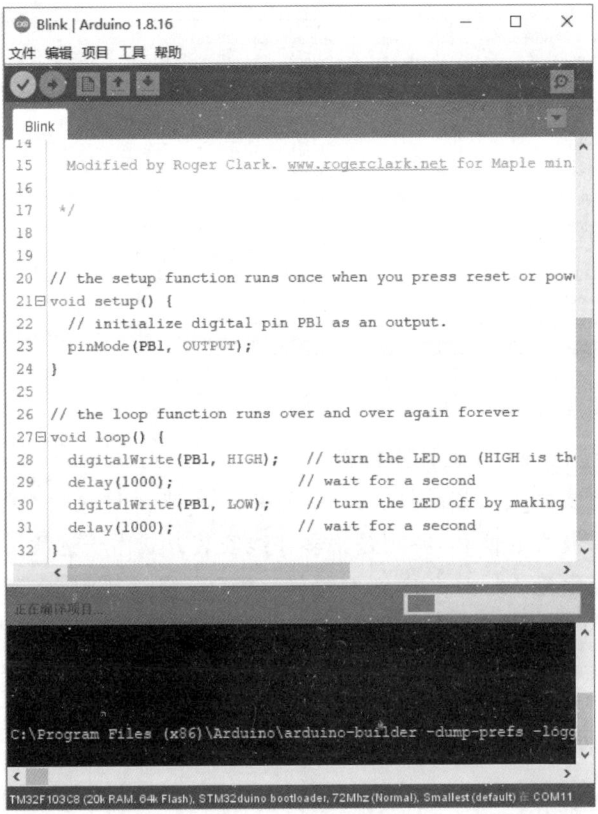

图29.10 编译代码

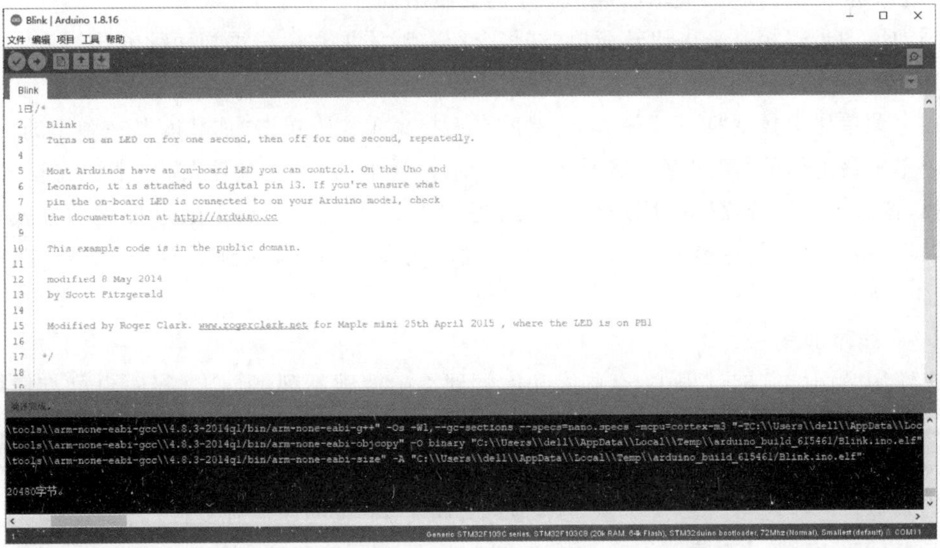

图29.11 编译成功生成下载文件

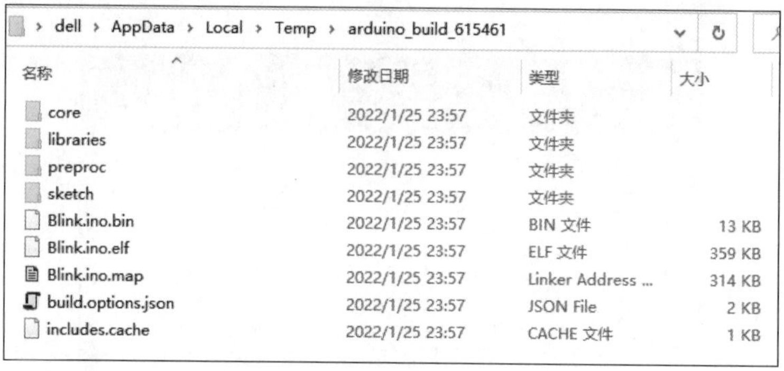

图 29.12　生成的下载文件位置

2. 离线方式安装 Arduino 硬件支持包

关于 Arduino 离线方式安装硬件支持包,这里笔者要暂时说一声抱歉。离线安装方式确实能给初学者带来极大的便利,特别是很多在线安装方式由于远程下载服务器在国外,所以整个安装过程会非常慢。但是考虑到不同单片机(STM32、ESP32 等)离线包安装方式不完全一样,放在文章中介绍会占用大量的版面,后期将会通过视频或网文的方式呈现出来,读者敬请期待。

29.1.2　添加 Arduino 软件库

关于 Arduino 库的概念,笔者这里多说两句。Arduino 的许多库都独立于单片机芯片平台,什么意思呢? 换句话说,就是一个库既可以在 AVR 单片机上使用,同时也可以在 STM32、ESP8266、ESP32 或 RP2040 单片机上使用。

添加库的步骤相对来讲比较简单,这里介绍在线添加和离线添加两种方式。

1. 在线添加库

在主菜单栏中找到"项目"并单击,然后在下拉菜单栏中单击"加载库",在弹出的下拉菜单栏中单击最上面的"管理库",如图 29.13 所示。弹出的"库管理器"窗口下面有很多库可供选择,读者可以选择需要的库进行安装,如图 29.14 所示。也可以通过搜索的方式查找,例如输入 Step 关键信息查找与步进电机驱动相关的支持库,找到后单击"安装"即可,如图 29.15 所示。

2. 离线添加库

在使用 Arduino 的过程中,有些库在库管理器中搜索不到,但是这些库也可以使用,那又该如何添加呢? 这里可以使用离线的方式添加 Arduino 库,这种方式也适用于自己编写的 Arduino 库。以 FastLED 库为例给读者介绍离线库的添加方式,具体步骤如下。

第 1 步: 先将 FastLED 库下载到本地计算机上,下载的途径有多种,例如在 GitHub 上下载 FastLED 库,单击 Code▾ 按钮,如图 29.16 所示,在下拉选项中单击 Download ZIP,最终下载的文件为 FastLED-master.zip,如图 29.17 所示。

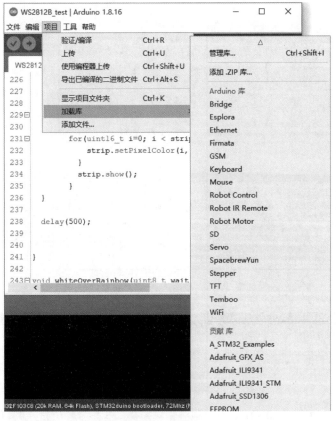

图 29.13　管理库位置

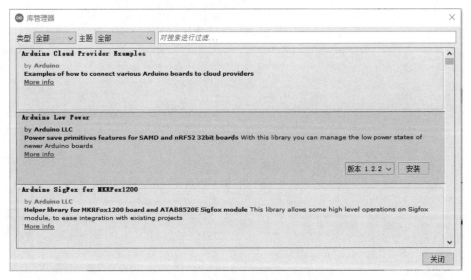

图 29.14　库管理器窗口

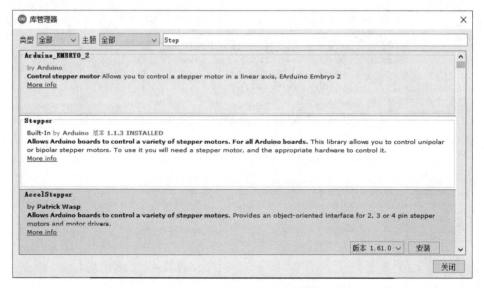

图 29.15 搜索库关键词安装库

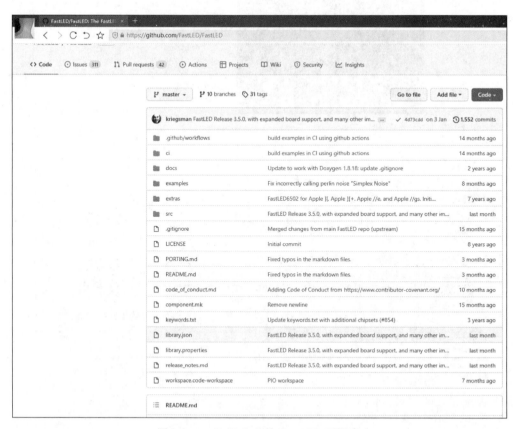

图 29.16 GitHub 上的 FastLED 开源库

第 2 步：在 Arduino IDE 中单击"项目"→"加载库"→"添加. ZIP 库…"，如图 29.18 所示，然后在弹出的对话框中找到刚刚下载的 FastLED-master. zip 库的位置，单击选中文件并单击"打开"，稍等一会儿，库就添加好了，如图 29.19 所示。

图 29.17　GitHub 下载 FastLED 库

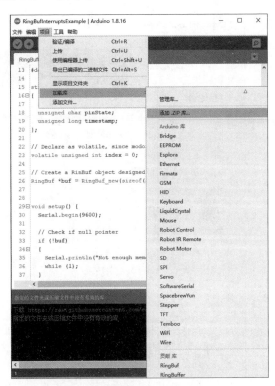

图 29.18　在 Arduino IDE 中添加 ZIP 库

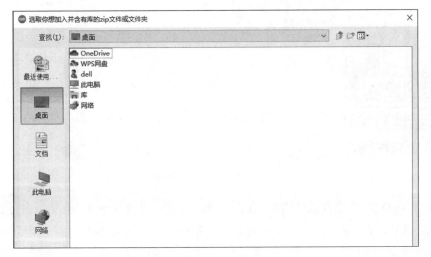

图 29.19　找到. ZIP 库所在的位置

　　第 3 步：验证库，单击"文件"→"示例"→FastLED 找到 FastLED 自带示例，选择其中的一个示例打开，如图 29.20 所示，这里选择 Blink 示例，单击 ➡ 按钮上传即可，如图 29.21 所示。

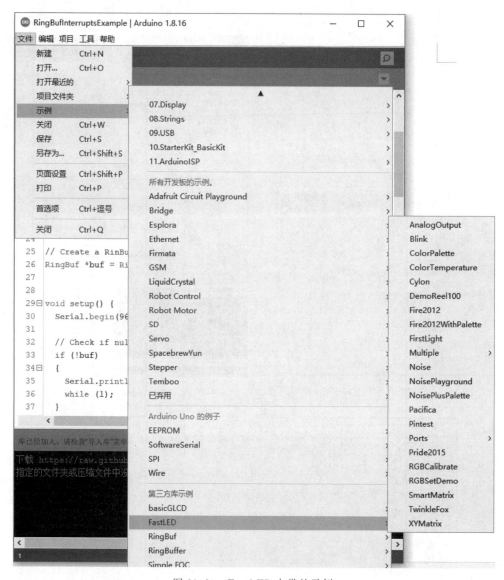

图 29.20　FastLED 自带的示例

　　正因为 Arduino 有丰富的库资源，所以读者在使用时才会非常方便，平时可以将自己经常用的库下载并保存，这样重装系统或者更换其他计算机时不用花费大量时间重新寻找并下载要用到的库。

```
Blink | Arduino 1.8.16                                    —   □   ×
文件 编辑 项目 工具 帮助

⊘ ⊘ ▣ ▣ ▣                                                      🔍

Blink

 1  #include <FastLED.h>
 2
 3  // How many leds in your strip?
 4  #define NUM_LEDS 1
 5
 6  // For led chips like WS2812, which have a data line, ground, and po
 7  // need to define DATA_PIN.  For led chipsets that are SPI based (fo
 8  // ground, and power), like the LPD8806 define both DATA_PIN and CLO
 9  // Clock pin only needed for SPI based chipsets when not using hardw
10  #define DATA_PIN 3
11  #define CLOCK_PIN 13
12
13  // Define the array of leds
14  CRGB leds[NUM_LEDS];
15
16  void setup() {
17      // Uncomment/edit one of the following lines for your leds arran
18      // ## Clockless types ##
19      FastLED.addLeds<NEOPIXEL, DATA_PIN>(leds, NUM_LEDS);  // GRB ord
20      // FastLED.addLeds<SM16703, DATA_PIN, RGB>(leds, NUM_LEDS);
21      // FastLED.addLeds<TM1829, DATA_PIN, RGB>(leds, NUM_LEDS);
22      // FastLED.addLeds<TM1812, DATA_PIN, RGB>(leds, NUM_LEDS);
23      // FastLED.addLeds<TM1809, DATA_PIN, RGB>(leds, NUM_LEDS);
24      // FastLED.addLeds<TM1804, DATA_PIN, RGB>(leds, NUM_LEDS);
25      // FastLED.addLeds<TM1803, DATA_PIN, RGB>(leds, NUM_LEDS);
26      // FastLED.addLeds<UCS1903, DATA_PIN, RGB>(leds, NUM_LEDS);
27      // FastLED.addLeds<UCS1903B, DATA_PIN, RGB>(leds, NUM_LEDS);
28      // FastLED.addLeds<UCS1904, DATA_PIN, RGB>(leds, NUM_LEDS);
29      // FastLED.addLeds<UCS2903, DATA_PIN, RGB>(leds, NUM_LEDS);
30      // FastLED.addLeds<WS2812, DATA_PIN, RGB>(leds, NUM_LEDS);  // G
31      // FastLED.addLeds<WS2852, DATA_PIN, RGB>(leds, NUM_LEDS);  // G
```

图 29.21　FastLED 自带的 Blink 示例

29.2　Arduino IDE 多文件工程建立

许多读者使用 Arduino IDE 时一般以单文件工程形式出现,但是很多时候所创建的工程往往一个文件无法满足需求,就算能满足需求,单个文件的代码量也非常大,修改起来非常不方便。本节介绍如何在 Arduino IDE 下建立多文件工程,这也是很多读者在网络上经常会问到的一个问题。

在创建 Arduino 工程时,它会生成一个与.ino 文件名一样的文件夹,读者只需将要添加的文件放置在该同名文件夹下就可以了。例如创建了一个 Light_Sensor 工程,在工程文件夹里有一个 Light_Sensor.ino 文件,如图 29.22 所示,将其他.c 和.h 文件放置到该文件夹下,在主工程文

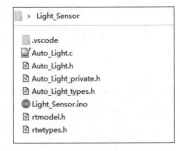

```
> Light_Sensor

.vscode
Auto_Light.c
Auto_Light.h
Auto_Light_private.h
Auto_Light_types.h
Light_Sensor.ino
rtmodel.h
rtwtypes.h
```

图 29.22　多文件 Arduino 工程

件 Light_Sensor. ino 中如何使用. c 和. h 文件可参考模块化编程方法,编译与下载方式不变。

注意:如果读者要修改工程文件夹名字,一定要记得将文件夹内. ino 文件修改成与文件夹同名。

29.3　多种仿真平台总有一个适合你

由于 Arduino 开源平台的生态链很成熟,所以许多仿真平台上提供的仿真效果几乎可以达到实际使用效果,本节介绍几种常用的 Arduino 仿真平台,以方便读者实际使用。

29.3.1　使用 Proteus 仿真 Arduino

由于 Proteus 自带了丰富的元器件及与 Arduino 相关的模块,所以绝大部分仿真都能够完成,如图 29.23 所示。

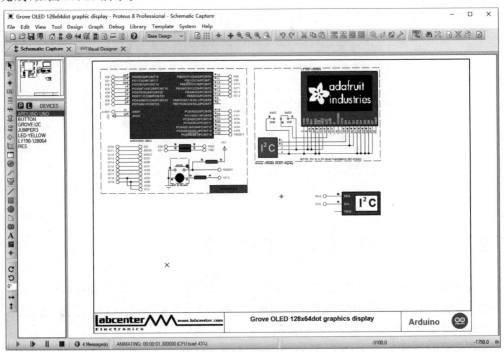

图 29.23　Proteus 自带示例驱动 12864

选中 Visual Designer,找到 Peripherals 右击,在弹出的下拉选项中单击 Add Peripheral,如图 29.24 所示,此时会弹出 Select Project Clip 窗口,选择 Motor Control 后显示的外设模块如图 29.25 所示,其他相关外设都可以在 Category 中选择,笔者就不一一列举了。

关于如何使用 Proteus 新建 Arduino 工程项目方法,以及如何使用其他元器件的方式

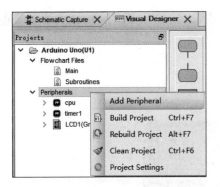

图 29.24 添加 Arduino 外设模块

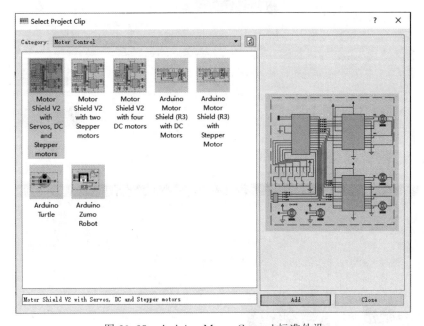

图 29.25 Arduino Motor Control 标准外设

可参考网上或专业资料,本节不详细举例。

29.3.2 在线 TinkerCAD 仿真

TinkerCAD 的官网网址为 www.tinkercad.com,它是 AutoDesk 旗下的在线仿真平台,如果读者不知道 AutoDesk 是哪家公司,那其大名鼎鼎的 AutoCAD 绝大部分读者应该非常熟悉,TinkerCAD 打开的在线仿真电路如图 29.26 所示。右边为 TinkerCAD 常用元器件选择栏。该在线仿真平台是所有仿真中最接近实际效果的仿真,无论元器件还是实际仿真出来的效果及细节都做得非常不错。

使用 TinkerCAD 仿真 Arduino 也可以编写代码,真正达到所见即所得,非常方便,如图 29.27 所示。

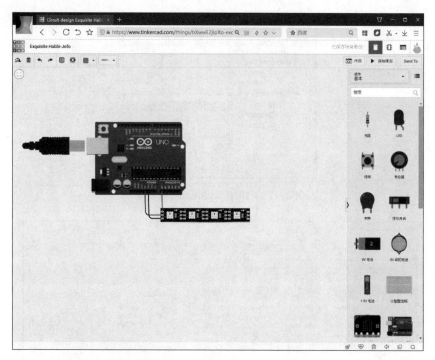

图 29.26　TinkerCAD 仿真及部分元器件

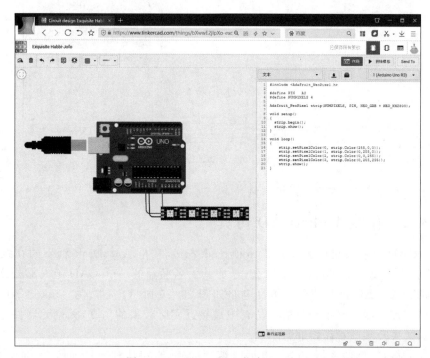

图 29.27　TinkerCAD 仿真 Arduino

TinkerCAD需要注册才能使用,由于该在线仿真服务器不在国内,所以很多时候打开使用时加载过程非常缓慢。关于TinkerCAD如何使用,网上也有丰富的基础教程,这里就不详细展开介绍了。

29.3.3　使用在线Wokwi仿真

Wokwi的官网网址为https://wokwi.com/,官网主页面打开后如图29.28所示,该在线仿真平台支持多种常用的Arduino开发板,如Arduino UNO、Arduino Mega、ESP32、Raspberry Pi Pico等,不需要注册,随时打开随时可以使用。

图29.28　Wokwi官网

使用Wokwi平台仿真Arduino UNO驱动舵机,如图29.29所示,相较于TinkerCAD在效果逼真程度上略显逊色,但是它所支持的外设也非常丰富,单击⊕,弹出下拉栏,这里面的外设都可以添加,能满足读者对常用的Arduino外设的需求,如图29.30所示。

Wokwi仿真软件与TinkerCAD使用上大体差不多,这里也不详细介绍了,有疑问的读者欢迎与笔者联系。

思考与拓展　除了上面介绍的Arduino开发板支持包添加方法,还有一种非官方开发板添加方式,即在"首选项"中的"附加开发板管理网址"窗口的下面通过"单击查看非官方开发板支持网址列表"查看后添加,如图29.31所示,Gthub开源网站中的多款开发板支持的链接如图29.32所示,安装方式可参考29.1.1节。

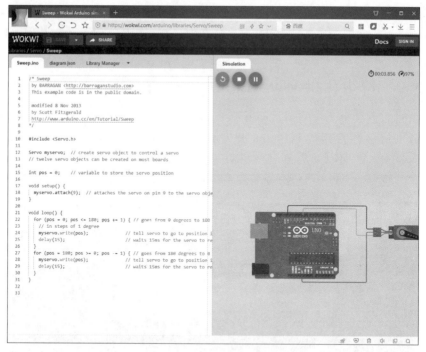

图 29.29   Wokwi Arduino UNO 示例

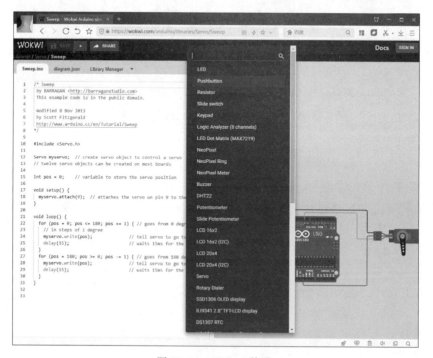

图 29.30   Wokwi 外设

图 29.31　附加开发板管理器网址

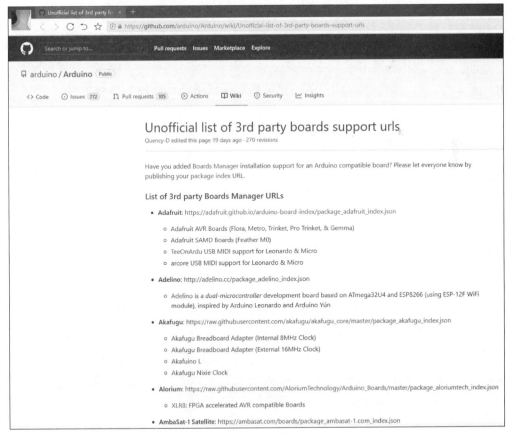

图 29.32　非官方开发板支持网站

第 30 章

万能开发工具 VS Code

30.1 VS Code 简介

VS Code 的全称为 Visual Studio Code，是一款跨平台的编辑器，也就是说它可以在 macOS、Linux 和 Windows 上使用，甚至支持在线网页使用(这也是未来软件集成开发环境的发展趋势)。关于 VS Code 读者对它可能既陌生又熟悉，为什么说陌生呢？对于绝大部分嵌入式开发者来讲习惯于使用 Keil、IAR 或某款单片机专用开发软件，所以说很陌生；那为什么熟悉呢？很多在 Linux 上开发软件的工程师使用该款软件编写与维护代码，并且软件中的许多使用习惯与以往微软很多开发工具相同，该软件是微软公司最近几年开发的一款非常成功的一款软件，并且是开源的，其使用方式与现有的代码编辑习惯相似，并且更方便。VS Code 官网(code. visualstudio. com)如图 30.1 所示，目前许多主流软件开发环境搭建都可以在上面完成。

使用 VS Code 搭建的 Python 开发环境，运行程序的效果如图 30.2 所示。

使用 VS Code 添加 PlatformIO 平台插件后便可开发 8051 单片机程序，程序编译成功后的效果如图 30.3 所示。

华为公司基于 VS Code 开发的 LiteOS Studio 物联网集成开发环境如图 30.4 所示。

关于 VS Code 添加其他插件开发环境的使用本节就不过多地进行介绍了，总之它很强大，是一个开放包容的开发工具，同时也是一个开发平台，读者可以在上面通过添加各种插件完成绝大部分项目的开发工作，并且它强大的代码补齐功能及界面主题、代码颜色友好，大大提升了代码编辑效率。长期使用 Keil 软件的读者应该非常有感触——千年不变的主题，代码补齐功能极不友好，常常需要结合 SourceInsight 工具一起使用，非常不方便。

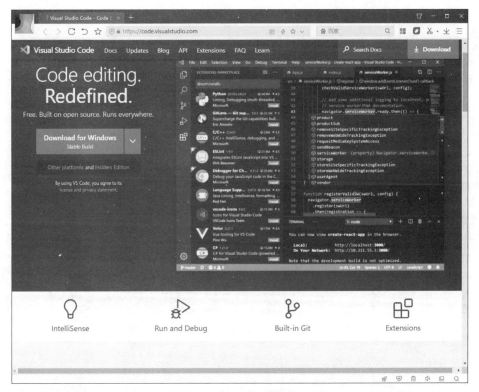

图 30.1　VS Code 官网

图 30.2　使用 VS Code 搭建并运行 Python 程序

图 30.3　使用 VS Code 开发 8051 单片机项目

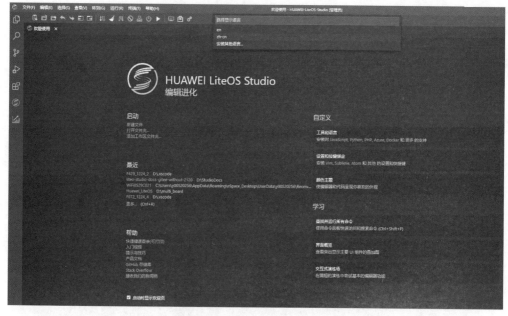

图 30.4　华为基于 VS Code 开发的 LiteOS Studio

30.2　VS Code 开发环境搭建

VS Code 安装比较简单,本节就不详细介绍了,在官网(https://code.visualstudio.com/)中单击 ⬇ Download 后在弹出的页面中下载对应系统的软件版本安装即可,如图 30.5 所示。

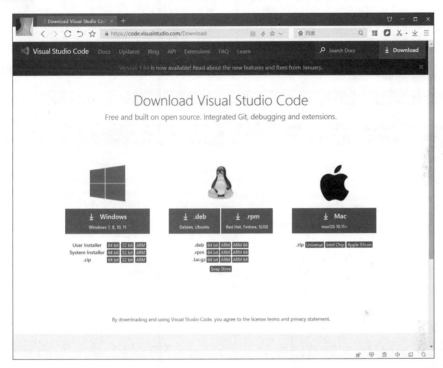

图 30.5　选择 VS Code 安装环境对应的版本

下载软件需要注意的是,同样是因为该软件的服务器在国外,如果直接单击下载,则可能会出现下载过程非常缓慢的情况,甚至出现多次下载出错的情况,只需将 az764295.vo.msecnd.net 替换为 vscode.cdn.azure.cn,如图 30.6 所示。安装好后的 VS Code 只能用于查

图 30.6　替换 VS Code 下载源

看代码,暂时没有太多的功能,需要进一步添加插件才能扩展其强大的功能。

30.3 单片机开发平台 PlatformIO

30.3.1 添加 PlatformIO 扩展插件

在第 29 章介绍了 Arduino IDE 开发环境的搭建,但是 Arduino IDE 由于其本身太过简单,而且没有代码自动补齐功能,使用起来不是很方便。这里给读者介绍一个非常实用的开发平台 PlatformIO,该平台的官网(https://platformio.org/)主页面如图 30.7 所示。

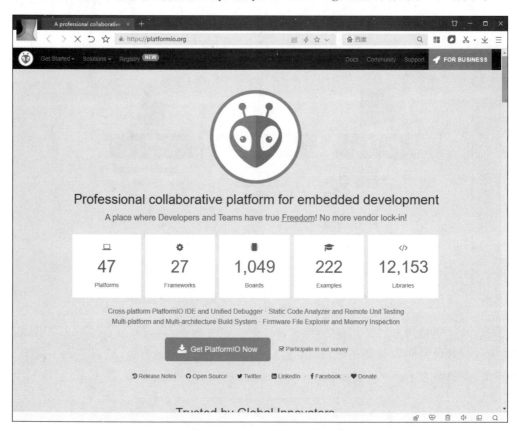

图 30.7　PlatformIO 官网

添加 PlatformIO 插件也非常简单,单击 VS Code 左侧栏中的 扩展按钮,在上面的搜索栏中输入 platformio 关键词,找到与该图标 对应的 PlatformIO IDE 扩展插件,单击后在右边会显示该插件平台页面,找到"安装"按钮,单击安装,如图 30.8 所示。初次安装时根据具体情况需要等待的时间不一,如果一次安装不成功,则可以多尝试安装几次,直到安装成功为止,安装完成后可以在 VS Code 左边的状态栏中看到该图标 ,如图 30.9 所示。

注意：PlatformIO 平台依赖于 Python 环境，如果系统中没有安装 Python 开发环境，则 PlatformIO 在安装过程中会自动选择安装 Python 开发环境，另外如果读者计算机上安装了与当前 PlatformIO 不匹配的 Python 版本，则会出现安装不成功的提示，此时需要修改 Python 安装环境。

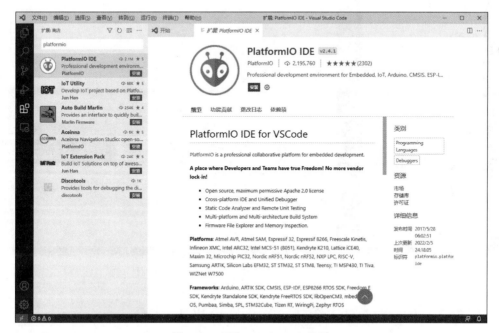

图 30.8　添加 PlatformIO 扩展

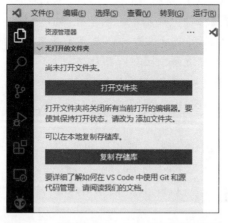

图 30.9　安装完成 PlatformIO 后的示意图

安装完成后单击 图标，然后单击 Open 项会显示 PlatformIO 主页面，如图 30.10 所示。

图 30.10 安装打开 PlatformIO 显示的主页面

30.3.2 PlatformIO 新建 8051 单片机工程

单击 VS Code 左边状态栏图标 🐙，在主页面中单击＋New Project，然后在弹出的窗口 Name 栏处输入工程名字，在 Board 栏处输入关键词，例如输入 STC，找到对应的单片机型号后单击选中，最后单击 Finish 按钮完成新工程的建立，如图 30.11 所示。

注意：由于不同的网络环境，新建工程可能需要等待很长时间，建议以后的工程在当前工程基础上修改，这样就不用每次新建工程时等待了。

单击最下面状态栏的 ✅ 按钮编译新建的 8051 单片机工程，第一次使用时在编译过程中软件会自动安装 SDCC 开源编译器，如图 30.12 所示，根据网络环境的不同，安装所需时间也不一样。

代码编译成功后，在工程中添加要实现相应功能的代码，SDCC 开源编译器与 Keil 软件有所区别，例如 P0_0 的写法与 Keil 的 P0^0 有区别，头文件也有区别，然后再次编译，单击 → 下载代码，当出现 Cycling power：done 时给 STC 单片机断电再上电，程序即可下载到开发板，如图 30.13 所示。

30.3.3 PlatformIO 新建 Arduino 工程

Arduino 新建工程的方式与 8051 单片机新建工程的方式大同小异，Arduino UNO 新建工程界面如图 30.14 所示。

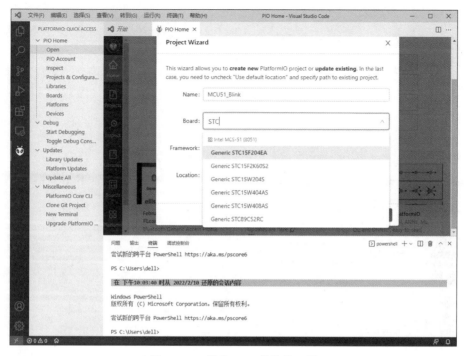

图 30.11 新建 8051 单片机工程

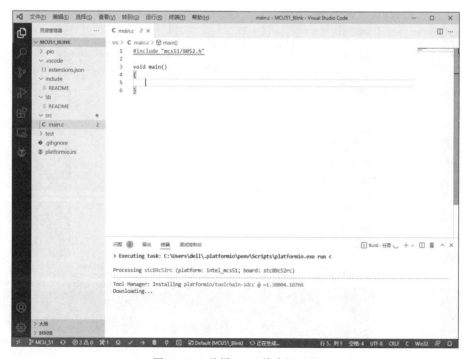

图 30.12 编译 8051 单片机工程

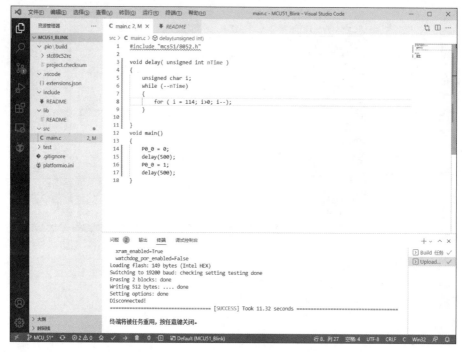

图 30.13　将 8051 单片机代码下载到开发板

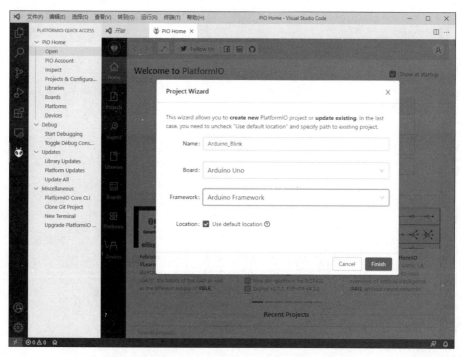

图 30.14　Arduino 新建工程

给新建的 Arduino UNO 工程添加代码，VS Code 提供了强大的自动代码提示功能，编写代码时非常方便，如图 30.15 所示。

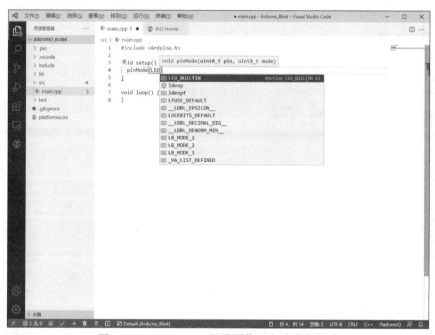

图 30.15　Arduino 工程编写代码自动弹出提示

代码编写完成后单击 ✅ 按钮便可编译代码，如图 30.16 所示。

图 30.16　Arduino 工程编译代码

代码编译成功后插上 Arduino UNO 开发板,然后单击 → 下载代码,代码下载成功后的效果如图 30.17 所示。

图 30.17   Arduino 工程下载代码

思考与拓展

(1) 俗话说"工欲善其事,必先利其器",单片机开发牵扯到的工具众多,读者熟练掌握这些工具能提高效率,从而加快项目开发的进度。本章介绍的 VS Code 只是其中一款使用非常方便的工具,其他的工具(例如 Codeblocks)也是一款 C 语言与单片机开发工具。

(2) 如果读者认为 VS Code 的功能只有笔者介绍的这么点内容,那就把微软公司想得太简单了。本章只是给读者抛砖引玉,而 VS Code 的更多功能需要进一步探索与使用。

图 书 推 荐

书　　名	作　　者
HarmonyOS 应用开发实战(JavaScript 版)	徐礼文
HarmonyOS 原子化服务卡片原理与实战	李洋
鸿蒙操作系统开发入门经典	徐礼文
鸿蒙应用程序开发	董昱
鸿蒙操作系统应用开发实践	陈美汝、郑森文、武延军、吴敬征
HarmonyOS 移动应用开发	刘安战、余雨萍、李勇军 等
HarmonyOS App 开发从 0 到 1	张诏添、李凯杰
HarmonyOS 从入门到精通 40 例	戈帅
JavaScript 基础语法详解	张旭乾
华为方舟编译器之美——基于开源代码的架构分析与实现	史宁宁
Android Runtime 源码解析	史宁宁
鲲鹏架构入门与实战	张磊
鲲鹏开发套件应用快速入门	张磊
华为 HCIA 路由与交换技术实战	江礼教
深度探索 Go 语言——对象模型与 runtime 的原理、特性及应用	封幼林
深度探索 Flutter——企业应用开发实战	赵龙
Flutter 组件精讲与实战	赵龙
Flutter 组件详解与实战	[加]王浩然(Bradley Wang)
Flutter 跨平台移动开发实战	董运成
Dart 语言实战——基于 Flutter 框架的程序开发(第 2 版)	亢少军
Dart 语言实战——基于 Angular 框架的 Web 开发	刘仕文
IntelliJ IDEA 软件开发与应用	乔国辉
Vue+Spring Boot 前后端分离开发实战	贾志杰
Vue.js 快速入门与深入实战	杨世文
Vue.js 企业开发实战	千锋教育高教产品研发部
Python 从入门到全栈开发	钱超
Python 全栈开发——基础入门	夏正东
Python 全栈开发——高阶编程	夏正东
Python 游戏编程项目开发实战	李志远
Python 人工智能——原理、实践及应用	杨博雄 主编,于营、肖衡、潘玉霞、高华玲、梁志勇 副主编
Python 深度学习	王志立
Python 预测分析与机器学习	王沁晨
Python 异步编程实战——基于 AIO 的全栈开发技术	陈少佳
Python 数据分析实战——从 Excel 轻松入门 Pandas	曾贤志
Python 数据分析从 0 到 1	邓立文、俞心宇、牛瑶
Python Web 数据分析可视化——基于 Django 框架的开发实战	韩伟、赵盼
Python 玩转数学问题——轻松学习 NumPy、SciPy 和 matplotlib	张骞
Pandas 通关实战	黄福星
深入浅出 Power Query M 语言	黄福星
FFmpeg 入门详解——音视频原理及应用	梅会东

图书推荐

书　名	作　者
云原生开发实践	高尚衡
虚拟化 KVM 极速入门	陈涛
虚拟化 KVM 进阶实践	陈涛
边缘计算	方娟、陆帅冰
物联网——嵌入式开发实战	连志安
动手学推荐系统——基于 PyTorch 的算法实现(微课视频版)	於方仁
人工智能算法——原理、技巧及应用	韩龙、张娜、汝洪芳
跟我一起学机器学习	王成、黄晓辉
TensorFlow 计算机视觉原理与实战	欧阳鹏程、任浩然
分布式机器学习实战	陈敬雷
计算机视觉——基于 OpenCV 与 TensorFlow 的深度学习方法	余海林、翟中华
深度学习——理论、方法与 PyTorch 实践	翟中华、孟翔宇
深度学习原理与 PyTorch 实战	张伟振
AR Foundation 增强现实开发实战(ARCore 版)	汪祥春
ARKit 原生开发入门精粹——RealityKit + Swift + SwiftUI	汪祥春
HoloLens 2 开发入门精要——基于 Unity 和 MRTK	汪祥春
Altium Designer 20 PCB 设计实战(视频微课版)	白军杰
Cadence 高速 PCB 设计——基于手机高阶板的案例分析与实现	李卫国、张彬、林超文
Octave 程序设计	于红博
ANSYS 19.0 实例详解	李大勇、周宝
AutoCAD 2022 快速入门、进阶与精通	邵为龙
SolidWorks 2020 快速入门与深入实战	邵为龙
SolidWorks 2021 快速入门与深入实战	邵为龙
UG NX 1926 快速入门与深入实战	邵为龙
西门子 S7-200 SMART PLC 编程及应用(视频微课版)	徐宁、赵丽君
三菱 FX3U PLC 编程及应用(视频微课版)	吴文灵
全栈 UI 自动化测试实战	胡胜强、单镜石、李睿
pytest 框架与自动化测试应用	房荔枝、梁丽丽
软件测试与面试通识	于晶、张丹
智慧教育技术与应用	[澳]朱佳(Jia Zhu)
敏捷测试从零开始	陈霁、王富、武夏
智慧建造——物联网在建筑设计与管理中的实践	[美]周晨光(Timothy Chou)著；段晨东、柯吉译
深入理解微电子电路设计——电子元器件原理及应用(原书第 5 版)	[美]理查德·C.耶格(Richard C. Jaeger)、[美]特拉维斯·N.布莱洛克(Travis N. Blalock)著；宋廷强译
深入理解微电子电路设计——数字电子技术及应用(原书第 5 版)	[美]理查德·C.耶格(Richard C. Jaeger)、[美]特拉维斯·N.布莱洛克(Travis N. Blalock)著；宋廷强译
深入理解微电子电路设计——模拟电子技术及应用(原书第 5 版)	[美]理查德·C.耶格(Richard C. Jaeger)、[美]特拉维斯·N.布莱洛克(Travis N. Blalock)著；宋廷强译